基于自组态的暖通空调系统自动化

杨晋明　著

中国建筑工业出版社

图书在版编目（CIP）数据

基于自组态的暖通空调系统自动化／杨晋明著. —
北京：中国建筑工业出版社，2022.10（2023.4重印）
ISBN 978-7-112-27945-6

Ⅰ. ①基… Ⅱ. ①杨… Ⅲ. ①采暖设备-自动控制②
通风设备-自动控制③空气调节设备-自动控制 Ⅳ.
①TU83

中国版本图书馆 CIP 数据核字（2022）第 174343 号

责任编辑：齐庆梅
责任校对：芦欣甜

基于自组态的暖通空调
系统自动化

杨晋明　著

＊

中国建筑工业出版社出版、发行（北京海淀三里河路 9 号）
各地新华书店、建筑书店经销
北京鸿文瀚海文化传媒有限公司制版
北京建筑工业印刷厂印刷

＊

开本：787 毫米×1092 毫米　1/16　印张：15¾　字数：393 千字
2023 年 2 月第一版　　2023 年 4 月第二次印刷
定价：**68.00** 元
ISBN 978-7-112-27945-6
（40006）

前　言

本书内容隶属建筑节能领域，应用于建筑环境与能源应用工程专业，涉及计算机技术、软件编程、建筑电气、自动化、通信技术等多个领域，是跨学科、跨专业技术的综合应用。

建筑节能是国家大政方针，降低建筑能耗尤其是暖通空调及冷热源系统能耗，提高系统运行管理水平是大势所趋，解决这一问题的关键是暖通空调及冷热源系统的自动控制技术。为适应社会发展和科技进步的需求，随着暖通空调系统新设备、新技术及可再生能源利用技术的发展，暖通空调及冷热源系统形式在朝着多元化、大型化和复杂化的方向发展，这对控制系统提出了更高的要求。

暖通空调及冷热源系统的自动化控制技术的有效实施，涉及相关设计理论、设计方法、系统集成、系统调试及运营维护等多个方面。确保控制系统实施效果是行业发展急需解决的问题，这需要该领域的技术人员具备一定的建筑环境与能源应用技术、计算机技术、通信技术、自动化技术等领域的专业知识，同时需要设计人员、施工人员及运行管理人员在控制系统实施过程中密切配合，保障对控制系统认知的一致性以及沟通的有效性。

本书以暖通空调及冷热源控制系统为研究目标，旨在对控制系统实施的各个阶段的核心问题进行阐述，打破跨领域、跨专业的技术障碍。本书的核心是自组态技术应用，其实施基础是暖通空调及冷热源复合系统的数学物理模型、自由度理论及基于专业背景的控制策略，在此基础上构建"1-4-2-3-8-N"实施架构体系，即一个暖通空调复合系统可以甄别为 4 个子系统，每个子系统具备 2 个自由度，通常需构建 2 个控制回路进行约束降低自由度，而每个控制回路具有 3 个关键要素，包括控制变量、操作变量和控制算法，每个控制回路的控制变量可有 8 种选择方式，并结合专业基础需要制定的 N 个控制策略。利用该技术可以使暖通空调领域及自控相关技术人员深刻理解控制系统的基本原理、掌握快速构建暖通空调控制系统的通用方法。本书的突出特点是从暖通空调系统技术视角理解控制技术，同时从控制技术角度辅助暖通空调及冷热源系统设计，将暖通空调系统和自控系统有机融合，使暖通空调技术人员轻松设计、构建有效控制系统，并指导自控技术人员理解暖通空调系统控制需求，打破专业壁垒，使得暖通空调控制系统设计、施工、运行及调试全过程规范化、标准化，从而确保控制系统有效实施。

与同类书相比，本书将自动化技术与暖通空调技术协调统一、有机融合，提出的"自组态"技术是暖通空调控制系统构建及实施的全新研究方法，并结合工程实践对控制系统实施中的关键技术进行了相关研究。

本书出版得到了国家重点研发计划项目政府间国际科技创新合作重点专项"数据中心低能耗露点冷却技术研究（2016YFE0133300）"的资助，主要内容为该项目的研究成果；同时也得到了欧盟 H2020 MSCA 科研创新人才交换计划项目（the EU H2020—MSCA-RISE-2016-734340-DEW-COOL-4-CDC project）的支持。在此一并致谢。

目　录

第1章　绪论

1.1　专业背景

伴随着近年来中国经济的持续增长，建筑行业发展迅速，产业规模不断扩大，基建水平与能力大幅度提高，对于促进经济发展、民生改善及城乡建设做出了贡献。建筑市场蓬勃发展的同时，建筑能耗也在与日俱增，暖通空调系统及冷热源系统能耗在建筑总能耗中占比较高，但目前存在用能水平不高、能源浪费严重的普遍现象。

国务院发展研究中心资源与环境政策研究所《中国能源革命十年展望（2021—2030）》明确指出"作为全球最大的能源消费国和生产国，中国在积极推进全球能源绿色转型发展"。并针对建筑用能领域提出进行"电气热冷水一体化"服务体系，统筹开发建设建筑用能终端和一体化集成供能基础设施，推动多能协同供应和能源综合梯级利用，满足用户对电、热、冷、气等多种能源的需求；实现不同能源品种的互补协同，提供更加多元灵活的用能选择，全方位满足用户用能需要。促进能源生产与信息技术深度融合，加速推进能源生产领域智能化发展。着力推进5G、人工智能等在能源生产系统中的规模化应用，大力提升能源生产系统智能化水平。

随着全球气候变化趋势的加剧，中国在2020年提出"3060"目标，即二氧化碳排放力争在2030年前达到峰值，努力争取到2060年前实现碳中和，也称为"双碳目标"。2021年2月1日起，生态环境部正式发布并施行《碳排放权交易管理办法（试行）》，加强了对温室气体排放的控制和管理。这标志着对各行各业提出了明确要求，对于建筑领域而言，实现双碳目标，暖通专业更应首当其冲，这是机遇，也是挑战。

住房和城乡建设部已发布公告批准《建筑节能与可再生能源利用通用规范》为国家标准，编号为GB 55015—2021，于2022年4月1日正式实施。该规范是建筑领域为执行国家节约能源、保护生态环境、应对气候变化的法律、法规，落实"碳达峰""碳中和"决策部署而推出的强制性工程建设规范。规范明确了新、旧建筑暖通空调系统效率全面提升，对既有建筑节能改造诊断、设计与评估作了明确规定；对新建建筑的节能设计则有更高要求，规定了各类建筑的能耗指标；对于可再生能源如太阳能系统、地源热泵系统、空气源热泵系统在建筑中应用也作了相关规定；同时对降低建筑碳排放强度作了严格的规定；对于运行维护管理、节能管理方面进行了细化规定，要求建筑能耗数据纳入能耗监督管理系统平台。

面对"能源革命"的新形势和"双碳目标"的愿景目标，对于暖通领域的研究人员和技术人员如何适应形势需求，研究新设备、新工艺、新系统结合 5G 技术和互联网技术，改进和提高暖通空调系统的用能水平，适应新型用能市场的需求的同时大力降低碳排放，便成为目前亟待解决的问题。在新技术推进的过程中，暖通空调系统自动化技术自然而然需要站在技术的前沿，成为建筑领域节能降碳技术发展的源动力。

1.2　暖通空调系统自动化

1.2.1　暖通空调系统自动化发展趋势

当前建筑规模不断扩大，商业综合体甚至城市综合体开始在大中型城市涌现。建筑规模加大、建筑功能得到延伸和扩展的同时，暖通空调系统及冷热源也在向着大型化、复杂化、多样化的方向发展，分布式能源技术、可再生能源技术以及蓄能技术和区域能源供应技术开始规模化应用。

随着 5G 技术的推进、物联网技术的发展，中国已进入"万物互联"的时代，研究、推进暖通空调系统的物联网、智慧能源互联网的建设已经非常紧迫，物联网技术经过近 20 年的发展，目前已进入爆发期，计算模型从传统的云计算、雾计算开始向新型边缘计算、边云协同的计算模型发展，如何结合物联网技术的发展红利快速推进暖通空调系统的物联网建设是需要考虑的一个问题。

随着物联网应用技术不断推进，物联网产品井喷式增长，催生了传感器、执行器、智能控制器等产品在物联网产品线中的持续增长，这些产品无疑为暖通空调自动化系统提供了丰富的选择，极大拓展了自动化系统的应用场景。

新时代背景下暖通空调自动化系统的特点及发展趋势如下：

（1）自动化系统的网络化，结合 5G 技术和物联网技术推进暖通空调系统的网络化建设是基本的发展趋势；

（2）拓展新型传感器、执行器、控制器以及物联网产品在暖通空调自动化系统中的应用，大力拓展自动化系统的应用场景；

（3）常规的组态、监控平台向云组态、云监控发展，突破"信息孤岛"，并结合最新的边缘计算、云边协同的计算模型完成复杂功能实现；

（4）实现智能化的运维和能源管控，借助机器学习、人工智能等技术构建智慧化平台；

（5）结合当前计算机技术和软件技术的发展，利用 BIM 技术、3D 技术、数字孪生技术构建新型的人机智能交互环境，提供操控新体验。

1.2.2　暖通空调自动化系统功能

基于建筑节能降碳的迫切需求，新时期下暖通空调自动化系统应具备的功能包括：

（1）安全保障功能

暖通空调自动化系统的运行涉及大量的工艺设备、电气设备及自动化设备等，同时也会涉及相关技术人员、运行维护人员等对各类设备的操作、调试、检修，确保人员安全和设备安全是自动化系统的首要功能。这就要求自动化系统实时监视、测量各种现场数据并进行分析、计算，当设备状态发生改变、超越设备自身约束时，能够实现报警、预警以及应急处理，并在自动化系统设计、调试、运行维护的各种情况下充分考虑相关人员的安全。

（2）建筑环境保障功能

暖通空调系统的根本目标是营造良好的建筑室内热湿环境，新能源技术、可再生能源技术、新产品、新系统的应用必然导致暖通空调系统向着多工况、多模式、多目标的复合能源系统方向发展，需要自动化系统提供最基本的保障，即能够首先使工艺系统能够实现正常启停、数据采集、工况模式的转换等基本功能，从而保障建筑环境达到最基础的需求。

（3）节能降耗功能

利用自动化系统降低建筑暖通空调系统的能耗是自动化系统的核心功能，主要包括：系统平衡，利用自动化的手段监测并实现管网、末端用户的水力平衡、热力平衡，这是节能降耗的前提；在系统平衡的前提下，实现"按需供能"，确保室内相关建筑环境运行参数满足规定值要求，杜绝超标准过度供能。

（4）计量管理功能

利用自动化系统对工艺系统关键工艺参数的监测数据进行存储、分析，并对暖通空调系统分类、分区域、分项能耗计量数据进行管理。

（5）暖通空调系统能效评估功能

暖通空调自动化系统应具备对工艺系统的自我能效测试、评估功能，并具备纳入当地建筑能效监管系统的条件。

（6）自诊断、自我完善可持续化改进功能

暖通空调自动化系统是复杂的系统，初期的调试、投运不可能达到满意的效果，所以应具备一定的自诊断功能，并能够实现控制系统的持续化的改进和完善。这需要充分考虑控制系统的软、硬件系统设计、配置，尽量采用开放型的参数系统、控制算法及模式策略等，以达到实时的、在线式的改进为目标。

（7）智慧化功能

暖通空调自动化系统应具备智慧化的功能，如基于 B/S 架构的监控平台，并利用 5G、互联网技术，使得用户可以随时随地访问，通过微信、邮件、短消息等多种途径及时获取系统运行信息，并在有条件的情况下结合人工智能、大数据分析等先进技术。

1.2.3 暖通空调自动化系统实现

常规方式下要实现暖通空调系统的自动化，首先需要掌握各种设备的工作原理、静态特性、动态特性以及调控方法策略；其次需要理解各种系统的工况模式、工作流程、调节特性等；最后才能针对具体的设备、系统设置监控点位及执行器，设计需要的控制回路和控制算法并制定相应的控制策略，从而完成控制系统的设计，再借助专业厂家、自动化专业领域的施工人员、技术人员完成后续的控制系统安装、调试和投运等。实际上这种常规方式的暖通空调自动化系统的设计、安装、调试过程是一个多专业协作、面向具体暖通空调工艺系统、电气系统，并结合自动化技术、计算机技术、网络通信技术、软件技术的个性化定制的过程。这种情况导致暖通空调自动化控制系统实施过程冗长、复杂，不同的步骤需要不同专业领域的技术人员实施，而且需要不同专业领域的有效沟通配合，导致控制系统的应用难以达到满意的效果，也为后续整个系统的运行、维护与持续改进带来一定的难度。

如何能够改进暖通空调自动化系统实施的有效性是当下需要思考的一个问题，面对多种多样的专业设备及系统形式化繁为简、抽丝剥茧，抽象总结出通用化、标准化的设备及系统模型，在此基础上以通用化、标准化的方式快速构建有效的自动化控制系统将会是一种合理可行的解决方案，也是探索一种多领域技术融合的方法、路径。

1.3 本书结构

本书涉及的内容包括暖通空调系统技术、计算机技术、软件技术、通信技术、自动化技术等诸多学科领域，限于篇幅不可能面面俱到，限于水平能力对很多技术领域也只是粗浅认识，这些多领域、跨专业的技术在各自专业领域中都是成熟的技术，但结合这些技术在暖通空调领域进行综合应用效果却往往不尽如人意，作者试图基于多年暖通空调自动化领域的教学、研究以及自动化系统应用实践工程中的一些体会，将这些技术有效融合，从整体方案解决的视角去发现问题、解决问题，将这些"孤岛"式的理论、技术重新整合，打破专业领域存在的一些鸿沟，捅破隔在中间的"窗户纸"，为不同领域的相关技术人员搭建有效沟通的桥梁。所以暖通空调自动化技术中相关领域的技术本书均有涉及，并对关系密切的相关知识进行较详细的分析、说明，力争做到为不同技术领域的技术人员提供一些借鉴。

本书突破暖通空调及冷热源控制系统常规的理论和实施方法，采用系统论的思想和研究方法，以构建"暖通空调通用控制系统"为主线，以"子系统通用物理模型"和"控制回路三要素"的研究为基础，将自由度理论引入暖通空调控制领域，以"自组态"技术为核心，并探讨了实施过程中相关领域的关键技术问题，主要包括自动化领域的计算机控制器原理、传感器与执行器种类及设计选型方法、控制算法等和控制策略、风机水泵与变频器的联合应用与防过载、加减机技术、Modbus 通信基础、人机界面的应用编程、上位平台软件的组态等，系统地介绍了相关理论和技术，为相关科研、教学及工程技术人员提供有价值的参考资料。

全书共分十章，核心内容是探讨基于"1-4-2-3-8-N"体系的自组态方法，这是一种暖通空调自动化系统设计、实施、调试、运行不同阶段均可以参考的标准化、通用化的体系流程。

第 2 章讨论体系架构中暖通空调系统的数学物理模型，以系统论的方法分析讨论暖通空调各种末端系统、冷热源系统等，利用系统论的思想将各种具体化的物理系统进行抽象化的概括总结，利用系统的层次性属性将暖通空调系统划分为超系统—复合系统—子系统的层级架构，将复合系统甄别为若干标准化的子系统，并重点讨论了子系统所包括的各种过程的数学模型，子系统就是构建自动化系统的基本研究对象，也为后续利用子系统的同构性实施标准化的自组态技术奠定了基础。本章将暖通空调物理系统抽象化为"复合系统—子系统"的层级架构，解决的就是"1-4-2-3-8-N"体系从"1"个复合系统到"4"个子系统的问题，这里的"4"是虚指子系统的数量，通常一个复合系统一般包括 1~4 个子系统。

第 3 章将自动化领域中的一个常规概念"自由度"引入暖通空调系统及过程的分析，可以得到暖通空调系统中一般情况下质交换过程有 1 个自由度而能量交换过程有 2 个自由度，消减自由度为零就是对过程、系统构建约束条件。对于一般情况下以能量交换为目标的子系统其自由度为 2 需要构建 2 个约束条件（或规定变量或设置控制回路），这就解决了控制回路数量确定的问题，同时本章也对复合系统中具有耦合性的子系统的自由度进行了分析。对于需要构建的每个控制回路需要解决控制变量、操作变量和控制算法 3 个要素的确定问题，以标准化的子系统为例，操作变量具有 8 种变量可以选择，该章内容解决的是"2-3-8"的问题。

第 4 章核心内容是控制回路的控制算法，重点讨论了 PID 调节算法和模糊控制算法，并对控制算法的适用性进行了分析。PID 控制算法是工程领域中应用极为广泛的一种算法，适合于惯性环节少、容量较小对象的控制，而基于双输入单输出模型的模糊控制算法，则对于大多数暖通空调系统的控制对象具有较好的控制效果，本章对模糊控制的相关理论和算法实现进行了详细的说明，有助于理解该算法在工程实践领域的应用方法。

第 5 章是全书的一个纽带，较详细地说明了如何利用自组态技术实现"1-4-2-3-8-N"体系架构的实践应用方法。本章内容既可以帮助理解如何基于标准化的系统模型构建暖通空调控制系统通道、设备、系统及策略等的封装模型，继而通过自组态实现控制系统构建流程的标准化、通用化，又可以为专用单片机等控制器开发人员提供一种借鉴思路。

第 6 章和第 7 章则是对暖通空调控制系统所涉及的工艺系统、控制系统的一些关键技术进行了说明，这些内容将工艺系统和自控系统的相关知识进行关联，即一方面从控制的角度去理解工艺系统涉及的关键设备和系统概念，另一方面则是从暖通空调的角度去理解控制系统涉及的传感器、执行器等在专业领域中的应用技术要点。

第 8 章以作者开发的控制器为例讲解了计算机控制器的结构、原理，并对计算机控制器关键功能模块的电路原理进行了相关说明，掌握计算机控制器的一些基本电路原理对于理解控制系统基本工作原理、系统架构是必要的，借助当前丰富的参考资料、日益降低的开发成本去尝试开发适合目标需求的专用型的控制器也是一种可以尝试的途径。

第 9 章内容是关于网络通信的相关知识，在这个万物互联的时代，暖通空调控制系统的网络化是必然趋势，必须掌握一些网络通信的相关知识。物联网技术与暖通空调控制技术融合发展、相互促进，所以本章对物联网的一些基本概念、通信协议作了简单介绍，而对于在建筑自动化领域及物联网领域均有大量一样的 Modbus 通信协议、原理进行了较详细地分析说明。

第 10 章是国家重点研发计划《数据中心低能耗露点冷却技术研究》中基于自组态技术进行自动化控制系统研究、开发内容的一个简单介绍。

第 2 章　暖通空调系统模型

2.1　系统与过程

"系统"是暖通空调领域使用频次极高的一个词语，宏观层面上有空调系统和供热系统、末端系统和冷热源系统、全空气系统和空气—水系统等，具体层面的有冷冻水系统和冷却水系统、一次侧系统和二次侧系统、一次回风系统和全新风系统等，可以看到这些系统之间既有区别又有联系，常常成对或成组出现，有的系统之间有极大的相似性，而有的系统之间具有的却是相斥性。面对纷繁复杂的各种专业系统去研究其相关控制系统的设计、实施方法，往往缺少统一的方法，导致过程繁杂，与其他专业领域技术人员沟通时效率低下。因此，有必要透过现象看本质，这就需要了解系统的概念、属性及其分类方法和标准等。

2.1.1　系统的定义及属性

系统这个概念出现在许多领域中，不同的学科中系统往往有不同的含义，系统概念的定义和其特征的描述尚无统一规范的定论。一般采用如下的定义：系统是由一些相互联系、相互制约的若干组成部分结合而成的，具有特定功能的一个有机整体（集合）。一个系统是由许多相互关联又相互作用的部分所组成的不可分割的整体，较复杂的系统可进一步划分成更小、更简单的次系统，许多系统可组织成更复杂的超系统。系统具有其本质属性：

（1）整体性

虽然系统是由要素或子系统组成的，但系统的整体性能可以大于各要素的性能之和。因此在处理系统问题时要注意研究系统的结构与功能的关系，重视提高系统的整体功能。任何要素一旦离开系统整体，就不再具有它在系统中所能发挥的功能。整体性是系统最基本与本质的特征，系统与要素间的相互规定的相互作用，使得它们都获得了整体意义上的全新规定性，系统整体的存在方式具有一定的规律性。

（2）关联性

关联性是指系统与其子系统之间、系统内部各子系统之间和系统与环境之间的相互作用、相互依存和相互关系，离开关联性就不能揭示复杂系统的本质。系统有一定的结构，一个系统是其构成要素的集合，这些要素相互联系、相互制约。系统内部各要素之间相对稳定的联系方式、组织秩序及失控关系的内在表现形式，就是系统的结构。

（3）层次性

一个系统总是由若干子系统组成的，该系统本身又可看作是更大的系统的一个子系统，这就构成了系统的层次性，不同层次上的系统运动有其特殊性。在研究复杂系统时要从较大的系统出发，考虑到系统所处的上下左右关系。

（4）统一性和系统同构

一般系统论承认客观物质运动的层次性和各不同层次上系统运动的特殊性，这主要表现在不同层次上系统运动规律的统一性，不同层次上的系统运动都存在组织化的倾向，而不同系统之间存在着系统同构。

系统同构是一般系统论的重要理论依据和方法论的基础。系统同构一般是指不同系统的数学模型之间存在着数学同构，常见的数学同构有代数系统同构、图同构等。数学同构有两个特征：一是两个数学系统的元素之间能建立一一对应关系；二是两个数学系统各元素之间的关系，经过这种对应之后仍能在各自的系统中保持不变。不同系统间的数学同构关系是等价关系，等价关系具有自返性、对称性和传递性，根据等价关系可将现实系统划分为若干等价类，同一等价类内，系统彼此等价。因此借助数学同构的研究可在现实世界中各种不同的系统运动中找出共同规律。

对于许多复杂系统，不能用数学形式进行定量的研究，因此就有必要将数学同构的概念拓广为系统同构。人们常常把具有相同的输入和输出且对外部激励具有相同的响应的系统称为同构系统，而把通过集结使系统简化而得到的简化模型称为同态模型。一个系统根据研究目的的不同可以得出不同的同态模型，而对于结构和性能不同的系统，它们的同态模型的行为特征却可能存在着形式上的相似性。不同的学科领域之间和不同的现实系统之间存在着系统同构的事实，是各学科进行横向综合和建立一般系统论的客观基础。

上述内容是关于"系统"这一概念的高度概括总结，原则上适应于任意领域的任意系统，或者说各个专业领域的系统都是基于这一抽象概念的实例化。站在暖通空调的角度，系统就是由相关设备如水泵、风机、末端设备、冷热源设备、热质交换设备、管道、管道附件等相关联的组件组合成的，完成能量或物质的生产、输送和转换过程的有机整体。暖通空调领域的系统同样继承了系统的本质属性，并具备该技术领域的特殊性：

（1）整体性在本技术领域的体现就是系统的合规性，一个合规的系统其组成要素必须是合理的，能够完成至少一个特定的过程。

（2）关联性体现了暖通空调系统特有的结构。暖通空调系统究其本质就是实现能量或物质的生产、转换和输送，对应于该领域的专业设备如燃气锅炉、冷水机组、水泵、风机、换热器、散热器、空调机组等，对这些设备进行分类：热质交换设备和动力设备，如燃气锅炉、冷水机组等称为源类设备；水泵、风机称为动力设备；散热器、换热器、加湿器等称为热质交换设备。所以可以说暖通空调的所谓系统具备基本的四要素：源类设备、热质交换设备、动力设备及被控对象，本书有时简称为源、泵、换、对象四要素，其中"泵"泛指水泵、风机等动力类设备。系统的关联性为系统的标准化提供了基础。

（3）层次性则体现了系统的隶属关系，使得可以利用层次性对暖通空调系统进行合理分类，本书采用了二级分类体系，即：复合系统—子系统的分类体系。统一在复合系统下的各个子系统之间相互作用、相互联系完成各自的过程，而复合系统则完成专业领域内的特定功能，如常规冷源系统包括冷冻水子系统和冷却水子系统，冷冻水系统完成与建筑环境之间的热交换，而冷却水系统则完成系统冷凝热与外界的热交换，整个复合系统实现对建筑物的热环境的保障。

（4）统一性和系统同构，基于源、泵、换三要素的系统模型，所有子系统之间具有数学同构的特性，无论其静态平衡过程还是动态变化过程都遵循类似的数学规律，即物质的量或能量守恒以及流体力学的伯努利方程，这是"子系统"标准化的理论依据。

2.1.2　过程

过程的概念在各个领域的应用非常广泛，涉及的侧重点也有多不同。麦里亚—韦伯斯特（Merriam—Webster）字典对过程的定义是：一种自然的逐渐进行的运行或发展，其特征是有一系列逐渐变化，以相对固定的方式相继发生在运行或发展过程中，并且最后导致一种特定的结果或目标；或者也可以定义为人为的或自发的连续进行的运行状态，这种运行状态由一系列被控制的动作和一直进行到某一特定结果或目标的有规则的运动构成。简单讲过程即事物发展所经过的程序、阶段，也是将输入转化为输出的系统，任何被控制的运行状态就称为过程，具体的如物理过程、化学过程、经济学过程和生物学过程等。对于暖通空调的系统而言，系统所包含的过程可以统一归类为两类：物质交换过程和能量交换过程，一个系统可以仅包含其中之一，或二者均包含。

描述过程变化的变量称为过程变量，过程变量主要有温度、压力、流量、液位、成分、浓度等，通常可分为输入变量和输出变量两大类，通过对过程变量的有效控制，可使生产过程产品的产量增加、品质提高以及成本降低。

可以看出，系统和过程两个概念既有区别又有联系，系统侧重于实现变化的组成装置或设备，而过程侧重于具体的变化，换言之系统包含若干变化的过程。

2.2　过程的数学物理描述

建立过程的数学物理模型，基础是基本的物理和化学定律，对于暖通空调系统而言一般不涉及化学反应和化学变化，通常遵循的是物理守恒定律，即质量、能量和动量的守恒关系。这些守恒关系式称为过程建模的基本方程，其中质量、能量和动量称为基本量。一般这些基本量无法直接测量，需要用密度、浓度、温度、流量和压力等其他变量的适当组合来表示，这些变量称之为系统的特征变量或状态变量，因为它们的值决定系统的状态。

2.2.1　过程数学模型的基本方程

运用质量、能量和动量等基本变量的守恒原理可建立系统的基本方程，它是描述过程数学模型的基本方程式。

基本量 S 的守恒原理可用下面的关系式表示：

$$\frac{[系统内\ S\ 的积存量]}{时间间隔}=\frac{[流入系统的\ S]}{时间间隔}-\frac{[流出系统的\ S]}{时间间隔}+\frac{[系统内变化的\ S]}{时间间隔}$$

式中基本量 S 可包括下列四种：总质量、各组分质量、总能量和动量。基本量在系统内的变化包括该基本量的生成、消耗或二者兼而有之，即：

$$S_{in}\cdot d\tau-S_{out}\cdot d\tau+S_{n}\cdot d\tau-S_{e}\cdot d\tau=dS \tag{2-1}$$

式中，S_{in}—— 流入系统的 S 的速率；

S_{out}—— 流出系统的 S 的速率；

S_{n}—— 系统内 S 的生成速率；

S_{e}—— 系统内 S 的消耗速率。

假设系统基本量 S 的容量系数为 C，其对应状态变量为 U，对于系统增量 dS 则有：

$$dS=C\cdot dU$$

带入式（2-1），可得：

$$S_{in}\cdot d\tau-S_{out}\cdot d\tau+S_{n}\cdot d\tau-S_{e}\cdot d\tau=C\cdot dU \tag{2-2}$$

暖通空调系统中涉及的基本量主要就是总质量、各组分质量和总能量等，对应着前述的质交换过程和能量交换过程，质交换过程对应的状态变量包括压力、污染物浓度、空气含湿量等，而能量交换过程对应的状态变量就是温度。

利用式（2-2）所定义的守恒原理，可得到以时间为自变量、以基本量为因变量的微分方程式，确定了基本量或对应状态变量如何随时间变化，也即确定了过程的动态（或瞬态、暂态）特性，这就是过程数学模型的基本方程。如果基本量或对应状态变量不随时间变化，那么该过程处于稳态。此时，单位时间内基本量的蓄积量增量为零，所得到的平衡关系为代数方程，也就是过程的稳态或静态数学模型。

（1）总质量平衡

无化学反应时的物料流量关系为：

$$\frac{d(\rho_{n}V)}{dt}=\rho_{i}F_{i}+x-\rho_{o}F_{o} \tag{2-3}$$

（2）总能量平衡

$$\frac{d(mcT)}{dt}=c\rho_{i}F_{i}+Q-c\rho_{o}F_{o} \tag{2-4}$$

在以上各式中，c ——流体比热，J/(kg・K)；

ρ_{n}——系统内流体密度，kg/m³；

ρ_{i}——流入系统流体密度，kg/m³；

ρ_{o}——流出系统流体密度，kg/m³；

F_{i}——流入系统流体体积流量，kg/s；

F_{o}——流出系统流体体积流量，kg/s；

Q——系统内部热量散发速率，J/s。

如果基本量或相当的状态变量不随时间变化，那么该过程处于稳态。此时，单位时间内基本量 S 的积存量为零，所得到的平衡关系为一组代数方程，也就是过程的稳态或静态数学模型。对于以上两种平衡，可得到：

$$\rho=const\ 或\ P=const \tag{2-5}$$

$$T = \text{const} \tag{2-6}$$

也就是说，表征物质量传递过程的状态量 ρ 或 P，以及表征能量传递过程的状态量 T 保持恒定。这是暖通空调系统设计时采用的基本原理，即保证设计参数下进行系统设计负荷计算。而当过程输入量与输出量不相等时，原有的平衡状态被打破，过程进入瞬态或暂态，状态参数将随着时间变化，了解这种瞬态过程中各参数的变化规律则是控制系统的基础。

2.2.2　过程数学模型的辅助方程

建立数学模型的基本方程后，还需利用各种辅助关系式代入基本方程，才能使基本方程变为实用的数学模型，这些辅助关系式主要有传递速率方程、物质的状态方程、流体力学方程、化学平衡和相平衡方程、化学反应速率方程等，对于暖通空调系统而言，主要用到的就是传递速率方程、流体力学方程和物质的状态方程等。

（1）传递速率方程

它们用来描述系统与外界进行质量、能量和动量传递的速率。通常情况下，这些传递速率与推动力成比例，这些推动力又与传递过程的状态参数温度、压力、浓度或速度的梯度相关。而其比例系数是传递过程的一个物理量，反应传递过程的强度和程度如热导率、扩散率或黏度。

暖通空调系统中最常用的是热量传递，单位面积热量传递速率可用下式表示：

$$q = -k \frac{\partial T}{\partial x} \tag{2-7}$$

式中，　q ——单位面积热量传递速率，W/m^2；

　　　　k ——传热方向上热导率，$W/(m \cdot K)$；

　　$\partial T/\partial x$ ——传热方向上温度梯度，K/m。

（2）管道流动阻力方程

暖通空调系统均涉及流体（空气或水）的管道流动，对于紊流流动，其流动规律满足：

$$G = \sqrt{\frac{\Delta P}{S}} \tag{2-8}$$

对于层流流动，其流动规律满足：

$$G = K \Delta P \tag{2-9}$$

式中，G ——管道流体质量流量，kg/s；

　　ΔP ——管道压差，Pa；

　　S ——管道阻力数，$(Pa \cdot s^2)/kg^2$。

（3）物质的状态方程

物质的状态方程用来描述系统热力学状态的强度变量之间的关系，例如密度、焓等。它们是温度、压力及组分的函数。暖通空调常用的是理想气体状态方程：

$$pV = nRT \tag{2-10}$$

式中，p ——理想气体压强，Pa；

V ——理想气体体积，m^3；

n ——理想气体物质的量，mol；

T ——理想气体温度，K。

热焓是组分、压力和温度的函数，但首先是温度的函数。在热力学中，恒压下的热容以 c_p 表示，恒容下热容以 c_v 表示，即

$$c_p = \left(\frac{\partial H}{\partial T}\right)_p c_v = \left(\frac{\partial U}{\partial T}\right)_v \tag{2-11}$$

式中，c_p ——定压热容，kJ/（kg·K）；

c_v ——定容热容，kJ/（kg·K）；

H ——热焓，kJ/kg；

U ——内能，kJ/kg。

对问题进行简化，例如液体热焓可用平均比热容与绝对温度的乘积来表示，即液体热焓 h 为：

$$h = c_p T \tag{2-12}$$

内能 U 也是温度、组分和压力的函数。假设液体密度不变，则 $c_p = c_v$，内能也可用 $c_p T$ 表示。

暖通空调系统中气体通常是湿空气，其焓值：

$$h = 1.01t + (2500 + 1.84t)d \tag{2-13}$$

式中，h ——湿空气焓值，kJ/kg 干空气；

d ——湿空气含湿量，kg/kg 干空气；

t ——湿空气温度，℃。

其他的辅助方程例如化学平衡和相平衡方程、化学反应速率方程等，可参考相关资料，这里不再赘述。

2.3　暖通空调子系统物理模型

2.3.1　概述

为了研究暖通空调控制系统的通用化和标准化构建理论方法，利用系统论的基本概念舍弃每一个系统在暖通空调领域中特定的、具体的物理意义，重新定义暖通空调的系统。

根据系统具有的整体性和层次性属性，将暖通空调系统自上而下分为超系统、复合系统和子系统三级层次结构。暖通空调系统是为建筑服务的，通过物质或能量的传递过程保障建筑室内环境，把能够完成物质或能量传递过程的最小单位称为子系统，不同子系统之间存在强耦合作用，密切联系且相互制约，则把这若干个子系统的组合称为复合系统。针对特定的独立建筑或建筑群的复合系统之间的组合则称为超系统，对于暖通空调系统而言，复合系统功能相对独立、完整，与其他复合系统之间具有无关性或弱相关性，构建的自动化系统之间也没有紧密的联系，因此，本书一般只讨论复合系统和子系统两级层次架构，不考虑超系统这一层级。合理甄别子系统与复合系统是构建"1-4-2-3-8-N"控制体系

的前提基础。

2.3.2　标准子系统物理模型

前已述及，在暖通空调领域子系统是物质或能量传递的最小单位，一个子系统包含物质或能量输送过程和至少一个质交换过程或能量交换过程；子系统包括能量或物质的生产、输送，以及与被控对象之间的热质交换三环节，分别对应着子系统的源类设备组、动力设备组、热质交换设备组三类设备，把这三类设备称为子系统的设备要素，而被控对象称为子系统的对象要素，如图 2-1 所示。

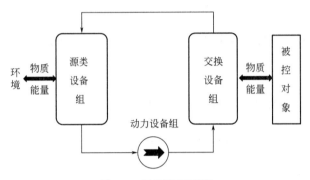

图 2-1　子系统四要素

图 2-1 中被控对象有其自己的特性，如热容、热阻等，把子系统设备要素各自的特性及要素之间的关系定义为设备要素的属性，对应实际的物理系统，子系统的设备要素具备一些基本的属性，包括数量属性、容量属性、连接关系属性、有效属性及存在属性。

数量属性比较简单，它规定了同一类要素的数量，例如很多系统同类设备不止一台，通常都是编组的，对应于源组、动力组和交换组，各组的成员数量可以相同也可以不同。

容量属性是指编组同类要素各自的容量大小，一般以总容量的百分比表示，同类设备要素之间的容量可以相同也可以不同。

连接关系属性描述的是不同类要素之间的连接关系，暖通空调系统设备之间的连接关系通常分为两种，即先串后并和先并后串，如图 2-2（a）表示的是要素 1 与要素 2 先并后串的连接关系，图 2-2（b）表示的是要素 1 与要素 2 先串后并的连接关系。

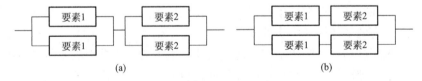

(a)　　　　　　　　　　　　　　　(b)

图 2-2　设备要素连接关系

有效属性是指某类设备要素的成员由于设计冗余或运行时产生故障，需要将其切出系统，就是通常所说的投运备用，这就是某个具体要素的有效属性，当设置其为有效时，系统可以控制其状态或容量，否则是不允许的。

存在属性是指一个子系统在保证实现特定过程的前提下，某些设备要素可以不存在，例如对于一级泵系统不存在交换组要素，而对于二级泵子系统不存在源组要素，对于换热站而言其一次侧系统则只有交换组要素，其实从另一个角度讲，一次侧的泵组要素和源组要素是客观存在的，只是可能从管理角度归属于不同的部门，但控制仍然具有直接关系。

定义了子系统的物理模型后，就需要将暖通空调系统的各类设备进行识别、分类，以归属于不同的设备要素，最容易识别的是动力设备组，暖通空调系统的动力设备就是泵和风机，二者工作原理、控制方式基本一致，本书中也用"泵"这一要素名称泛指这类要素，至于源组要素和换热组要素，只要根据相应泵组要素物质或能量的传递方向即可识别。

暖通空调系统中有些设备是由若干功能部件组成的复合型设备，不能简单归类为某一要素。这可能需要将这类复合型设备拆分为不同的功能组件，即"虚拟设备"，拆分后的设备可能属于同一个子系统，也可能属于不同的子系统。例如常见的换热器，需要将其拆分成一次侧和二次侧，例如在燃气锅炉间接换热系统中，将换热器一次侧看作是一次侧子系统的交换类设备要素，而将换热器二次侧看作是二次侧子系统的源组设备要素，其他的如风机盘管可以拆分为风机与表冷器，组合空调机组可以拆分为表冷器、加热器、加湿器、风机等，电制冷机组可以拆分为蒸发器与冷凝器，以此类推。当然电制冷机组除了蒸发器与冷凝器外，还有压缩机、膨胀阀、油分离器等其他功能部件，这里都忽略了，这是因为从暖通专业和自动化系统实施的需求角度出发，只需要把和自动化系统密切联系的功能组件列出即可，而把其他次要的功能组件全部忽略。

对于子系统的对象要素也分为两种不同情况，仍以前面的锅炉间接供热系统为例，二次侧子系统其控制对象是末端房间，而对于一次侧子系统，其控制对象实际上是换热器的二次侧，即通常情况下一次侧子系统控制的目标是二次侧的供水温度，也即二次侧成为虚拟的控制对象。

综上所述，标准化的子系统由源组、泵组和交换组三个设备要素和一个对象要素构成一个有机整体，完成特定的物质或能量传递过程，其设备要素包括数量属性、容量属性、连接关系属性及有效属性，对象要素包括热容、热阻等属性。

2.3.3　线性系统与非线性系统

1. 线性系统与非线性系统

若某一过程或系统满足叠加原理，则可认为该过程或系统为线性系统。对于线性过程或系统而言，多个作用函数同时作用于过程或系统的响应，等于各个作用函数单独作用的响应之和，对一个特定动态系统而言，若输出量和输入量成正比，即可以把该系统看作是线性系统。描述线性系统的一阶线性微分方程，其系数是常数或仅仅是自变量的函数，其一般表达式为：

$$\frac{dU}{d\tau} + P(\tau)U + q(\tau) = C \tag{2-14}$$

描述系统的方程是一阶非齐次线性微分方程，若 $C=0$，则方程为一阶齐次线性微分方程。

大多数过程或系统具有非线性的特性，即使对所谓的非线性系统而言，也仅仅是在一定工作范围内保持真正的线性关系。对包含非线性环节的系统进行求解时，其求解过程非常复杂，通常需要引入"等效"线性系统来代替非线性系统，这种等效线性系统在有限工作范围内是正确的，建立系统的等效线性数学模型就可以用线性的方法来分析和设计系统。

2. 非线性数学模型的线性化

由于当实际工业生产过程处于正常操作时，过程变量与平衡稳定工作点的偏离不会太大，因此可将过程的数学模型在稳定工作点附近按泰勒级数展开，取得线性项而忽略高阶项，这就是线性化方法的基础。因为忽略了泰勒级数高阶项，要求被忽略的项必须很小，即变量只能在工作状态有微小偏离，对于具备控制系统的暖通空调过程、系统是满足条件的。

（1）单输入单输出系统的线性化

假设某单输入单输出系统，其输入量为 $x(t)$，输出量为 $y(t)$，输入与输出量满足

$$y = f(x)$$

系统的稳态工作点为 (x_0, y_0)，在该平衡点（工作点）附近展开泰勒级数，则有：

$$y = f(x) = f(x_0) + \frac{\mathrm{d}f}{\mathrm{d}x}\bigg|_{x_0}\frac{(x-x_0)}{1!} + \frac{\mathrm{d}^2 f}{\mathrm{d}x^2}\bigg|_{x_0}\frac{(x-x_0)^2}{2!} + \cdots + \frac{\mathrm{d}^n f}{\mathrm{d}x^n}\bigg|_{x_0}\frac{(x-x_0)^n}{n!}$$

如果 $(x-x_0)$ 足够小，即 $(x-x_0) \ll 1$，则二次项之后的高阶项可以忽略，可得到 y 的线性函数为：

$$y = f(x) = f(x_0) + \frac{\mathrm{d}f}{\mathrm{d}x}\bigg|_{x_0}(x-x_0)$$

即有：

$$y - f(x_0) = \frac{\mathrm{d}f}{\mathrm{d}x}\bigg|_{x_0}(x-x_0)$$

令：

$$K = \frac{\mathrm{d}f}{\mathrm{d}x}\bigg|_{x_0}$$

可得：

$$y - y_0 = K(x - x_0) \tag{2-15}$$

（2）多输入单输出系统的线性化

系统的输出变量是多个输入变量的函数，则该系统为多输入单输出系统，以双输入单输出系统为例：

$$y = f(x_1, x_2)$$

在系统的稳态工作点为 (x_{10}, x_{20}) 附近展开泰勒级数，同样忽略二次项之后的高阶项，则有：

$$y = f(x_{10}, x_{20}) + \left[\frac{\partial f}{\partial x_1}\bigg|_{x_{10}}(x_1 - x_{10}) + \frac{\partial f}{\partial x_2}\bigg|_{x_{20}}(x_2 - x_{20})\right]$$

$$+ \frac{1}{2!}\left[\frac{\partial^2 f}{\partial x_1^2}\bigg|_{x_{10}}(x_1 - x_{10})^2 + \frac{\partial f}{\partial x_1 \partial x_2}\bigg|_{x_{10}}(x_1 - x_{10})(x_2 - x_{20}) + \frac{\partial^2 f}{\partial x_2^2}\bigg|_{x_{20}}(x_2 - x_{20})^2\right]$$

在稳态工作点附近，其非线性系统的线性数学模型为：

$$y - y_0 = K_1(x - x_{10}) + K_2(x - x_{20}) \tag{2-16}$$

其中，

$$K_1 = \frac{\partial f}{\partial x_1}\bigg|_{x_{10}}$$

$$K_2 = \frac{\partial f}{\partial x_2}\bigg|_{x_{20}}$$

2.4　暖通空调子系统过程

暖通空调工艺系统中的过程包括加热过程、冷却过程、加湿过程、除湿过程、增焓过程、减焓过程、加湿升温、减温减湿等，这些过程有些涉及物质交换如加湿除湿过程，有些涉及能量交换如加热冷却过程，有些则二者都涉及如减温减湿过程，无论是哪种类型均可以使用前述的过程数学模型加以描述。

本书定义的子系统的过程包括物质或能量输送过程、物质交换过程和能量交换过程三类。下面具体分析暖通空调系统这三类子系统过程的数学模型。

2.4.1　输送过程基本数学模型

对于子系统，无论是涉及传质过程还是传热过程，均包括物质或能量的输送过程，该过程是由子系统的动力组要素通过管道系统完成的。输送过程遵循流体力学的基本原理，流体流经管道以及设备、阀门、弯头等局部阻力构件时，会产生压降。图 2-3 为一个简单的流动过程，有一流体通过连接两个容器或设备的管道（以图中阀门等效表示）：

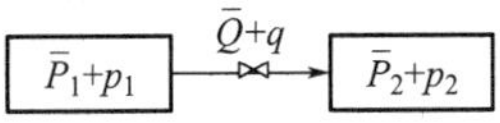

图 2-3　输送过程示意图

根据流体力学，管道流阻可定义为：

$$R = \frac{\mathrm{d}\Delta P}{\mathrm{d}Q} \tag{2-17}$$

式中，R——管道流阻，$(\mathrm{Pa \cdot s})/\mathrm{kg}$；

ΔP——管道产生单位流量变化需要的压差，Pa；

Q——管道流量，$\mathrm{kg/s}$。

假设管道内流体为层流状态，稳态下有：

$$Q = K(P_1 - P_2) \tag{2-18}$$

式中，K——流量系数，$\mathrm{kg/(Pa \cdot s)}$。

则此时的流阻：

$$R = \frac{\mathrm{d}\Delta P}{\mathrm{d}Q} = \frac{P_1 - P_2}{Q} \tag{2-19}$$

假设管道内流体为紊流状态，稳态下有：

$$Q = K\sqrt{P_1 - P_2} \tag{2-20}$$

流量与压差是非线性关系，所以，根据线性化原则，当管道流量、压差偏离稳态值不大时，可以线性化：

$$R = \frac{\mathrm{d}\Delta P}{\mathrm{d}Q} = \frac{2\sqrt{P_1 - P_2}}{K}$$

可得：

$$R = \frac{\mathrm{d}\Delta P}{\mathrm{d}Q} = \frac{2(P_1 - P_2)}{K\sqrt{P_1 - P_2}} = \frac{2(P_1 - P_2)}{Q} \tag{2-21}$$

则：

$$Q = \frac{2(P_1 - P_2)}{R} = \frac{P_1 - P_2}{R'} \tag{2-22}$$

$R' = 0.5R$ 为紊流线性化后的等效流阻。

若以增量形式表示，有：

$$q = \frac{p_1 - p_2}{R'} \tag{2-23}$$

式中，q——压差增量，Pa；

p_1——容器 1 压力增量，Pa；

p_2——容器 2 压力增量，Pa。

暖通空调子系统可以应用上式作为基本输送环节的数学模型，一个子系统的过程可包括多个输送环节。

2.4.2 物质交换过程的数学模型

暖通空调系统向房间中送入新风或向外排风、水流入水箱、向空调风管内加湿等过程，涉及传质过程；把房间、水箱、风管等看作子系统中的容器，则容器中该物质的密度、压力或组分等发生改变，这些就属于子系统的物质交换过程，这是以物质的量守恒为基础的。对于容器而言具有容量（容积），根据物质流动方向分为流入侧与流出侧，流入侧和流出侧存在的阻力称为流阻，对于质交换过程，容量与流阻反映了过程本身的特性，决定了过程动态变化的趋势，其标准化的物理模型如图 2-4 所示。

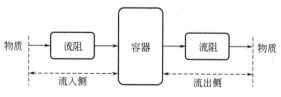

图 2-4 质交换过程物理模型

下面以空调房间换气过程为例分析该过程的数学模型。

空调房间新风换气是一个基本的传质过程，送风是房间对象的流入侧，排风是房间对象的流出侧，房间压力是要保障的状态参数，假设房间体积为 V_f，房间压力为 p，某一

时刻送风量为 q_1、排风量为 q_2。房间模型简图如图 2-5 所示。

图 2-5 空调房间换气过程

根据空气平衡可以得到以相对量表示该过程的基本微分方程：

$$q_1 d\tau - q_2 d\tau = V_f d\rho \tag{2-24}$$

依据理想气体状态方程作为该过程的辅助方程，有：

$$p V_f = nRT = \frac{m}{M}RT$$

即：

$$\rho = \frac{M}{RT}p = C_1 p$$

式中，C_1——常数，kg/（$m^3 \cdot$ Pa）。

代入基本方程，可得：

$$C \frac{dp}{d\tau} = q_1 - q_2 \tag{2-25}$$

其中：

$$C = C_1 V_f = \frac{M}{RT}V_f$$

式中，ρ——房间内空气密度增量，kg/m^3；

m——房间内空气质量，kg；

T——房间内空气温度，K；

p——房间内空气压力增量，Pa；

M——空气摩尔质量，kg/mol；

R——理想气体常数，J/（mol·K）；

V_f——房间容积，m^3；

q_1——房间流入侧空气质量流量增量，即进风量，kg/s；

q_2——房间流出侧空气质量流量增量，即排风量，kg/s；

C——房间容量，kg/Pa。

根据前述输送过程模型，对于流入侧有：

$$q_1 = \frac{p_1 - p}{R_1}$$

对于流出侧有：

$$q_2 = \frac{p - p_2}{R_2}$$

所以：

$$C \frac{dp}{d\tau} = \frac{p_1 - p}{R_1} + \frac{p - p_2}{R_2}$$

化简后，有：

$$C \frac{\mathrm{d}p}{\mathrm{d}\tau} + \frac{R_1 + R_2}{R_1 R_2} p = \frac{p_1}{R_1} + \frac{p_2}{R_2}$$

令：

$$R = \frac{R_1 R_2}{R_1 + R_2}$$

则有：

$$CR \frac{\mathrm{d}p}{\mathrm{d}\tau} + p = \frac{p_1}{R_1/R} + \frac{p_2}{R_2/R}$$

令：

$$T = CR, \quad K_1 = \frac{1}{R_1/R}, \quad K_2 = \frac{1}{R_2/R}$$

则：

$$T \frac{\mathrm{d}p}{\mathrm{d}\tau} + p = K_1 p_1 + K_2 p_2 \tag{2-26}$$

式中，C——流动过程容量，即流容，kg/Pa；

$\quad R$——流动过程阻力，即流阻（Pa·s）/kg；

$\quad R_1$——房间流入侧流阻，（Pa·s）/kg；

$\quad R_2$——房间流出侧流阻，（Pa·s）/kg；

$\quad T$——质交换过程的时间常数，s；

$\quad K_1$——流入侧放大系数；

$\quad K_2$——流出侧放大系数。

上式即为一般质交换过程的标准化的数学模型，对上式进行拉氏变换：

$$(Ts + 1)P(s) = K_1 P_1(s) + K_2 P_2(s)$$

流入侧和流出侧的传递函数分别为：

$$W_1(s) = \frac{P(s)}{P_1(s)} = \frac{K_1}{Ts + 1}, \quad W_2(s) = \frac{P(s)}{P_2(s)} = \frac{K_2}{Ts + 1} \tag{2-27}$$

对于本例描述的质交换过程，p_1 和 p_2 是过程的输入量，而 p 是房间的输出量。很明显 p_2 是由外界环境决定的，即流出侧是不可调的属于干扰量，而输入量 p_1 是可调节的，即流入侧是可调的，属于调节量。如果流出侧是干扰因素，而在流入侧进行调节，则称流入侧为调节通道，流出侧为干扰通道，输入量至输出量的信号联系称为通道，干扰量至被调量的信号联系称为干扰通道，调节量至被调量的信号联系称为调节通道。式（2-27）的两个传递函数则分别代表调节通道和干扰通道的传递函数。很明显，式中 T、K_1、K_2 均为过程的特征常数，反映了过程通道各自的特性。

2.4.3　能量交换过程数学模型

暖通空调系统中表冷器或加热器与空气热交换，或房间中散热器、风机盘管与房间内空气换热保持室内温度等，涉及子系统设备组与对象之间的热交换，这些就属于子系统的能量交换过程，以能量守恒为基础。其物理模型与前述的质交换过程类似，只不过传质变为传热，对应于传质过程的流阻、流容对应有热阻和热容。

首先引入两个概念，集总参数模型和分布式参数模型。和前面的数学模型类似，无论是管道还是容器，实际的物理模型中其状态参数至少有一个是与空间位置相关的，这种模型称为分布式参数模型；相反，若某个数学模型的各变量与空间位置均无关，即认为变量在整个研究的对象中是均一的参数，在整个空间中不存在梯度，则该模型为集总参数模型。为简化模型分析，得到研究对象的数学解析解，通常把对象看作集总参数模型，其数学模型一般为常微分方程，这与研究的目的和精度有关，对于一般情况下暖通空调系统的研究分析是适合的，所以对于本书涉及的过程，除非明确说明，一般都把研究对象看作集总参数模型。

与质交换过程的物理模型有所区别，能量交换过程中在过程流入侧和流出侧在存在热阻环节的同时，一般还存在热容环节，其物理模型如图 2-6 所示。

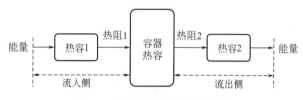

图 2-6　能量交换过程物理模型

热阻 R 定义为在两种物质之间传热时，单位热流量变化所需要的温差：

$$R = \frac{\mathrm{d}\theta}{\mathrm{d}Q} = \frac{1}{KF} \tag{2-28}$$

式中，R ——传热热阻，℃·/W；

　　K ——传热系数，W/(m²·℃)；

　　F ——传热面积，m²。

在传热过程中，若只有热传导、对流项而不包括热辐射时，导热系数及对流换热系数可看作常数，热阻其实是传热系数的倒数，所以可认为热阻也为常数。

热容 C 定义为在某个空间内的物质温度改变 1℃时，该物质热量的变化量：

$$C = \frac{\mathrm{d}Q}{\mathrm{d}\theta} = mc \tag{2-29}$$

式中，C ——物质的热容，(kg·J)/℃；

　　m ——对象包含物质的总质量，kg；

　　c ——该物质的比热，J/℃。

下面以房间散热器供热为例说明不同情况下能量交换过程的数学模型。

1. 考虑散热器热阻的绝热房间

先研究最简单的房间传热模型，如图 2-7 所示，室外温度为 θ_w，假设房间均为集总参数模型，房间内设置有散热器，稳态时散热器表面平均温度为 θ_p，传递给房间的热量为 Q_1，

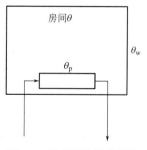

图 2-7　考虑散热器热阻的
绝热房间换热过程

同时向室外的散热量为 Q_2，房间温度为 θ。

考虑散热器表面与房间空气具有对流换热，散热器的热阻：

$$R_1 = \frac{\theta_p - \theta}{Q_1} \tag{2-30}$$

式中，R_1——散热器与空气对流传热热阻，$\mathrm{K/W}$；

$\quad\quad Q_1$——散热器散热量，W。

房间为绝热房间，所以 $Q_2 = 0$，其数学模型为：

$$R_1 C \cdot \frac{\mathrm{d}\theta}{\mathrm{d}\tau} = \theta_p - \theta$$

$$R_1 C \cdot \frac{\mathrm{d}\theta}{\mathrm{d}\tau} + \theta = \theta_p$$

即：

$$T \cdot \frac{\mathrm{d}\theta}{\mathrm{d}\tau} + \theta = \theta_p \tag{2-31}$$

其中，时间常数 $T = R_1 C$。

其传递函数为：

$$W(s) = \frac{\Theta(s)}{\Theta_p(s)} = \frac{1}{Ts + 1} \tag{2-32}$$

若某一时刻散热器表面平均温度 θ_p 为常数，则微分方程的解为：

$$\theta = \theta_p (1 - e^{-\frac{\tau}{T}}) \tag{2-33}$$

式（2-33）表达了当散热器表面温度改变为 θ_p 后，房间空气温度随时间的变化规律，这是一个指数曲线，当 $\tau \to \infty$ 时，$\theta \to \theta_p$，变化速率取决于 T，即反应对象本质特性的时间常数。

2. 考虑向外界散热的常规房间

与上一模型的绝热房间不同，考虑房间与外界同样存在热交换，同样认为房间与外界之间热交换主要是热传导和对流换热，其围护结构等效热阻为：

$$R_2 = \frac{\theta - \theta_w}{Q}$$

列房间传热过程的微分方程：

$$C \cdot \frac{\mathrm{d}\theta}{\mathrm{d}\tau} = \frac{\theta_p - \theta}{R_1} - \frac{\theta - \theta_w}{R_2}$$

整理上式：

$$C \frac{R_1 R_2}{R_1 + R_2} \cdot \frac{\mathrm{d}\theta}{\mathrm{d}\tau} + \theta = \frac{R_2}{R_1 + R_2} \theta_p + \frac{R_1}{R_1 + R_2} \theta_w$$

则有：

$$T \frac{\mathrm{d}\theta}{\mathrm{d}\tau} + \theta = K_1 \theta_p + K_2 \theta_w \tag{2-34}$$

对式（2-34）进行拉氏变换：

$$\Theta(s) = \frac{K_1}{Ts + 1} \Theta_p(s) + \frac{K_2}{Ts + 1} \Theta_w(s) \tag{2-35}$$

式（2-35）中：

$$T = C \frac{R_1 R_2}{R_1 + R_2}$$

$$K_1 = \frac{R_2}{R_1 + R_2}$$

$$K_2 = \frac{R_1}{R_1 + R_2}$$

可以看出，不考虑流入侧和流出侧的容量因素时，能量交换过程与质交换过程有着完全一样的数学表达式，T 为该过程的时间常数，K_1、K_2 为对应两个通道的放大系数。

3. 考虑散热器热容的常规房间

对于考虑容量因素的散热器，其热平衡方程为：

$$C_1 \cdot \frac{\mathrm{d}\theta_\mathrm{p}}{\mathrm{d}\tau} = q_\mathrm{s} - \frac{\theta_\mathrm{p} - \theta}{R_\mathrm{s}}$$

整理后，有：

$$T_1 \cdot \frac{\mathrm{d}\theta_\mathrm{p}}{\mathrm{d}\tau} + \theta_\mathrm{p} = q_\mathrm{s} + K_\mathrm{s}\theta \tag{2-36}$$

利用传递函数表达，有：

$$\Theta_\mathrm{p}(s) = \frac{Q(s)}{T_1 s + 1} + \frac{K_\mathrm{s}\Theta(s)}{T_1 s + 1} \tag{2-37}$$

式中，q_s——系统供热量，W；

C_1——散热器热容，$(\mathrm{kg} \cdot \mathrm{J})/℃$；

T_1——散热器时间常数，s；

R_s——散热器传热热阻，$℃/\mathrm{W}$；

K_s——散热器放大系数，$K_\mathrm{s}=1$。

此时传热过程从单容对象变为双容对象，其数学模型变为由微分方程式（2-35）和式（2-36）组成的微分方程组。

4. 装有散热器及送排风的常规房间

在上述具有散热器并且与外界具有热交换的基础上，给房间增加送排风系统，则是一个同时具备质交换和能量交换过程的物理模型，如图 2-8 所示。

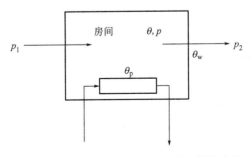

图 2-8　装有送排风和散热器的房间换热过程

对于质交换过程，同式（2-26），有：

$$T' \frac{\mathrm{d}p}{\mathrm{d}\tau} + p = K'_1 p_1 + K'_2 p_2 \tag{2-38}$$

式中，T'——质交换过程时间常数，s；

K'_1——质交换过程流入通道放大系数；

K'_2——质交换过程流出通道放大系数。

对于能量交换过程，房间的微分方程为：

$$C \cdot \frac{\mathrm{d}\theta}{\mathrm{d}\tau} = \frac{p_1 - p}{R'_1} \theta_i + \frac{\theta_p - \theta}{R_1} - \frac{p - p_2}{R'_2} \theta - \frac{\theta - \theta_w}{R_2} \tag{2-39}$$

整理式（2-39），有：

$$C \cdot \frac{\mathrm{d}\theta}{\mathrm{d}\tau} + \left(\frac{1}{R_1} + \frac{1}{R_2} + \frac{p - p_2}{R'_2} \right) \theta = \frac{p_1 - p}{R'_1} \theta_i + \frac{\theta_p}{R_1} + \frac{\theta_w}{R_2} \tag{2-40}$$

对上式，令能量交换过程的等效热阻为：

$$R = \frac{R_1 R_2 R'_2}{R_2 R'_2 + R_1 R'_2 + R_1 R_2 (p - p_2)}$$

则时间常数：

$$T = CR$$

各环节的放大系数：

$$K_i = \frac{p_1 - p}{R'_1} R$$

$$K_1 = \frac{1}{R_1} R$$

$$K_2 = \frac{1}{R_2} R$$

代入房间微分方程，得到：

$$T \frac{\mathrm{d}\theta}{\mathrm{d}\tau} + \theta = K_i \theta_i + K_1 \theta_p + K_2 \theta_w \tag{2-41}$$

以上两式再加上前一个模型中的式（2-36），三个微分方程构成该复合过程的数学模型的微分方程组。

对式（2-41）进行拉氏变换：

$$\Theta(s) = \frac{K_i}{Ts + 1} \Theta_i(s) + \frac{K_1}{Ts + 1} \Theta_p(s) + \frac{K_2}{Ts + 1} \Theta_w(s) \tag{2-42}$$

从该模型的能量交换过程可以看出，式中 θ_p、θ_i 和 θ_w 是房间的输入量；而 θ 是房间的输出参数或称被调量。输入参数是引起被调量变化的因素，其中 θ_p、θ_i 起调节作用，而 θ_w 起干扰作用。所以该过程具有 2 个调节通道和 1 个干扰通道，共有 3 个通道，分别代表散热器平均温度、送风温度和室外温度对房间温度的影响，这三个通道是耦合在一起的，联合对房间温度施加各自的影响。其传递函数以图 2-9 表示。

式（2-41）描述的是线性过程，满足叠加性原理，所以可得到 3 个变量与输出量各自的微分方程。

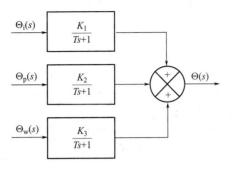

图 2-9　装有送排风和散热器的房间能量交换过程传递函数方块图

房间温度 θ 与散热器平均温度 θ_p 的关系式：

$$T \cdot \frac{\mathrm{d}\theta}{\mathrm{d}\tau} + \theta = K_1\theta_p \tag{2-43}$$

其解为：

$$\theta = K_1\theta_p \left[1 - \exp\left(-\frac{\tau}{T} \right) \right] \tag{2-44}$$

同理，房间温度 θ 与室外温度 θ_w 的关系：

$$\theta = K_2\theta_w \left[1 - \exp\left(-\frac{\tau}{T} \right) \right] \tag{2-45}$$

房间温度 θ 与送风温度 θ_i 的关系：

$$\theta = K_i\theta_i \left[1 - \exp\left(-\frac{\tau}{T} \right) \right] \tag{2-46}$$

用函数图形表示该过程各个通道对房间温度的影响如图 2-10 所示。

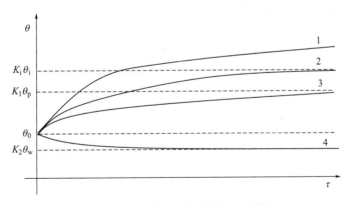

图 2-10　各通道对房间温度影响趋势图

图 2-10 中，房间初始温度为 θ_0，曲线 1 是房间温度总体变化趋势，而曲线 2、曲线 3、曲线 4 分别代表送风温度、散热器平均温度及室外温度对房间温度变化的各自贡献，这些曲线均按照指数规律变化，当 $\tau \to \infty$ 时各自贡献的最大值分别是：$K_i\theta_i$、$K_1\theta_p$、$K_2\theta_w$，而变化的速度取决于时间常数。

若考虑散热器的热容，那么空调房间传热过程为双容对象过程，散热器调节通道的传递函数为二阶传递函数，根据式（2-37）和式（2-42），可得其过程方块图如图 2-11 所示。

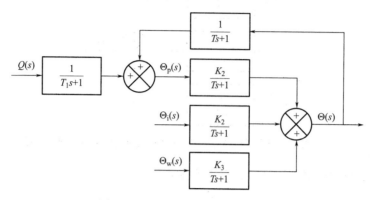

图 2-11　房间过程传递函数方块图

下面对送排风系统进行单独分析，通常为完成通风换气过程，需要在进风侧、排风侧安装风机或只在一侧安装（另一侧为无组织排风或无组织进风），根据流动的不同状态基本上可以分为层流或紊流，下面以这两种情况分别讨论。

（1）房间进排风通道的流动状态按层流考虑

以安装进风机的流入侧为例，根据管道流体力学，稳态下进风量与管道资用压头成正比关系，即：

$$P_w + P_{jf} - P = R_p \overline{Q} \tag{2-47}$$

式中，P_{jf}——进风机压头，Pa；

　　　R_p——进风管道阻力系数，(Pa·s)/kg，按常数考虑。

为进一步简化计算，风机特性近似按照线性规律考虑，有：

$$P_{jf} = R_{jf} \overline{Q}$$

式中，R_{jf}——进风机本体阻力系数，(Pa·s)/kg，按常数考虑。

将 P_{jf} 代入上式，则有：

$$P_w - P = (R_p - R_{jf}) \overline{Q} = R_j \overline{Q} \tag{2-48}$$

式中，R_j——进风管道等效总阻力系数，(Pa·s)/kg，按常数考虑。

设外界大气压力为恒定值，房间压力变化 p 时，流量变化：

$$-p = R_j q_1$$

所以：

$$q_1 = -\frac{p}{R_j}$$

同理，对于排风通道，有：

$$q_2 = \frac{p}{R_p}$$

式中，R_p——排风管道等效总阻力系数，(Pa·s)/kg，按常数考虑。

根据风量平衡，可得其基本微分方程：

$$\left(-\frac{p}{R_{\mathrm{j}}}-\frac{p}{R_{\mathrm{p}}}\right)\mathrm{d}\tau=C\mathrm{d}p \tag{2-49}$$

房间压力变化 $\mathrm{d}p$ 以 $\mathrm{d}(P-P_{\mathrm{w}})$ 表示，有：

$$C\frac{\mathrm{d}p}{\mathrm{d}\tau}+\left(\frac{1}{R_{\mathrm{j}}}+\frac{1}{R_{\mathrm{p}}}\right)p=-C\frac{R_{\mathrm{j}}R_{\mathrm{p}}}{R_{\mathrm{j}}+R_{\mathrm{p}}}\frac{\mathrm{d}(P-P_{\mathrm{w}})}{P-P_{\mathrm{w}}}$$

令：

$$T=C\frac{R_{\mathrm{j}}R_{\mathrm{p}}}{R_{\mathrm{j}}+R_{\mathrm{p}}}$$

$$\Delta P=P-P_{\mathrm{w}}$$

则有：

$$\frac{\mathrm{d}\Delta P}{\mathrm{d}\tau}+\frac{1}{T}\Delta P=0 \tag{2-50}$$

式（2-50）是一阶常系数线性微分方程，其解析解为：

$$\Delta P=\Delta P_0 e^{-\frac{\tau}{T}} \tag{2-51}$$

（2）房间进排风通道的流动状态按紊流考虑

对于进风通道：

$$G_{\mathrm{j}}=k_{\mathrm{j}}\sqrt{P_{\mathrm{w}}+P_{\mathrm{jf}}-P}$$

对于排风通道：

$$G_{\mathrm{p}}=k_{\mathrm{p}}\sqrt{P+P_{\mathrm{pf}}-P_{\mathrm{w}}}$$

代入基本微分方程，有：

$$(k_{\mathrm{j}}\sqrt{P_{\mathrm{w}}+P_{\mathrm{jf}}-P}-k_{\mathrm{p}}\sqrt{P+P_{\mathrm{pf}}-P_{\mathrm{w}}})\mathrm{d}\tau=C\mathrm{d}P \tag{2-52}$$

式中，k_{j}，k_{p}——分别为进排风通道的流量系数。

上述方程是非线性微分方程，非线性微分方程的求解和控制系统性能研究相对于线性系统而言更为复杂，借助前面线性化的方法，对于进风通道：

$$G_{\mathrm{j}}=-\frac{2(P_{\mathrm{w}}+P_{\mathrm{jf}}-P)}{R_{\mathrm{j}}} \tag{2-53}$$

对于排风通道：

$$G_{\mathrm{p}}=\frac{2(P+P_{\mathrm{pf}}-P_{\mathrm{w}})}{R_{\mathrm{p}}} \tag{2-54}$$

代入基本微分方程，有：

$$\left[\frac{2(P-P_{\mathrm{w}}-P_{\mathrm{jf}})}{R_{\mathrm{j}}}+\frac{2(P+P_{\mathrm{pf}}-P_{\mathrm{w}})}{R_{\mathrm{p}}}\right]\mathrm{d}\tau=C\mathrm{d}P$$

$$C\frac{\mathrm{d}P}{\mathrm{d}\tau}+\frac{2(R_{\mathrm{p}}+R_{\mathrm{j}})}{R_{\mathrm{j}}R_{\mathrm{p}}}P+\frac{2R_{\mathrm{j}}(P_{\mathrm{pf}}-P_{\mathrm{w}})-2R_{\mathrm{p}}(P_{\mathrm{w}}+P_{\mathrm{jf}})}{R_{\mathrm{j}}R_{\mathrm{p}}}=0 \tag{2-55}$$

令：

$$M=\frac{2(R_{\mathrm{p}}+R_{\mathrm{j}})}{CR_{\mathrm{j}}R_{\mathrm{p}}}$$

$$N=\frac{2R_{\mathrm{p}}(P_{\mathrm{w}}+P_{\mathrm{jf}})-2R_{\mathrm{j}}(P_{\mathrm{pf}}-P_{\mathrm{w}})}{CR_{\mathrm{j}}R_{\mathrm{p}}}$$

可得：

$$\frac{\mathrm{d}P}{\mathrm{d}\tau} + MP = N \qquad (2\text{-}56)$$

上述方程为一阶线性非齐次微分方程，利用微分方程通解，可得：

$$P = P_0 e^{-M\tau} - \frac{N}{M}(1 - e^{-M\tau}) \qquad (2\text{-}57)$$

2.5 暖通空调复合系统物理模型

复合系统由一个或若干个相互关联的子系统组成，具有一定的完整性，能够独立实现特定的功能需求，如全空气系统、风机盘管加独立新风系统、冷热源系统等都属于复合系统。根据前述系统相关概念，一个复合系统由前面研究的若干子系统组成，如图 2-12 所示。

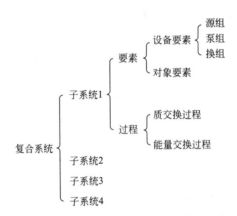

图 2-12　暖通空调复合系统初步物理模型

从工艺角度，全空气系统、冷热源系统等就是一个单独的、完整的系统，但出于控制的目标，需要将这些系统看作复合系统，并甄别出每一个子系统。根据每一个复合系统所包含的子系统的数量对复合系统进行分类，一般而言无论是末端系统还是冷热源系统，子系统数量为 4 时已经足够定义为复合系统了，若子系统数量超过 4，可以采取将 1 个复合系统拆分为多个复合系统的方法，这主要是从控制的角度出发，考虑实施过程中控制软件编程、硬件实现、控制柜制作等过程的标准化，这就是"1-4-2-3-8-N"中的"1-4"的含义，即暖通空调任意 1 个复合系统最多可拆分至 4 个子系统。

下面我们就针对暖通空调的各种复合系统甄别子系统的方法示例。

1. 冷热源复合系统的甄别

表 2-1 是对各种冷热源复合系统子系统的甄别示例，识别出子系统之后，就可以依据子系统同构性，以相同或相似的方法针对每一个子系统制定控制策略。示例中是常见的冷热源系统形式，对于更复杂的系统，其子系统甄别方法是一样的。

冷热源复合系统的子系统　　　　表 2-1

燃气锅炉直接供热系统（单子系统）

序号	子系统名称	源设备组	动力设备组	热质交换组
1	负载侧子系统	燃气锅炉	循环泵	无

燃气锅炉间接供热系统（双子系统）

序号	子系统名称	源设备组	动力设备组	热质交换组
1	一次侧子系统	燃气锅炉	一次循环泵	换热器一次侧
2	二次侧子系统	换热器二次侧	二次循环泵	末端散热器

常规电制冷系统（双子系统）

序号	子系统名称	源设备组	动力设备组	热质交换组
1	冷冻水子系统	蒸发器	冷冻循环泵	无
2	冷却水子系统	冷却塔	冷却循环泵	冷凝器

负载侧换热的常规电制冷系统（三子系统）

序号	子系统名称	源设备组	动力设备组	热质交换组
1	负载一次侧子系统	蒸发器	负载一次泵	换热器一次侧
2	负载二次侧子系统	换热器二次侧	负载二次泵	末端设备
3	源水子系统	冷却塔	冷却循环泵	冷凝器

带有二级泵的常规电制冷系统（三子系统）

序号	子系统名称	源设备组	动力设备组	热质交换组
1	负载一级泵子系统	蒸发器	负载一级泵	无
2	负载二级泵子系统	无	负载二级泵	末端设备
3	源水子系统	冷却塔	冷却循环泵	冷凝器

负载源水侧带有换热器水源热泵系统（四子系统）

序号	子系统名称	源设备组	动力设备组	热质交换组
1	负载一次侧子系统	蒸发器	负载一次泵	负载换热器一次侧
2	负载二次侧子系统	负载换热器二次侧	负载二次泵	末端设备
3	源水一次侧子系统	水源	源水一次泵	源水换热器一次侧
4	源水二次侧子系统	源水换热器二次侧	源水二次泵	冷凝器

2. 末端复合系统的甄别

表 2-2 是对各种末端复合系统子系统的甄别示例，相对于冷热源复合系统，末端复合系统的子系统数量都比较少。

末端复合系统的子系统　　　　表 2-2

风机盘管系统（单子系统）

序号	子系统名称	源设备组	动力设备组	热质交换组
1	送风系统	盘管	风机	无

27

续表

新风系统（单子系统）			
序号	子系统名称	源设备组	动力设备组	热质交换组
1	新风系统	盘管	新风机	无

多联机系统（单子系统）			
序号	子系统名称	源设备组	动力设备组	热质交换组
1	多联机系统	室外机	新风机	室内机

一次回风全空气系统（双子系统）			
序号	子系统名称	源设备组	动力设备组	热质交换组
1	冷却加热子系统	盘管	送风机	无
2	加湿子系统	加湿器	无	无

双风机全空气系统（三子系统）			
序号	子系统名称	源设备组	动力设备组	热质交换组
1	冷却加热子系统	盘管	送风机	无
2	加湿子系统	加湿器	无	无
3	排风子系统	无	排风机	无

2.6 本章小结

本章利用系统论的基本概念，将暖通空调的冷热源及末端系统统一划分为复合系统—子系统的二级架构，将任一复合系统划分为若干个子系统，子系统的最大数量为4，每个子系统实现包含要素和过程。所以对于复杂系统的控制就可以转变为对子系统过程的控制，而过程遵循着相似的数学规律，这样就为实现控制系统标准化、通用化的设计与实施奠定了基础。本章对子系统的质交换过程和能量交换过程由简单到复杂分析了其物理模型和数学模型，有助于利用系统论方法看待暖通空调实际的物理系统，从而构建标准化控制系统，同时对复合系统中子系统的甄别也给出了具体实例。对于本书讨论的"1-4-2-3-8-N"体系架构，本章解决了"1-4"的问题。

第 3 章　暖通空调子系统自由度

3.1　控制回路

控制系统中，为保障控制对象的输出值维持在期望值，需要根据输出量的变化经过控制器控制算法计算后，对某个输入量进行调节，这就是控制回路。

1. 基本概念

（1）过程变量

描述过程变化的变量称为过程变量，过程变量通常可分为输入变量和输出变量两大类。

输入变量是外界对过程的影响，输入变量又可分为操作变量和扰动变量两种。操作（或控制）变量是可由操作者或控制机构调节的变量；扰动变量是不受操作者或控制机构调节的变量，又可分为可测扰动和不可测扰动。

输出变量（或被控变量）表征过程特性的操作条件，并希望通过操作或控制使其保持为规定的值。输出变量又可分为两类：可测输出变量，即可通过直接测量得到的输出变量；不可测输出变量，即不直接测量或不能直接测量得到的输出变量。

（2）被控变量和操作变量

被控变量 CV（Controlled Variable）是一种被测量和被控制的量值或状态，操作变量 MV（Manipulated Variable）是一种由控制器改变的量值或状态，它将影响被控变量的值。

通常，被控变量是系统的输出量，控制回路就是对系统的被控变量的值进行测量，并且使操作变量作用于系统，以修正或限制测量值对期望值的偏离。

（3）扰动变量

扰动是一种对系统的输出量产生不利影响的信号，如果扰动产生在系统的内部，称为内部扰动；当扰动产生在系统的外部时，则称之为外部扰动。例如对于一个恒温房间的控制，室温是整个系统的输出变量，也是控制需要保障的控制变量，但室温的变化受到各种因素的干扰，室外温度和设定值的改变都会导致系统输出量的变化，这些属于输入变量，是外部扰动；另外供回水温度的变化、阀门开度的改变、循环流量的改变也会引起室温的改变，这些因素是在系统内部产生的扰动，可以称为内扰。

（4）反馈控制系统

能对被控变量与参考输入量（设定值）进行比较，将二者的偏差作为依据并按照一定的算法改变操作变量，以保持两者之间预定关系的系统，称为反馈控制系统，简言之所谓反馈控制就是受控变量本身参与到了控制作用。室温控制系统就是反馈控制系统的一个例子：通过测量实际室温，并且将其与参考温度（希望的温度）进行比较，温度调节器就会按照某种方式，将加热或冷却设备打开、关闭，或增加、减少其容量输出，从而将室温保持在人们感到舒适的水平上，且与外界条件无关。在反馈控制系统中，为消除或减小受控变量与设定值之间的偏差，控制作用的方向必然要与偏差的方向相反，这种反馈称之为负反馈。

（5）闭环控制系统

反馈控制系统通常属于闭环控制系统，在控制领域中，反馈控制和闭环控制这两个术语常交换使用。在闭环控制系统中，作为输入信号的设定值与控制变量的反馈信号之差作为误差信号被传送到控制器，控制器以某种算法改变执行器输出量以减小误差，使系统的输出达到期望值。闭环控制通常意味着采用反馈控制减小系统误差。

闭环控制系统的优点是采用了反馈，因而使系统的响应对外部干扰和内部系统的参数变化均相当不敏感。这样对于给定的控制对象，有可能采用不太精密且成本较低的元件构成精确的控制系统。

（6）开环控制系统

系统的输出量对控制作用没有影响的系统，称为开环控制系统。换句话说，在开环控制系统中，既不需要对输出量进行测量，也不需要将输出量反馈到系统的输入端与输入量进行比较。洗衣机就是开环控制系统的一个实例，洗衣机的浸湿、洗涤和漂清过程都是按照一种时基顺序进行的，洗衣机不必对输出信号即衣服的清洁程度进行测量。

在任何开环控制系统中，均无需将输出量与参考输入量进行比较。因此，对应于每一个参考输入量，有一个固定的工作状态与之对应。这样，系统的精确度便取决于标定的精确度。当出现扰动时，开环系统便不能完成既定任务了。在实践中，只有当输入量与输出量之间的关系已知，并且既不存在内部扰动，也不存在外部扰动时，才能采用开环控制系统，显然这种系统不是反馈控制系统。沿时基运行的任何控制系统都是开环系统，例如采用时基信号运行的交通红绿灯管制是开环控制的另一个例子。

从稳定性的观点出发，开环控制系统比较容易建造，因为对开环系统来说，稳定性不是主要问题。在闭环控制系统中稳定性则始终是一个重要问题，因为闭环系统可能引起过调误差，从而导致系统做等幅振荡或变幅振荡。

当系统的输入量能预先知道，并且不存在任何扰动时，采用开环控制比较合适。将开环控制与闭环控制适当地结合在一起，通常比较经济，并且能够获得满意的综合系统性能。

（7）前馈控制系统

与反馈控制不同，前馈控制均属于开环控制。反馈控制是根据被控变量进行调节，而前馈控制则是根据干扰变量进行调节，即当系统出现扰动时，直接改变操作变量，避免或减小对输出变量（控制变量）的影响。采用前馈控制的前提条件：①扰动可以测量；②扰动变量与控制变量之间有明确的数学关系或预测模型；③对于非线性、大滞后系统采用反馈控制难以确保效果；④具有专用控制器或能够实现相应算法的常规控制器。

实际应用中被控对象存在多个扰动，若针对每种扰动均设置前馈控制则代价较高，控制效果受到前馈控制模型精度的影响，其控制算法也需要近似处理。所以通常将前馈控制和反馈控制结合使用，以达到更好的控制效果，这种控制系统称为前馈-反馈控制系统，例如供热系统根据室外温度的测量值实现对供水温度、循环流量的控制，最终确保室内温度，是典型的前馈控制系统；若房间的温度参与到对控制变量设定值的修正，则变为前馈-反馈控制系统。

2. 控制回路三要素

控制回路的典型架构如图 3-1 所示。

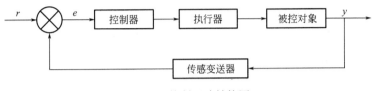

图 3-1　控制回路结构图

一个控制回路是由控制器、执行器、传感变送器、被控对象四个环节组成的。对于一个特定的过程控制回路而言，需要解决控什么、用什么控和怎么控的问题，这就需要确定控制回路的被控变量 CV、操作变量 MV 和控制算法 CA，把 CV、MV 和 CA 称为控制回路的三要素。

3.2　自由度理论

"自由度"是一个出现在多个学科领域的概念，例如力学中的质点自由度、结构自由度、刚体自由度、统计学自由度、热力学平衡自由度等，同样自由度概念也是经典控制理论中的一个基本概念。

根据上一章关于系统、子系统的理论，针对暖通空调实际物理系统的控制就转变为对每个子系统的控制，也就是说需要给各个子系统构建相应的控制回路，首要解决的问题是对一个子系统需要构建控制回路的数量如何确定，这就是"自由度"相关理论需要解决的问题。

3.2.1　自由度概念

自由度是为了完全确定一个系统或过程而必须加以规定的独立变量数目，自由度由式（3-1）表示：

$$N_f = N_V - N_e \tag{3-1}$$

式中，N_f——系统或过程的自由度；

N_V——系统或过程相关的过程变量数目；

N_e——与 N_V 个变量相关的独立方程数目。

对于子系统物质交换过程或能量交换过程而言，各过程变量之间可以根据物质守恒、能量守恒规律列写基本微分方程，以及遵循流体力学、热力学等定理的辅助类方程，用来描述其数学模型。每列写一个方程相当于变量之间增加了一个约束条件，当系统或过程相关的过程变量数目与独立方程数目相等时，即 $N_V = 0$，系统为稳定状态，所有过程变量有唯一定解；当 $N_V > 0$ 时，意味着系统或过程的约束条件小于过程变量的数目，系统或过程为欠定状态，过程变量有无数解；当 $N_V < 0$ 时，约束条件数量大于过程变量的数目，系统或过程为超定状态，此时过程变量无解。

实际的系统绝大多数情况下处于欠定状态，要使一个处于欠定状态的系统或过程变为一个有唯一定解的稳定状态，即所有变量处于期望值，则需要针对系统施加约束条件从而消减自由度。消减自由度的方法有三种：一是根据客观规律列写该系统或过程的独立方程，每列写一个方程则减少一个自由度；二是将未知变量规定为已知量，即变量变为常量，每规定一个变量则减少一个自由度，需要注意的是能够规定的过程变量通常是系统的输入类型的变量，由系统或过程的上游侧或外界规定；三是为系统或过程构建控制回路，这种方法实际上是在操作变量和控制变量之间施加了一个特定的约束条件，每设置一个控制回路减少一个自由度。要想使系统所有变量为期望值，系统自由度必须为 0，这是一个重要结论。针对一个特定的系统或过程可列写的方程都是明确的，可以减少自由度的方法就只有规定变量和设定控制回路两种方法，所以自由度理论实际上提供了一种确定控制回路数量的方法。

3.2.2　质交换过程自由度

首先仍然以子系统所包括的质交换过程和能量交换过程为例，进行自由度分析。下面以图 3-2 所示的简单水箱液位控制说明质交换过程自由度分析方法。

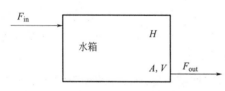

图 3-2　质交换过程自由度分析简图

图 3-2 为横截面积为 C、容积为 V 的水箱，包括一个进水口和一个自由出流口，根据前述过程的数学模型，可列写相关独立方程：

基本微分方程：

$$\rho c A \frac{\mathrm{d}H}{\mathrm{d}\tau} = F_{in} - F_{out} \tag{3-2}$$

辅助方程：

$$F_{out} = \frac{2H}{R} \tag{3-3}$$

式中，F_{in}——进水流量，kg/s；
$\quad\ F_{out}$——出水流量，kg/s；
$\quad\ H$——水箱液位，m。

辅助方程按照紊流出口进行了线性化，R 为水箱自由出流侧的流阻。对于该过程包括 3 个过程变量：H、F_{in} 和 F_{out}，ρ、c、A 以及 V 均为常量，而列写的独立方程包括 1 个基本方程和 1 个辅助方程，所以该过程的自由度 $N_f = N_V - N_e = 1$，只需要设置 1 个控制回路，过程就是稳定的，所以水箱内设置液位传感器、进水管道设置电动调节阀就可以确保水箱液位满足期望值。

如果在水箱出口设置电动调节阀构建控制回路也是可以的，但与在进口设置调节阀调节进水量不同，调节的出水量与控制变量具有耦合关系会相互影响，调节效果相比进水量调节效果差，另外对于出水量的调节有可能使水箱液位超过自身容量约束，所以一般选择进水量调节；如果在出口设置手动调节阀，这只是改变了出流流阻的大小，手动调节阀在一特定开度时流阻仍是常量，控制回路设计无需改变。

3.2.3　能量交换过程自由度

1. 单容对象的能量交换自由度

对处于环境温度为 T_0 的水箱中增加加热器进行温度控制，这是一个能量传递过程，不考虑加热器自身的容量，即加热器向水箱散热瞬时完成，这是一个单容对象的能量交换过程，模型如图 3-3 所示。

根据质量交换过程的数学模型，可列写相关独立方程。

基本微分方程：

$$\rho V c \, \mathrm{d}T = Q \mathrm{d}\tau - \frac{T - T_0}{R} \mathrm{d}\tau \tag{3-4}$$

式中，Q——加热量，kW；

$\quad T_0$——环境温度，℃；

$\quad T$——水箱温度，℃。

该单容量的能量交换过程的变量包括 Q、T 和 T_0，而独立方程只能列写上述的 1 个公式，自由度为 2，但环境温度是由外界决定的，可以认为是一常量，这与暖通空调领域中的室外温度一样，室外温度在一段时间内变化很小，而控制总是基于在传感器获得室外温度的基础上进行，所以可以近似认为是常量，则该单容对象的能量交换过程自由度就是1，所以只需构建一个温度控制回路即可，在加热器设置相应执行器（如可控硅控制加热量、调节阀控制加热器热媒流量等）控制其加热量以确保水箱温度。

2. 双容对象的能量交换过程自由度

按照实际的物理模型，若加热器是具有容量的水—水换热器，如图 3-4 所示，则是一个双容对象的能量交换过程。

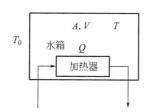
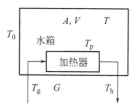

图 3-3　能量交换过程自由度分析简图 1　图 3-4　能量交换过程自由度分析简图 2

该过程包括的过程变量有：T、T_0、T_g、T_h、T_p、G，即 $N_v = 6$。其中新增加的过程变量如下：

G——加热器流量，kg/m^3；

T_g——加热器供水温度，℃；

T_h——加热器回水温度，℃；

T_p——加热器平均温度，℃。

根据质量交换过程的数学模型，可列写相关独立方程。

水箱基本微分方程：

$$\rho V c \, dT = Q d\tau - \frac{T-T_0}{R} d\tau \qquad (3\text{-}5)$$

加热器基本微分方程：

$$\rho V_h c \, dT_p = Gc(T_g - T_h)d\tau - \frac{T_p - T}{R_h} d\tau \qquad (3\text{-}6)$$

辅助方程：

$$T_p = 0.5(T_g + T_h) \qquad (3\text{-}7)$$

式中，V_h——加热器容积；

R_h——加热器传热热阻。

同样把环境温度看作外界规定的常量，则该过程的自由度 $N_f = 6 - 4 = 2$。若要控制水箱温度恒定需要设置两个约束条件，针对该模型可以看出加热器供水温度是过程上游的变量，可以规定其为常量，此时只需构建一个控制回路，即在加热器回水管道设置电动调节阀，根据水箱温度控制加热器流量。

3. 复合过程的自由度分析

若同时实现水箱的液位控制和温度控制，其模型简图如图 3-5 所示，对于前述水箱按照实际的物理模型若加热器是具有容量的水—水换热器，这是一个复合过程。

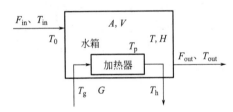

图 3-5　复合过程自由度分析简图

结合前述模型的自由度分析可知，该水箱模型包括三个过程：进出水的质交换过程、进出水的单容对象能量交换过程以及加热器的双容对象能量交换过程。该复合过程包括的过程变量有：T、T_0、T_g、T_h、T_p、G、H、F_{in}、F_{out}、T_{in} 共 10 个，即 $N_V = 10$。其中在前述模型基础上新增加的过程变量 T_{in} 是进水温度，可以列写的过程变量的独立方程如下：

水箱质交换基本微分方程：

$$\rho c A \, dH = F_{in} d\tau - F_{out} d\tau \qquad (3\text{-}8)$$

水箱能量交换基本微分方程：

$$\rho V c \, dT = Q d\tau - \frac{T-T_0}{R} d\tau + c F_{in} T_{in} - c F_{out} T \qquad (3\text{-}9)$$

加热器基本微分方程：

$$\rho V_h c \, dT_p = Gc(T_g - T_h)d\tau - \frac{T_p - T}{R_h} d\tau \qquad (3\text{-}10)$$

辅助方程 1：

$$T_p = 0.5(T_g + T_h) \tag{3-11}$$

辅助方程 2：

$$F_{out} = \frac{2H}{R} \tag{3-12}$$

外界规定的常量为 T_0。

该复合过程的自由度 $N_f = 10 - 5 - 1 = 4$，实际上根据该模型的三个过程单独的自由度分别为 1、1、2，也可以直接得到其总的自由度为 4。若要控制水箱液位机温度恒定需要设置 4 个约束条件，由过程上游规定 T_{in} 和 T_g 两个变量为常量，所以构建两个控制回路，一个液位控制回路和一个温度控制回路。

3.2.4　子系统自由度分析

对于建立的标准化子系统自由度的分析，基于前述过程自由度分析基础，对暖通空调系统的子系统需要识别出其包含的过程，就可以确定子系统的自由度，从而确定子系统需要构建的约束条件数量，根据控制目标确定其控制回路。以图 3-6 所示的锅炉直接供热一次侧子系统为例说明子系统自由度分析的方法，同时研究控制回路中控制变量和操作变量确定的原则、方法。

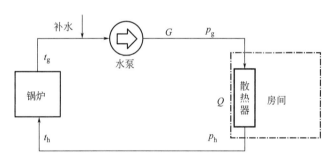

图 3-6　子系统自由度分析

t_g—供水温度，℃；t_h—回水温度，℃；p_g—供水压力，kPa；

p_h—回水压力，kPa；G—循环流量，kg/s；Q—换热量，kW

很容易识别出子系统包括一个质交换过程和两个能量交换过程，系统由于泄露会导致压力变化，通常工艺系统设置有补水定压系统，控制系统设计可以忽略其质交换过程，那么就只剩下能量交换过程。为了简化分析过程，对于子系统自由度的分析采用静态平衡方程代替动态微分方程的方法，从宏观角度具体分析控制回路的构建。

子系统的供热量：

$$Q = cG(t_g - t_h) \tag{3-13}$$

子系统的辅助方程：

$$p_g - p_b = S_1 G^2 \tag{3-14}$$

$$p_h - p_b = S_2 G^2 \tag{3-15}$$

上式中，p_b 为定压点压力已经由外界（补水定压系统）规定为常数，S_1、S_2 分别是供回水压力测点与定压点之间的管道阻力数，都可看作常数，所以子系统的过程变量包括：

Q、G、t_g、t_h、p_g、p_h 共 6 个，能列写的方程有 3 个，该子系统的根本目标是控制房间的温度，而控制房间温度就需要控制散热器的散热量，任意时刻对于某一室外温度房间的热负荷是确定的，所以子系统的供热量 Q 是明确的，因此对于调节供热量的子系统而言其自由度为 2，需要构建 2 个约束条件即可，对于该子系统循环泵可以定流量或变流量运行，在此基础上再构建 1 个或 2 个控制回路，就可以确保子系统自由度为 0。

根据 $Q = f(G, t_g, t_h)$，最直观的便是任意取其中的 2 个自变量作为控制变量构建相应的控制回路即可，例如构建一个供水温度控制回路、一个流量控制回路，或者构建一个供水温度控制回路和一个回水温度控制回路，两种方法都能实现热量的控制，但前者需要使用流量传感器，与后者仅使用两支温度传感器比较，实现的代价较高。

子系统自由度为 0 时意味着所有变量都是唯一确定的，根据子系统的辅助方程可以知道 $p_g = f(G)$、$p_h = f(G)$，所以对于任意需求的 Q，总有对应的一组变量（G，t_g，t_h，p_g，p_h）与之对应，而且变量之间还可以组合如平均供水温度 $t_p = 0.5(t_g + t_h)$、供回水温差 $\Delta t = t_g - t_h$、供回水压差 $\Delta p = p_g - p_h$，这些组合变量在实际系统中都有实际的物理意义，所以进一步拓展供热量 Q 对应的变量组为（G，t_g，t_h，p_g，p_h，t_p，Δt，Δp）共 8 个变量，这 8 个变量可以任意选择其中 2 个构建子系统的控制回路，区别是不同变量构建的调节通道其放大系数不一样、时间常数不一样，实际控制效果会有所差别，且构建回路实现的代价不同。

暖通空调子系统选择控制变量的一般原则如下：

（1）质交换过程可以直接将输出量作为控制变量；

（2）能量交换过程一般滞后较小时可选择输出量作为控制变量，滞后较大时可选择与输出量有直接函数关系的间接过程变量作为控制变量；

（3）控制变量一般是对于生产过程或产品质量有重要影响的变量；

（4）控制变量是容易测量的独立变量或其组合变量；

（5）控制变量与其他变量之间无耦合作用或存在弱耦合作用。

操作变量与控制变量是相关联的，操作变量通过执行器实现输出，对于暖通空调系统而言可以设置的执行器类型是有限的，如通过调节阀或变频器改变流体流量、通过源类设备本身调节装置改变流体温度，相对于控制变量的选择，只要确定了相应的控制变量，很容易确定操作变量，一般确定操作变量的原则如下：

（1）与控制变量之间是直接关系；

（2）容易通过执行器实现改变；

（3）实现的代价不高。

针对以能量交换为主要目标的子系统，自由度为 2，需要构建 2 个约束条件，而对于一个特定的控制回路需要确定 CV、MV 和 CA 三要素，解决控什么、用什么控和怎么控的问题。通过上述简单分析，可以确定 8 种变量或其组合变量可以作为控制变量，解决了控什么的问题；对于操作变量一般基于专业知识很容易确定；最后是如何确定控制算法的问题，控制算法是和系统的特性密切相关的，不同特性、不同要求的系统应选择不同的算法，常用的有 PID 算法、模糊控制算法等，可参见后续控制算法的相关内容。

子系统自由度为 2，一般设置 2 个控制回路，每个控制回路包括 CV、MV 和 CA 三要素，控制变量有 8 种选择，这就解决了"1-4-2-3-8-N"体系中"2-3-8"的问题。

3.3　复合系统的自由度分析

任一复杂的暖通空调系统（复合系统）都可以看成是由一个或多个子系统组成的，要实现对复合系统的控制目标，只要甄别出组成的子系统，针对每个子系统构建相应的控制回路，也就实现了复合系统的控制。如热力站系统是由一次侧子系统和二次侧子系统组成，常规制冷系统由冷冻水系统和冷却水系统组成，全空气系统可看作是新风子系统、热交换子系统和湿交换子系统组成的，所以实现子系统的控制也就实现了整个复合系统的控制。对于具有包括多个子系统的复合系统，子系统之间具有耦合性，需要具体分析确定其自由度。

3.3.1　单子系统自由度

很多暖通空调系统只包括一个子系统，如冷热源系统中的锅炉直供系统、补水定压系统、末端系统中的新风系统等就是由单个子系统构成的，若子系统只包括质交换过程如水箱的液位系统、补水定压系统、新风系统，则其自由度为 1，只需构建 1 个控制回路，而对于能量交换为主的单容过程自由度为 1，构建 1 个控制回路，双容过程如锅炉直供系统的自由度为 2，需要构建 2 个控制回路。

3.3.2　双子系统的自由度

1. 双子系统强耦合的复合系统

燃气锅炉间接供热系统、常规冷源系统等都是典型的由两个子系统构成的复合系统，如图 3-7 所示的燃气锅炉系统就是由一次侧子系统和二次侧子系统组成的。

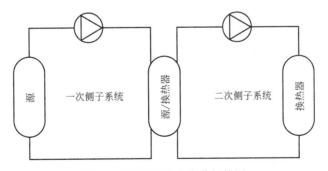

图 3-7　双子系统自由度分析简图 1

从图 3-7 可以看出，两个子系统都是由源、泵、换三个设备要素组成的，只不过一次侧子系统的换热设备同时也是二次侧子系统的源设备，且通过该设备将一、二次侧子系统强耦合在一起，耦合方程见式（3-16）。

$$m_1(t_{g1} - t_{h1}) = m_2(t_{g2} - t_{h2}) \tag{3-16}$$

也就是说在一、二次子系统各自所列方程的基础上，由于换热器的直接耦合作用，新增了一个过程变量之间平衡方程，或者可以理解为一、二次侧有一相同的过程变量即供热量 Q，所以两个子系统总自由度为 3，一、二次侧子系统只需构建三个约束条件。

按照自由度理论进行变量约束及控制回路构建，一般可以采用如下方式：

（1）第一回路根据要求的二次侧供水温度调节燃气锅炉的输出容量，第二回路则根据要求的二次侧回水温度调节二次循环泵流量，一次侧水泵定流量运行；

（2）第一回路根据要求的一次侧供水温度调节燃气锅炉的输出容量，第二回路则根据要求的一次侧回水温度调节一次循环泵流量，二次侧水泵定流量运行；

（3）第一回路根据要求的一次侧供水温度调节燃气锅炉的输出容量，第二回路则根据要求的一次侧回水温度调节一次循环泵流量，第三回路根据要求的二次侧回水温度调节二次循环泵流量。

约束变量和构建回路还有其他方法，这里列出的是常用方法，至于每个回路设定值的问题可参照"暖通空调末端调节技术"相关内容。

2. 双子系统弱耦合的复合系统

对于常规电制冷的冷源系统，也包括冷冻水子系统和冷却水子系统两个子系统，如图 3-8 所示。

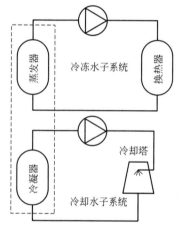

图 3-8 双子系统自由度分析简图 2

图 3-8 所示的复合系统包括冷冻水子系统和冷却水子系统，冷冻水系统是由蒸发器（源）、冷冻水泵、换热器组成的，冷却水系统是由冷凝器（换热器）、冷却水泵、冷却塔（源）组成的，两个子系统通过蒸发器与冷凝器弱耦合，即制冷量与冷凝热量之间有一定的关系，但是二者并不相等，存在弱耦合关系，所以各自的自由度仍为 2，通常都需要各自构建两个约束条件。对于制冷机组而言，机组本身都具有良好的调节能力和相应的控制系统，所以冷冻水子系统通常由机组本身控制冷冻水供水温度，则只需要再构建一个控制回路即可，可以根据冷冻水回水温度设定值控制冷冻水泵流量；对于冷却水系统则需要构建 2 个控制回路，一个回路根据冷却水供水温度调节冷却塔风机的台数或风量，另一个回路则根据冷却水回水温度调节冷却水泵运行频率。

3. 双子系统直接耦合的复合系统

还有一种比较特殊的复合系统，如图 3-9 所示。

该复合系统是由一级泵子系统和二级泵子系统组成的，但一级泵子系统只包括源和水泵两个设备要素，二级泵子系统只包括换热器和水泵两个设备要素，虽然设备要素都不完整，但仍然符合前面定义的子系统。可以看出两个子系统的水力系统是直接相连的，也属于一种强耦合的复合系统，两个子系统很明显存在以下关系：

$$t_{g1} = t_{g2} \tag{3-17}$$

$$(m_1 - m_2)t_{g1} + m_2 t_{h2} = m_1 t_{h1} \tag{3-18}$$

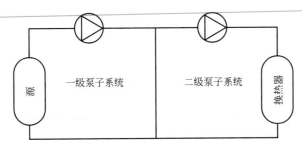

图 3-9 双子系统自由度分析简图 3

所以对于这种强耦合的复合系统其自由度为 2，根据系统特点可以很容易构建能量控制所需要的两个控制回路，一个回路根据供水温度设定值调节源设备的输出容量，另一个回路则根据二级泵子系统的回水温度控制二级泵的频率。这就是暖通空调系统中常用的一级泵定流量、二级泵变流量的复合系统。

上述的复合系统在一级泵和二级泵子系统之间存在一个质交换过程，若要控制流量的分配，则又增加了一个质交换过程自由度，需要再增加一个控制回路。上述控制策略并没有对一级泵子系统的回水温度进行控制，该值取决于旁通管的流量比例，这是一个随时变化的值，很明显当二级泵流量很小时，旁通流量将很大，造成了一级泵的能量浪费，所以改进的控制策略是可以在一级泵子系统再增加一个回路，即根据回水温度控制一级泵的频率，在两个子系统回水温度设定值一致的情况下，就可以保证一级泵和二级泵的流量一致。对于冷热源而言，一般情况下对最低流量是有要求的，继续改进控制策略，可以在源设备进出口两侧设置压差传感器进行辅助决策，当压差达到最小流量对应的设定值时，一级泵不再降低频率，以确保运行的冷热源设备的运行流量满足限定值的要求，因为一级泵、二级泵都能变频调速，所以旁通管是不需要设置电动调节阀的，这种情况下设置的压差传感器只是监控系统安全因素的考虑，并不参与能量交换或质交换的过程控制。

3.3.3 具备多子系统的复合系统

对于上述的常规冷源系统，有时负载侧需要划分系统，或因为竖向承压、冷热媒参数问题而设置中间换热器，或设置有二级泵，这时负载侧就变为 2 个子系统，整个复合系统具备 3 个子系统，对于源水侧也有类似的情况。利用子系统自由度分析确定控制回路、控制变量的方法与前述具有 2 个子系统的复合系统没有差别，这里就不再赘述了。

下面分析一个较为复杂的复合系统，该复合系统具备 4 个子系统，分别是源水一、二次侧子系统和负载一、二次侧子系统，如图 3-10 所示。

图中所示的复合系统实际上是一个地源热泵冷热源系统，源水侧与负载侧分别都是具有 2 个通过中间换热器强耦合的子系统，所以按照前述方法可以设置总共 6 个控制回路，完成对各个子系统的能量调节。之所以构建这样的复合系统是因为其具有一定的代表性，并且基于该复合模型作为模板进行简化，可实例化出具有 3 个子系统、2 个子系统及单个子系统的各种系统，几乎可以覆盖所有的暖通空调复合系统，而每个子系统都有标准化的构建控制回路的方法，这样基于该系统的物理模型就可以构建暖通空调通用化、标准化的

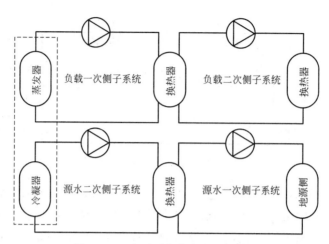

图 3-10　4个子系统自由度分析简图

控制系统。控制系统基于此模型就可以进行数据结构、控制回路及控制策略的标准化编程，从而最终实现控制系统的"自组态"。

3.3.4　其他类型的复合系统

以上分析的系统模型都是针对冷热源复合系统的，对于末端系统也可以采用同样的自由度分析，下面以空调一次回风全空气系统为例，根据不同的控制目标进行自由度分析。

图 3-11 是一种简易的全空气系统，仅设置有表冷器（加热器），通过对空气处理实现对房间温度控制，以制热工况为例，有：

$$Q = Gc(t_s - t_r) \tag{3-19}$$

式中，Q——房间热负荷，kW；

t_s——送风温度，℃；

t_r——回风温度（房间温度），℃。

按照前述过程模型，可知该系统只包括一个子系统，忽略新风质交换过程以房间温度控制为主，按照前述自由度理论，在房间冷热负荷确定的前提下则该系统具有 2 个自由度，需要构建 2 个约束条件，常用的构建方式与前述冷热源系统类似，包括以下几种：

（1）一个控制回路根据回风温度控制表冷器/加热器水侧电动调节阀以调节水流量；风机定流量运行约束空气总流量 G_1 为常量。

（2）一个控制回路根据送风温度控制表冷器/加热器水侧电动调节阀以调节水流量；风机定流量运行约束空气总流量 G_1 为常量。

（3）一个控制回路根据送风温度控制表冷器/加热器水侧电动调节阀以调节水流量；一个控制回路根据回风温度控制风机变流量运行。

目标把上图中的房间看成一个"等效"换热器，上述的系统模型及数学表达式与前述的子系统的形式是完全一致的，所以该系统以能量控制为目标时，其自由度同样为 2，其控制回路的构建方法和前述冷热源系统类似。

实际应用中，空调房间除了有温度要求外，如果还有相对湿度的要求，即在保证热平

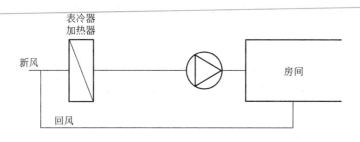

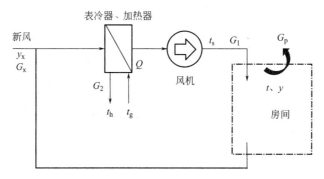

图 3-11 全空气系统自由度分析简图 1

衡的同时还需要确保湿平衡，即：

$$W = G(d_s - d_r) \tag{3-20}$$

式中，W ——房间湿负荷，kg/s；

d_s ——送风含湿量，g/kg 干空气；

d_r ——回风含湿量，g/kg 干空气。

则系统需设置加湿器，如图 3-12 所示：

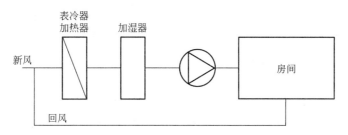

图 3-12 全空气系统自由度分析简图 2

从自由度角度分析，由于增加了蒸汽量守恒过程，其系统自由度增加了 1，所以对于湿度控制，在湿负荷确定的情况下，只需再增加一个湿度控制回路，根据室内相对湿度的设定值直接控制加湿器的电动调节阀（针对蒸汽加湿器）即可。但需要注意，对于房间而言，其温度与相对湿度之间具有耦合关系，二者的控制回路之间相互影响，要想使房间温湿度同时达到较高的精度，需要通过改进算法、增加前馈控制等方法实现控制目标，但对于大多数应用场合，对两个参数中的一个要求较高时还是容易保证的。

以上的两种全空气系统形式均没有考虑对新风的控制，仅以保证房间温湿度为主，这种情况下新风量会随着系统风量的调节而变化，房间内的压力或空气质量也会随之变化，并没有得到控制。若考虑房间内空气质量（CO_2 浓度），则系统增加一个质交换过程，即 CO_2 平衡，导致系统自由度增加1，需要再增加一个约束条件，通常可以在新风管道设置电动调节风阀，根据房间 CO_2 浓度设定值调节新风阀开度；在新风调节阀调节新风量时，会导致房间内压力的变化，这时又增加一个质交换过程即空气量的平衡，必须增加排风机系统，系统自由度又增加了1，可以设置房间压力控制回路，根据房间压力调节排风机风量。完整的全空气系统及测控点位如图3-13所示。

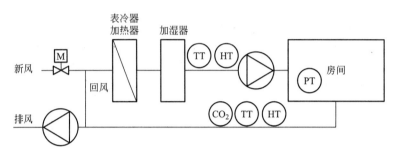

图 3-13　全空气系统测控点位示意图

综上所述，对于空气处理过程而言，以能量控制为目标时其子系统的自由度为2，当增加其他过程控制如湿平衡、风平衡、物质浓度平衡过程时，每增加一个其自由度增加1，需要增加相应的控制回路。

3.4　本章小结

自由度是一个重要概念，只有明确了系统的自由度才可以确定构建约束条件的数量。可以通过规定变量和构建控制回路的方法来减小自由度，从而最终使系统自由度为0，所有过程变量具有唯一确定值。本章详细分析了暖通空调系统中质交换过程和能量交换过程的自由度，可以知道一个质交换过程的自由度为1，一个单容对象的能量交换过程自由度也是1，而一个包含双容对象的能量交换过程自由度是2，忽略了容量的对象可以简单看作是传递环节。利用规定变量的方法构建约束条件要注意其前提条件，就是该变量不受系统其他过程变量的影响，或者该变量可以由外界或者是系统流入侧加以规定；当确定了利用控制回路构建约束条件的数量时，还要确定每一个控制回路的3个要素，即控制变量CV、操作变量MV和控制算法CA，通过子系统自由度分析示例可以知道，以能量交换过程控制构建的控制回路可以选择8种独立过程变量或其组合变量作为控制变量。当面对暖通空调各种复合系统时，通过自由度的分析可以快速构建所需的控制回路，使得控制系统的设计、实施有章可循。

第4章　暖通空调系统控制算法

4.1　控制算法概述

控制回路的控制器在控制变量产生偏差时，通过控制器计算输出量调节执行器改变操作变量的值，保证控制变量保持在期望值，这就是算法。算法基于整个控制回路的数学模型，包括被控对象、传感变送器、执行器等环节，由各自的动态微分方程组成控制回路数学模型，当所有环节的数学模型都是精确的，那控制算法也是唯一确定的。实际上控制回路中的某些环节无法得到精确模型，导致调节的动态过程不理想，研究控制算法的目的就是根据对象动态特性找到最接近其数学模型的算法或特征参数。前述内容对传质过程和传热过程的数学模型已进行了分析研究，下面对传感变送器、执行器这两个环节的动态特性进行简单分析。

以前述水箱测温为例，水箱中设置热电阻温度测量装置，该装置由敏感元件和变送器组成，对于敏感元件，根据热平衡，有：

$$C \mathrm{d}\theta_S = \frac{\theta - \theta_S}{R} \mathrm{d}\tau \qquad (4\text{-}1)$$

令：

$$T = CR$$

可得：

$$T \frac{\mathrm{d}\theta_S}{\mathrm{d}\tau} + \theta_S = \theta \qquad (4\text{-}2)$$

式中，R ——周围介质与敏感元件之间的传热热阻，℃/W；

C ——热电阻容量，(kg·J)/℃；

T ——热电阻时间常数，s；

θ ——水箱周围温度，℃；

θ_S——热电阻温度，℃。

其解析解为：

$$\theta_S = \theta(1 - e^{-\frac{t}{\tau}}) \qquad (4\text{-}3)$$

式（4-1）～式（4-3）是对于单容敏感元件的微分方程及其解，动态特性可用一阶微分方程式描述，故这类元件为一阶惯性元件，当敏感元件的时间常数足够小时，上式变为

$\theta_S=\theta$；若传感器带有保护套管则变为双容对象，可用两个微分方程表示其数学模型，此时传感器为二阶惯性环节。

敏感元件将测量温度转变为电阻信号，数据传送一般需要将测量电信号转变为标准电信号如 $0\sim10V$、$4\sim20mA$ 等，转换过程的时间常数及滞后都很小可忽略，变送器就相当于一个放大环节，即：

$$Y_T = K_T\theta_S \qquad (4\text{-}4)$$

式中，Y_T——经变送器将 θ_S 成比例变换后的相应信号，mA 或 V；

$\quad K_T$——变送器的放大系数。

敏感元件为一阶惯性元件而变送器为比例环节时，有：

$$T\frac{\mathrm{d}Y_T}{\mathrm{d}\tau}+Y_T=K_T\theta \qquad (4\text{-}5)$$

对于执行器而言，如电动调节阀、变频器等，输出信号与输入信号之间一般都是比例关系，同时由于信号传输、执行机构动作会导致滞后，这种滞后与容量滞后不同，称为纯滞后，所以一般的数学模型为：

$$U_R = K_R C_R(t-\tau_0) \qquad (4\text{-}6)$$

式中，C_R——执行器输入指令信号，mA 或 V；

$\quad U_R$——执行器将输入指令信号成比例转换后的相应信号，如流量、频率等；

$\quad K_R$——执行器信号比例放大系数；

$\quad \tau_0$——执行器纯滞后时间，s。

对于调节阀而言，除了具有比例特性外还有等百分比特性、快开特性、抛物线特性等几种，其数学模型不是比例环节，具体内容可参见后续内容。

根据控制变量偏差确定执行器的动作指令主要分为两大类：位调节和连续调节。位调节根据偏差的大小和方向对执行器进行通断控制，而连续调节则根据偏差的大小和方向对执行器进行连续调节，显然连续调节的动态过程及调节品质更好，但实现的代价也远比位调节要高，所以实际工程应用要根据控制目标和控制精度的需求合理选择。基于暖通空调的控制与工业过程控制相比，大多数情况下要求精度不是太高，采用位调节具有更好的性价比，应分情况确定采用的调节方式。对于连续调节而言，经典控制系统采用的控制算法是 PID 调节算法，基于二阶惯性环节加纯滞后模型推导的 PID 调节算法对于暖通空调系统的流量控制、液位控制、压力及压差控制能达到理想的效果，但对于多容量、大滞后系统的温度控制并不合适。近年来随着模糊控制理论在暖通空调领域的应用，证明模糊控制算法是一种比较适合的算法，还有许多其他的控制算法如神经网络、人工智能、蚁群算法等应用于控制领域，实际应用应选择实现简单、控制可靠、代价较低的控制算法。

4.2 位调节

4.2.1 双位调节的特性

图 4-1 是室温双位调节系统示意图，房间内设置有容量为 Q 的电加热器和温度开关传

感器，通过温度开关触点控制其供电回路的继电器线圈通断，开关接通时继电器触点闭合电加热器给房间供热，使室温上升，温度开关断开时继电器触点同时断开，室温下降，电加热器断续工作使室温不断的上下波动，这是双位调节的特点。

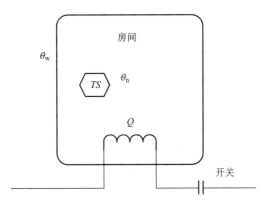

图 4-1　房间温度的双位调节系统

如图 4-1 所示，对于开关控制的电加热器只能处于接通和断开两种状态，或者全容量投入或者全容量切出，所以称之为双位调节，其表达式用增量的形式表示如下：

$$\Delta U = \begin{cases} \dfrac{1}{2} & \Delta e > 0 \\ -\dfrac{1}{2} & \Delta e < 0 \end{cases} \tag{4-7}$$

式中，ΔU——双位调节器的输出：$\Delta U = 1/2$（接通状态），$\Delta U = -1/2$（断开状态）；

　　　Δe——偏差值的增量。

下面分析说明偏差与偏差增量二者的关系。把室温测量值 θ_{PV} 等于其设定值 θ_{SV} 时的工作位置定为中间位置，此时各值用 θ_{PV0}、θ_{SV0} 表示，且 $\theta_{PV0} = \theta_{SV0}$，当室温给定值与测量值变化到另一数值 θ_z 和 θ_G 时，它们与中间位置值的偏差分别表示为 θ_z 和 θ_G，则设定值：

$$\theta_{SV} = \theta_{SV0} + \Delta\theta_{SV} \tag{4-8}$$

过程值：

$$\theta_{PV} = \theta_{PV0} + \Delta\theta_{PV} \tag{4-9}$$

偏差：

$$e = \theta_{SV} - \theta_{PV} \tag{4-10}$$

偏差增量：

$$\Delta e = \Delta\theta_{SV} - \Delta\theta_{PV} = \theta_{SV} - \theta_{SV0} - (\theta_{PV} - \theta_{PV0})$$

可得：

$$\Delta e = \theta_G - \theta_z = e \tag{4-11}$$

即偏差值的增量就等于偏差。

实际的双位调节器存在呆滞区，所谓呆滞区也称为回差，是指不引起调节器动作的被调参数对给定值的偏差区间。换句话说，如果被调参数测量值对给定值的偏差不超出这个区间，调节器的输出将保持不变。呆滞区的存在主要是由测量元件的特性决定的。对于位调节类型的控制系统，大多采用开关类型的传感器，如温度开关、液位开关等，这一类的开关传感器因为将测量信号最终转换为触点输出，实际上也是控制器，以上述房间控温为例，当使用毛细管温度开关时，温度开关除了可以设定调节值外，还有一个切换差参数，这是传感器本身的特性，也就决定了呆滞区的范围；对于开关类型的浮球液位传感器也是同样的道理，其液位开关信号对应着液位上限和液位下限。实际的双位调节器输入和输出关系的表达式为：

$$\Delta U = \begin{cases} \dfrac{1}{2}\operatorname{sgn}(e-\varepsilon) & \dfrac{\mathrm{d}e}{\mathrm{d}t} > 0 \\[2mm] -\dfrac{1}{2}\operatorname{sgn}(e+\varepsilon) & \dfrac{\mathrm{d}e}{\mathrm{d}t} < 0 \end{cases} \tag{4-12}$$

式中，sgn——符号函数，表示取括号内代数式的符号（正或负）；

de/dt——偏差的变化率；de/dt＞0 表示偏差增大即降温过程，de/dt＜0 表示偏差减小即升温过程。图 4-2 分别是理想双位调节和实际双位调节的特性。

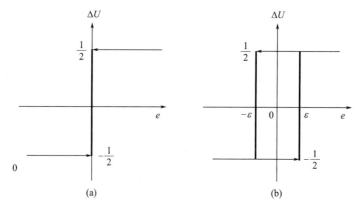

图 4-2　理想双位调节和实际双位调节特性

（a）理想双位调节；（b）实际双位调节

通常的计算机控制系统中，若双位调节采用模拟量型的传感器，实际的双位调节若忽略传感器的惯性，可以实现接近理想特性的位调节，此时就需要人为通过计算机控制器程序设置回差，否则将会导致调节器频繁通断，对于大多数执行器而言都难以实现，过高的通断频率也有可能损坏执行器。

双位调节器结构简单，动作可靠，在建筑设备控制领域得到了广泛的应用，如风机盘管的温控、水箱的液位控制等。

4.2.2　利用双位调节的房间特性

1. 计算物理模型的简化与求解

以上述带电加热器位调节的房间为例，分析位调节的相关特性，为简化分析，需要对计算模型进行简化：

（1）房间为集总参数模型，忽略其在水平和垂直方向上的梯度；

（2）忽略传感器和执行器的惯性，即任意时刻传感器的温度即为房间的温度，当加热器开启时热量瞬间释放、加热器断开时热量瞬间消失。

列出房间热平衡微分方程：

$$C \cdot \frac{d\theta_n}{d\tau} = Q - \frac{\theta_n - \theta_w}{R} \tag{4-13}$$

整理上式：

$$T \frac{d(\theta_n - \theta_w)}{d\tau} + (\theta_n - \theta_w) = RQ \tag{4-14}$$

式中，θ_n——房间温度，℃；

　　θ_w——室外温度，℃；

　　R——房间向室外传热热阻，℃/W；

　　C——房间热容，kJ/(kg·℃)；

　　T——房间时间常数，s。

该方程是一阶非齐次线性微分方程，利用常数变易法可求得其解为：

$$\theta_n(\tau) - \theta_w = [\theta_n(\tau_0) - \theta_w] e^{-\frac{\tau - \tau_0}{T}} + \int_{\tau_0}^{\tau} RQ e^{-\frac{\tau - \tau_0}{T}} d\tau \tag{4-15}$$

根据位调节原理，可以将房间温度变化过程分为两个：降温过程和升温过程。

当关闭电加热器时，有 $Q=0$，根据上式，任意 τ 时刻的室内温度变化规律：

$$\theta_n(\tau) = \theta_w + [\theta_n(\tau_0) - \theta_w] e^{-\frac{1}{T}(\tau - \tau_0)} \tag{4-16}$$

当 $\tau = \infty$ 时，

$$\theta_n(\tau) = \theta_w$$

当开启加热器时，假设加热器的功率为 Q_0，则有：

$$\theta_n(\tau) - \theta_w = [\theta_n(\tau_0) - \theta_w] e^{-\frac{\tau - \tau_0}{T}} + RQ_0 (1 - e^{-\frac{\tau - \tau_0}{T}}) \tag{4-17}$$

当 $\tau = \infty$ 时，

$$\theta_n = \theta_w + RQ_0$$

式中，$Q_0 R$ 代表房间能够实现的最大温升。

2. 通断周期计算

从上述升温过程和降温过程可以知道，房间的温度最大变化区间是 $(\theta_w, \theta_w + Q_0 R)$，$Q_0 R$ 是房间的最大温升。所以当房间温度设定值为 $\theta_{SV} = \theta_w + Q_0 R$ 或 $\theta_{SV} = \theta_w$ 时，通断周期为无穷大，若取极限温度的平均值作为设定值 $\Delta\theta_n$ 作为回差时，即：

$$\theta_{SV} = \theta_w + \frac{1}{2} Q_0 R \tag{4-18}$$

对于升温过程，初始时刻 τ_0 时的室温为 $\theta_{SV} - \Delta\theta_n$，到达 τ 时刻时，室温达到 $\theta_{SV} + \Delta\theta_n$ 时停止加热，温度变化规律：

$$\theta_{SV} + \Delta\theta_n - \theta_w = (\theta_{SV} - \Delta\theta_n - \theta_w) e^{-\frac{\Delta\tau_r}{RC}} + Q_0 R (1 - e^{\frac{\Delta\tau_r}{RC}})$$

根据设定值，有：

$$Q_0 R = 2(\theta_{SV} - \theta_w)$$

代入上式：

$$\theta_{SV} + \Delta\theta_n - \theta_w = (\theta_{SV} - \Delta\theta_n - \theta_w)e^{-\frac{\Delta\tau_r}{T}} + 2(\theta_{SV} - \theta_w)(1 - e^{-\frac{\Delta\tau_r}{T}})$$

$$\theta_{SV} - \Delta\theta_n - \theta_w = (\theta_{SV} + \Delta\theta_n - \theta_w)e^{-\frac{\Delta\tau_r}{T}}$$

可求得升温过程的周期：

$$\Delta\tau_r = T\ln\left(\frac{\theta_{sv} + \Delta\theta_n - \theta_w}{\theta_{sv} - \Delta\theta_n - \theta_w}\right) \tag{4-19}$$

对于降温过程，初始时刻 τ_0 时的室温为 $\theta_{SV} + \Delta\theta_n$，此时停止加热，室温下降，到达 τ 时刻时室温降至 $\theta_{SV} - \Delta\theta_n$，温度变化规律：

$$\theta_{SV} - \Delta\theta_n - \theta_w = (\theta_{SV} + \Delta\theta_n - \theta_w)e^{-\frac{\Delta\tau_d}{T}}$$

可求得降温过程的周期：

$$\Delta\tau_d = T\ln\left(\frac{\theta_{sv} + \Delta\theta_n - \theta_w}{\theta_{sv} - \Delta\theta_n - \theta_w}\right) \tag{4-20}$$

所以当设定值为室温最大波动区间的中间值且上下回差相等时，其升温过程与降温过程的周期是一致的：

$$\Delta\tau_d = \Delta\tau_r = T\ln\left(\frac{\theta_{sv} + \Delta\theta_n - \theta_w}{\theta_{sv} - \Delta\theta_n - \theta_w}\right)$$

将 $\theta_{SV} - \theta_w = Q_0R/2$ 代入上式，有：

$$\frac{\Delta\tau}{T} = \ln\left[\left(\frac{1}{2}\frac{Q_0R}{\Delta\theta_n} + 1\right)\bigg/\left(\frac{1}{2}\frac{Q_0R}{\Delta\theta_n} - 1\right)\right] \tag{4-21}$$

上式中 $\Delta\tau$ 为通断周期，可以看出通断周期与时间常数成正比，还与最大温升与回差的比值 $Q_0R/\Delta\theta_n$ 有直接关系，该值越大通断周期越小。当设定值偏离室温区间的中间值时，通断周期会增大直至上下限，其周期无限大，这里不再讨论。

下面以太原市某供暖房间为例分析其大致的时间常数。

示例：某房间尺寸为 5000mm×3000mm×3000mm，楼板为厚度 100mm 的钢筋混凝土，有 1 面外墙（3000mm×3000mm×400mm，加气混凝土），3 面内墙（厚度 200mm，加气混凝土），室外设计温度 $\theta_w = -11℃$，室内设计温度为 $\theta_n = 18℃$，其面积热指标为 30W/m²。

解：散热器能满足室外温度 $\theta_w = -11℃$ 时，室内温度达到设计值 $\theta_n = 18℃$，所以最大温升：

$$Q_0R = 18 - (-11) = 29℃$$

计算房间的综合热阻值：

$$R = \frac{\Delta t}{Q_0} = \frac{29}{30 \times 15} = 0.064℃/W$$

内墙体积的 1/2 由房间散热器承担加热，空气热容按 1.0kJ/kg·K 计算，楼板与墙体的相关参数按《民用建筑热工设计规范》GB 50176—2016 计算（表 4-1）：

建筑材料热工指标

表 4-1

类别	密度 (kg/m³)	导热系数 [W/(m·K)]	比热容 [kJ/(kg·K)]
钢筋混凝土	2500	1.74	0.92
加气混凝土砌体	700	0.22	1.158

房间空气容积为 45m³，楼板体积为 1.5m³，墙体总体积为 7.5m³，则房间空气的热容为：

$$C_A = 45 \times 1.2 \times 1.0 = 54 \text{kJ/K}$$

围护结构的热容：

$$C_B = 1.5 \times 2500 \times 0.92 + 7.5 \times 700 \times 1.158 = 9529.5 \text{kJ/K}$$

只考虑房间空气的热容时，时间常数大致为：

$$T = RC_A = 0.064 \times 54 \times 10^3 = 3456\text{s}$$

综合考虑房间空气及围护结构的热容时，时间常数大致为：

$$T = R(C_A + C_B) = 0.064 \times (54 + 9529.5) \times 10^3 = 613344\text{s}$$

散热器仅加热房间空气是很快的，但要使围护结构的温度上升则是非常缓慢的，这里仅以粗略计算说明房间时间常数的大致数量级，实际上围护结构因为传热在其内外表面是有温度梯度的，所以按照单容对象去计算房间温度变化存在较大的偏差，大容量、大滞后是暖通空调系统中被控对象的一个典型特点。

4.2.3　三位调节的特性

图 4-3 是设置有 2 台电加热器的房间模型，分别根据 2 个温度开关反馈状态控制 2 个开关的通断以改变加热器的输出，可以知道 2 台电加热器有三种状态的组合，即 2 台接通、2 台断开和 1 通 1 断，这样就构建了房间温度的三位调节系统。

图 4-3 中 TS1 和 TS2 为两支温度开关，可以分别控制功率均为 Q 的电加热器。因为存在两个执行器，所以可以有两个设定值，假设其中一台加热器的设定温度为 18.5℃，而另一支加热器的设定温度为 19.0℃，当房间温度测量值低于 18.5℃时，开关 1、2 都接通，两支电加热器以 $2Q$ 的功率对房间加热；房间温度上升至 18.5℃以上时，断开第一台加热器，温度继续上升至 19.0℃以上时，则第二台加热器也停止工作。对每一个设定值的控制相当于一个独立的、不存在呆滞区的双位调节，这是理想的三位调节器，但因为两个双位调节设定值的不同会导致理想的三位调节存在呆滞区，其特性如图 4-4（a）所示。

理想的三位调节器，其表达式用增量的形式表示如下：

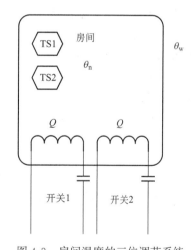

图 4-3　房间温度的三位调节系统

$$\Delta U = \begin{cases} 1 & e > \varepsilon_0 \\ 0 & -\varepsilon_0 < e < \varepsilon_0 \\ -1 & e < \varepsilon_0 \end{cases} \tag{4-22}$$

式中，1、0 和 −1 分别表示三位调节器的三种输出状态，其呆滞区的范围是 $2\varepsilon_0$，采用三位调节器比双位调节器的室温波动要小。

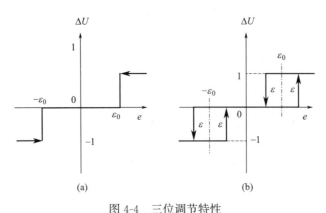

图 4-4　三位调节特性

(a) 理想三位调节；(b) 实际三位调节

因为房间设置的 2 支温度开关均存在呆滞区 2ε，实际的三位调节特性如图 4-4（b）所示，从上图可以看出 $(-\varepsilon_0-\varepsilon，-\varepsilon_0+\varepsilon)$ 是第一台加热器的呆滞区，$(\varepsilon_0-\varepsilon，\varepsilon_0+\varepsilon)$ 是第二台加热器的呆滞区，而 $(-\varepsilon_0+\varepsilon，\varepsilon_0-\varepsilon)$ 是两台加热器的呆滞区。若房间测温采用模拟量的传感器，则可以只需要设置一支传感器，而通过计算机控制器可以更加灵活地设置不同的设定值及其各个执行器的回差。需要说明的是，若房间只设置一支温度开关或两只温度开关的设定值相同，实际的控制效果将完全等同于双位调节，两台加热器同启同停，不能发挥三位调节的优势。

暖通领域利用位调节还有一种特殊情况，其特征是测量值是同一个对象，而执行器的类型有差别，例如冷热源系统中的补水定压系统，控制水箱流入量的通常是电动阀，而控制其流出量的通常是水泵，一方面需要控制进水阀保障水箱液位，另一方面要在水位较低时停止补水泵的运行以防抽空，若采用单独的双位调节，可以看出液位波动大，当水箱加满水至高液位时关断后，只有当液位下降至低液位才能再次开阀注水，此时水泵停止运行，若水泵开启则需要注水至高液位。因为利用相同液位同时控制水泵和阀门导致的冲突，若此时设置两个液位值，即采用双液位开关，高液位开关控制阀门的通断，低液位开关控制水泵启停，则问题迎刃而解，应用将更加灵活，这可以看作是单独的两个位调节或者是变相的三位调节。

4.2.4　位调节的工程应用

1. 考虑模型实际特性的位调节

前述的房间温控模型作了简化，实际上温度传感器、加热器都具有容量，存在惯性导致的滞后现象，而且房间属于分布式参数模型，当然可以分别列写传感器和执行器的微分方程、建立房间的温度分布模型，联合前述房间的微分方程，以微分方程组更加精确地描述房间温控的整体模型，但这种精确模型单纯从理论的角度是很难建立的，而且要得到明确的解析解也将变得非常困难。简单分析可以知道，温度传感器、加热器的惯性对于位调节的影响是增大了控制的呆滞区或者回差降低了控制精度，所以实际应用中可以通过减小回差来进行修正，对于计算机监控系统而言，通过实际的测量反馈值进行修正是非常容易的，至于房间的分布式模型，由于温度传感器不可能也没必要设置很多，所以只需要选择合理的安装位置，测量重点关心区域的温度也能达到控制的目标。

2. 位调节的工程实现方式

位调节作为一种基本的调节算法，与其他连续调节算法相比，虽然精度不是太高，但实现方式简单可靠、工程造价低，通过合理的设计和参数设置也能够达到较好的效果，能够满足空调领域的绝大多数应用的控制要求，应该对该种调节方式给予足够的重视。

简单的双位调节、三位调节通常使用开关类的传感器，且传感器本身集成了微动开关触点，所以本身也是控制器，可以直接或通过继电器间接对执行器进行控制。控制系统的造价极为低廉，且由于测量原理、动作机构特点造成呆滞区的客观存在，即实际应用时其最高控制精度可以接近该呆滞区，对于要求不高的场合如水箱液位控制、防冻控制、一般的开关报警已足够。若控制的精度不能满足要求，可以采用精度较高的模拟量传感器通过专门的控制器实现位调节，此时通过设置较小的回差可以达到较高的精度要求，但这同时还取决于被控对象的时间常数和执行器的容量，下面就对这几个影响因素进行分析。

首先明确时间常数与系统的物理特性直接相关，反映了其本质特征，虽然这是按照温控房间的微分方程得到的表达式，实际上该表达式是相似系统的通用表达式，对于电路系统 R、C 就是电阻电容，对于流动系统就是其流阻及容量，而对于传热系统就是其热阻、热容，对于这三类系统传质、传热的动力分别是电压差、压力差和温度差，所以参数 C 反映了改变系统本身单位数量传质、传热动力的难易程度，而 R 反映了与外界之间传质、传热的阻力大小，即一个是蓄积物质或能量的难易程度，一个是传递物质或能量的难易程度，所以时间常数可以以无量纲形式表示状态变量变化的快慢程度，如图 4-5 所示。

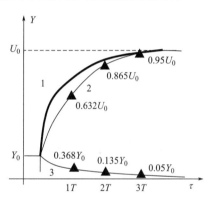

图 4-5　时间常数对过程影响

根据式（4-17），进行整理，有：

$$Y = Y_0 e^{-\tau/T} + U_0(1 - e^{-\tau/T}) \tag{4-23}$$

从上式可以看到状态变量的变化取决于两个因素的影响：初始值和执行器调节值。可以将 $Y_0 e^{-\tau/T}$ 称为初始值通道，将 $U_0(1 - e^{-\tau/T})$ 称为调节通道，上图中曲线 1 是状态参数的变化规律，任意时刻的值都是调节通道和初始值通道共同作用的结果，调节通道的影响如图中曲线 2 所示，初始值通道的影响如图中曲线 3 所示，可以看出三条曲线都是按指数规律变化的，而变化的快慢程度取决于系统的时间常数。温度下降过程由于加热器停止加热，所以状态变量的变化就只受初始值通道的影响，二者同步以指数规律变化，变化的快慢程度同样取决于系统的时间常数。

执行器对位调节的影响一个因素是其容量的大小，容量变大房间最大温升也变大，同样的时间内温度上升的绝对值也将变大；另一个因素是其本身结构特性、动作方式会导致其启停频率有限制，如继电器、交流接触器本身的机械触点限制其频率为秒级，而冷机、锅炉等为安全起见，其启停频率至少是分钟级，执行器启停频率降低，位调节的呆滞区会变大，调节精度降低。解决该问题的方法是增加执行器的数量，并按照一定规则选择各执行器容量，不仅可以解决启停频率的问题，而且不同容量组合控制可以成倍提高控制精度，例如容量为 Q_0 的加热器，若位调节控制精度为 $\pm 1℃$，那么容量为 $Q_0/2$ 的加热器控制精度可以达到 $\pm 0.5℃$。

综上所述，温控房间位调节的关键因素包括系统时间常数、设定值、上下回差、调节周期或通断频率、执行器数量及其容量等，图 4-6 是单个执行器双位调节状态变量 Y 的时间曲线。

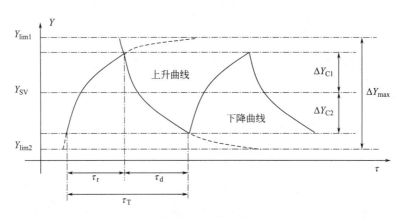

图 4-6 状态变量周期变化示意图

从上图可以看出，对于物质的量平衡或能量平衡系统而言，其位调节遵循同样的规律：系统流入量大于流出量时，状态变量值按照指数规律上升 Y，经过足够长时间接近其上限 Y_{lim1}，反之按照指数规律下降直至其下限值 Y_{lim2}，上升或下降的速率取决于系统的时间常数；当设定值为状态变量上下极限值的平均值时，其通断周期是最小的，当设定值加大时上升周期 τ_r 变大，下降周期 τ_d 变小，否则反之；设定值上回差 ΔY_1 与下回差 ΔY_2 可以取相同或不同的数值，改变其大小具有与改变设定值一样的规律。实际上对于暖通空调系统保障建筑室内温度的情况下，由于系统容量大、热惰性高，其时间常数很大，在通常 $\pm 1℃$ 的精度要求下对于执行器的通断周期是比较长的，所以基本上位调节都能满足要求，这是一个非常重要的结论，例如冷热源系统，对于只配置 1 台锅炉或冷水机组的情况，通过良好的控制策略，单独的位调节也可以满足实际的需求；而当冷热源台数增加时，调节的精度也会大幅度提高，此时的策略是根据偏差或实时计算负荷使投运的设备处于效率最高点，并不需要单台设备有连续调节能力，这样可以使设备运行于最佳状态的同时最大程度的节省运行能耗。

4.3 PID 调节

4.3.1 理想的控制器算法

当对一个对象或系统进行调节时，我们希望被控对象在受到干扰而产生偏差时能够很快速的进行纠偏，重新稳定于期望值，能够实现此目标的控制器称之为理想控制器，即被控对象、系统产生偏差时，经过一段滞后时间 τ_0，通过调节将设定值无失真的反映在系统的输出量（被控变量）上。图 4-7 是负反馈控制回路的方块图，以此为例推导理想控制器的传递函数。

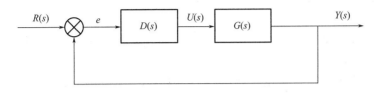

图 4-7　控制回路传递函数方块图

图 4-7 中 $D(s)$ 为控制器的传递函数，$G(s)$ 为被控对象的传递函数，$Y(s)$ 是系统的输出量，$R(s)$ 是控制回路的设定值，根据上述关于理想控制器的描述，应有：

$$\frac{Y(s)}{R(s)}=\frac{D(s)G(s)}{1+D(s)G(s)}=e^{-\tau_0 s} \tag{4-24}$$

不失一般性，令被控对象的传递函数为二阶惯性环节加纯滞后，即：

$$G(s)=\frac{K_g e^{-\tau_0 s}}{(p_1 s+1)(p_2 s+1)}$$

则有：

$$D(s)=\frac{e^{-\tau_0 s}}{G(s)(1-e^{-\tau_0 s})}=\frac{p_1 p_2 s^2+(p_1+p_2)s+1}{K_g(1-e^{-\tau_0 s})}$$

利用麦克劳林级数，有：

$$e^{-\tau_0 s}=1-\tau_0 s+\frac{(\tau_0 s)^2}{2!}-\frac{(\tau_0 s)^3}{3!}+\cdots\approx 1-\tau_0 s$$

代入上式，有：

$$D(s)\approx\frac{p_1+p_2}{K_g\tau_0}\left[1+\frac{1}{(p_1+p_2)s}+\frac{p_1 p_2}{p_1+p_2}s\right]=K_p\left(1+\frac{1}{T_I S}+T_D S\right) \tag{4-25}$$

其中：

$$K_p=\frac{p_1+p_2}{K_g\tau},\ T_I=p_1+p_2,\ T_D=\frac{p_1 p_2}{p_1+p_2}$$

可以看出，理想控制器由三个部分组成，分别为比例环节、积分环节和微分环节，控制器的输出就是这三个环节输出之和，所以这种控制器一般称为比例积分微分控制器，或简称为 PID 控制器。上式中 K_p、T_I、T_D 分别称为比例系数、积分时间常数和微分时间常数，这些参数是由被控对象本身的特征参数 p_1、p_2、K_g 及 τ_0 决定的。

假设偏差为数值为 e，则控制器的输出：

$$U(s)=[Y(s)-R(s)]D(s)=eD(s)$$

$$=K_p e\left(1+\frac{1}{T_I s}+T_D s\right)$$

利用拉氏反变换，可得到该控制器输出量 $u(\tau)$ 与偏差 e 在时间域的表达式：

$$u(\tau) = K_p \left(e + \frac{1}{T_I} \int_{-\infty}^{\tau} e \, d\tau + T_D \frac{de}{d\tau} \right) \qquad (4\text{-}26)$$

式（4-26）就是理想调节器 PID 调节算法的一般表达式，这也就是 PID 算法在控制领域中应用极为广泛的原因，在推导该算法的过程中有两个条件：

（1）被控对象是个带有纯滞后的二阶惯性环节，即实际对象越接近该模型，则 PID 算法效果越好；

（2）推导过程假设纯滞后时间 τ_0 不是太大，对该环节进行了线性化，对于滞后比较小的情况适合 PID 调节。

暖通空调系统中，大多数情况下调节冷热源设备及末端换热器容量时，若从对象输出端（被控变量）反馈到控制器输出端（操作变量）的惯性环节少、设备容量小的情况比较适合 PID 算法，例如末端空调机组送风温度控制；若根据室内温度去控制冷热源设备，大大增加了惯性环节的数量和整个系统的容量，也即系统的时间常数很大，这时并不适合采用 PID 算法，由于滞后大，一旦出现偏差则短时间不能消除，输出量很快"饱和"，系统产生振荡不容易稳定，即使对于惯性环节少但设备本身容量大的设备采用 PID 调节也存在同样问题。所以暖通空调领域进行能量调节（温度控制）适合 PID 调节的情况并不多，一般需要改进型的 PID 算法如串级 PID、模糊 PID 等才更加适用，而对于常规的压力、压差或液位控制，由于环节少、滞后小，比较适合 PID 调节算法。

4.3.2　PID 调节的工程应用

前面推导的 PID 调节算法表达式是连续型表达式，对于计算机监控系统数据的采集和执行器指令输出都需要时间，所以工程应用必须对连续表达式进行离散化，以适合数字化的 PID 控制系统。

香农采样定理，又称奈奎斯特采样定理，是指为了不失真地恢复模拟信号，采样频率应该不小于模拟信号频谱中最高频率的 2 倍，工程应用中一般应该达到 4 倍以上。该定理明确了采样频率与物理系统信号频谱之间的关系，是保证完全复原物理系统信号的采样频率要求，否则会导致信号失真。PID 的数字调节必须合理确定采样周期，一般常见的被控变量的经验采样周期为：流量 1～5s；压力 5～10s；液位 5～15s；温度 20～30s。测量对象的容量小则取采样周期下限，容量大则取其上限，这些经验值可在实际控制工程中进行验证和修正，以达到理想效果。

假设 PID 采样周期为 $\Delta\tau$，任一时刻 PID 调节器输出量的离散表达式为：

$$u(\tau) = K_p \left[e(\tau) + \frac{\Delta\tau}{T_I} \sum_{i=-\infty}^{0} e(\tau-i) + T_D \frac{e(\tau)-e(\tau-1)}{\Delta\tau} \right] \qquad (4\text{-}27)$$

上式中以求和公式代替连续表达式的积分项，以差分代替微分项，便可得到调节器输出的离散表达式。$u(\tau)$ 是当前时刻 τ 调节器输出量的绝对量，所以该表达式称之为位置型算法，其中累加项中需要记录当前时刻以前所有的偏差值，会导致计算机 PID 控制程序的繁琐。还有一种增量型表达式，即 PID 输出量是相对于上一时刻的增量，即 $\Delta u(\tau) = u(\tau) - u(\tau-1)$，可得：

$$\Delta u(\tau) = K_p \left\{ e(\tau) - e(\tau-1) + \frac{\Delta \tau}{T_1} e(\tau) + \frac{T_D}{\Delta \tau} [e(\tau) - 2e(\tau-1) + e(\tau-2)] \right\}$$

$$(4-28)$$

上式即为 PID 调节器输出量的增量型表达式，是工程实际应用中最常使用的表达式，编制 PID 算法程序也是根据该离散表达式。与位置型表达式不同，利用该式只需要计算、记录当前时刻和前二时刻的偏差即可。

在 PID 调节算法中比例环节是基本作用，积分环节是消除静差的，而微分环节则是一个预调节作用，所以一般不允许有静差的对象加入积分环节，对于有滞后的对象应加入微分环节。解决了实际算法问题，接下来关键问题就是参数 K_p、T_1、T_D 的整定，通常实际的控制对象很难精确描述其物理模型，所以一般依靠经验和现场调试来整定这些参数。衡量控制算法的好坏或评价控制系统的质量要看系统的过渡过程，一般情况下，一个良好的控制系统过渡过程在阶跃干扰信号作用下应该为如图 4-8 所示的衰减振荡。

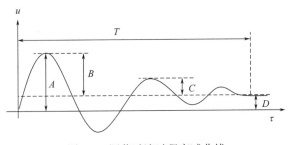

图 4-8　调节过渡过程衰减曲线

上图中 A 是最大超调量，是偏离设定值的最大振幅；B 是最大振幅，是偏离最终稳态值的最大振幅；C 是第二个振荡周期偏离最终稳态值的振幅；D 是静差或余差，是最终稳态值偏离设定值的大小，T 是过渡时间。

一个良好的过渡过程首先要保证静差 D 要小，该值一般有控制对象精度要求确定，其次其最大超调量 A 不能超过允许值，且前面两个波峰的衰减比 β 通常应大于 4，即 $\beta = B/C \geqslant 4$，第三是过渡时间 T 应足够短，过渡时间是开始调节到达到偏差接近新稳定值±5％以内时（或前后偏差接近一个设定的阈值）的时间，这三个指标实际上体现了过渡过程的精度、稳定性和速度，而质量差的过渡过程则会出现振荡甚至发散，所以合理的 PID 调节必须有合理的参数。

PID 参数整定过程一般是现场调试整定或采用软件方法自整定，无论是哪种方法，整定的原理和依据是一定的，通常参数整定顺序遵循比例系数、积分时间、微分时间的顺序逐个整定。整定比例系数时，将积分时间设为最大值，将微分时间设为零，则只留下比例环节起作用，按照衰减比 4：1 的要求，只存在一个合适的比例系数，如图 4-9 所示，当 K_p 合适时，最大超调量与衰减比满足要求，静差较小；K_p 较小时，超调量小，但静差很大；K_p 较大时，超调

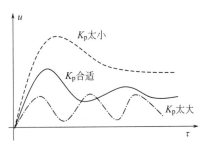

图 4-9　比例系数对调节过程影响

量逐渐增大，但静差减小，达到临界值时产生振荡直至发散。整定过程中经过现场几次测试数据，可以找到一个适合的 K_p。

第二步是加入积分作用整定积分时间。比例作用和积分作用二者是相互影响的，如图 4-10（a）是 PI 调节中积分作用和比例作用各自的贡献，减小积分时间则积分作用增强，静差会减小，但同时也会减小过渡过程的衰减比降低稳定度，如图 4-10（b）所示，此时可以适当减小比例系数或增大积分时间进行调整，使得过渡过程在稳定和消除静差上得到一组合理的 K_p 和 T_I。

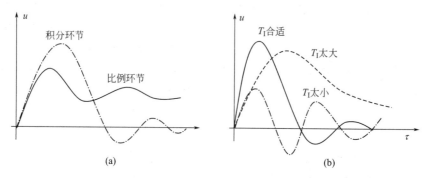

(a)   (b)

图 4-10　比例环节、积分环节贡献及积分时间对调节过程影响

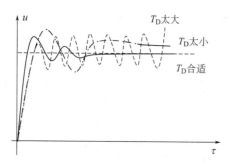

图 4-11　比微分时间对调节过程影响

通过比例环节和积分环节联合作用仍然难以达到满意目标，一般是由于系统有较大的滞后引起，则可以加入微分环节，随着微分时间加大，其稳定性提高，当超过某一限值后系统重新变得不稳定，如图 4-11 所示。

对于整体 PID 调节而言，过渡时间长、被调变量变化慢则加大比例系数，过渡曲线达到稳定值速度慢且呈非周期变化则减小积分时间，若曲线振荡频率过快则应减小微分时间，能达到同样控制效果的参数组合不止一种。对于暖通空调常见的被控变量，PID 参数的经验值如表 4-2 所示。

常见被控变量 PID 调节参数经验值　　　　　　　　　　　表 4-2

被控变量	说明	K_p	T_I	T_D
温度	滞后大，一般采用 PID	2~5	100~500	30~100
压力压差	滞后较小，一般采用 PI	1.5~3	20~200	
流量	滞后较小，一般采用 PI	1~3	10~50	
液位	滞后小，一般采用 PI	1~5	20~100	

上表中的数据为经验数据，可在现场调试时根据系统容量、时间常数的大小进行适当调整，以提高调试效率。

4.3.3　改进型 PID 调节算法

1. 积分分离的 PID 调节

常规 PID 调节中为消除静差引入积分环节，在系统启动调节、受到较大干扰或设定值变化较大时，短时间内系统输出量产生较大偏差，时间累积效应增大引起较大幅度的超调甚至振荡，此时可以采用积分分离的 PID 算法，其原理是当偏差超过设定阈值则取消积分环节，减小超调量拟制振荡，而偏差较小时再引入积分环节消除静差。

2. 抗积分饱和的 PID 调节

还有一种积分饱和现象，当偏差在某一时间段恒定为正偏差或恒定为负偏差时。PID 调节器输出由于积分作用的存在不断累积，直至超过执行器的最大或最小输出，此时执行器已到其极限，不会再改变输出，例如电动调节阀已全开或全关，被控变量进入积分饱和区，被控变量一旦进入饱和区则执行器无法再改变输出，而积分项仍在累加，当出现另一方向的偏差时，被控变量退出饱和区将需要较长时间，此时控制算法应加入抗积分饱和策略，即一旦进入饱和区，积分项需要停止累加。

3. 串级 PID 调节

图 4-12 是一个典型的全空气系统房间温度串级调节的例子。温度控制器 TC1 根据室内温度设定值与温度传感器 TT1 反馈值的偏差进行 PID 运算，输出值送至温度控制器 TC2 作为其设定值，计算与送风温度传感器反馈值比较后的偏差，经过 PID 运算，其输出值直接控制加热器的电动调节阀以调节热水流量。

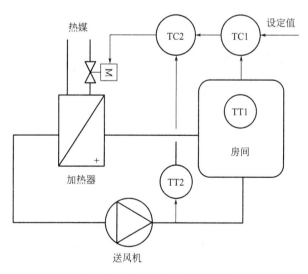

图 4-12　串级 PID 调节原理图

图 4-12 中共有两个控制回路，一个是温度控制器 TC1、传感器 TT1 与房间组成的主回路或外回路，一个是温度控制器 TC2、传感器 TT2 与加热器组成的副回路或内回路，这就是串级 PID 调节，控制回路原理如图 4-13 所示。

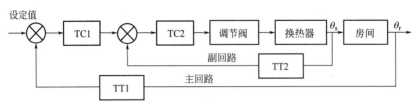

图 4-13　串级 PID 调节方块图

对于被控对象房间而言，这是一个热量平衡系统，状态变量是房间温度即回风温度 θ_r，对于该系统而言流出量是房间的耗热量，流入量是送风带来的热量，即：

$$Q = Gc(\theta_s - \theta_r)$$

散热量与耗热量不平衡时，房间温度变化到 θ_r' 出现偏差，此时控制器 TC1 根据偏差计算的 PID 调节量假设为 Q'，此时有：

$$Q' = Gc(\theta_s' - \theta_r')$$

若继续假设房间温度变化很小接近恒定，则采用增量表达式，有：

$$\Delta\theta_s = \Delta Q / Gc$$

因此，只需将 PID 调节器 TC1 的比例系数缩小至原来的 $1/Gc$，则其输出就是对送风温度改变量的需求，可以作为第二个 PID 调节器的设定值，再去控制调节阀保证送风温度，这样做的好处是将热量的调节转变为对送风温度的调节，而送风温度控制回路的滞后远远小于房间的滞后，控制更加快速、及时。

4.4　模糊控制

4.4.1　模糊控制概述

对于暖通空调的各种系统，控制系统效果好坏直接取决于对物理模型的掌握程度，要想得到精确的物理模型是比较困难的。模糊控制算法借鉴人的模糊推理和决策过程，而这一过程并不需要精确的数学模型，所以近年来在暖通空调控制领域得到大量应用，而实践也证明了这种对物理模型具备不敏感性算法的灵活性和有效性，借助专业知识能够比较容易地应用于控制领域。

模糊控制是以模糊集理论、模糊语言变量和模糊逻辑推理为基础的一种智能控制方法，该方法首先需要利用专业领域的技术人员、专家的专业知识与经验编成模糊规则，然后将传感器采集的实时信号（物理清晰量）模糊化，将模糊化后的信号作为模糊规则的输入量，进行模糊推理，将推理后得到的输出量（模糊量）清晰化为实际物理量施加到执行器完成控制。模糊控制通常采用英国学者 E. H. Mamdani 建立的 Mamdani 模型，即双输入单输出模型，以被控变量的偏差 e 和偏差变化率 ec 作为模糊控制系统的两个输入变量，将按照一定模糊规则模糊量 u 作为输出变量，模糊量 u 清晰化后控制实际执行器，其实施的一般流程如图 4-14 所示。

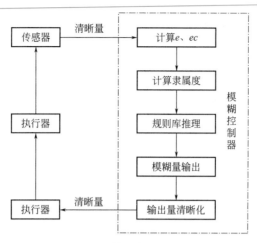

图 4-14 模糊控制流程图

4.4.2 清晰量与模糊量

模糊是相对于精确而言的，在研究物理、数学问题时一般采用的都是精确的物理量，如物体的形状尺寸、面积、体积等都可以进行精确的数字描述，但还有大量的现象却无法以精确数字描述，如一辆汽车的性能、下雨量的大小等，通常生活中以低档、中档和高档等来描述汽车性能，而以小雨、大雨、暴雨等来描述雨量大小，表 4-3 是天气预报根据雨量大小对其进行分类的标准。

雨量大小分类标准   表 4-3

序号	分类	标准
1	小雨	12h 内降水量小于 5mm 或 24h 内降水量小于 10mm
2	中雨	12h 内降水量 5~15mm 或 24h 内降水量 10~25mm
3	大雨	12h 内降水量 15~30mm 或 24h 内降水量 25~50mm
4	暴雨	12h 内降水量 30~70mm 或 24h 内降水量 50~99.9mm
5	大暴雨	12h 内降水量 70~140mm 或 24h 内降水量 100~249.9mm
6	特大暴雨	12h 内降水量大于 140mm 或 24h 内降水量大于 250mm

从上面表格可以发现以下几个问题：

(1) 现象分类的种类及数量是如何制定的？

(2) 现象分类的标准是如何制定的？

(3) 现象分类应该由谁制定分类标准？

(4) "12h 内降水量 15~30mm" 既然都属于"大雨"，那么 15mm 的大雨和 30mm 的大雨怎么区分？

所有上述问题都可以用模糊理论加以解决。

4.4.3 模糊控制理论基本概念

由德国数学家康托尔（G. Cantor）于 19 世纪 70 年代创立的集合论是现代数学一个极为重要的分支体系，已渗透到数学所有领域，它的研究对象是"集合"。康托尔对于集合的描述是："某些确定的彼此有区别的，具体的或抽象的东西视为一个整体，就叫作集合"。

通常用"概念"一词来描述事物，如汽车、房屋，传统的逻辑学教材《波尔-罗亚尔逻辑》中首次提出概念内涵与外延的区别，概念的内涵是指符合此概念的对象所具有的本质属性的总和，例如"汽车"这一概念的内涵就是所有汽车具有发动机、车轮、方向盘、车窗、座椅，由人驾驶，需要燃料……概念的外延是指符合此概念的一切对象，即集合，所以汽车这一概念的外延就是所有汽车这一集合。

康托尔的集合要求集合的对象是确定的，其本质属性必须有明确的界线，其外延也是明确的，即一个实际对象要么属于该集合要么不属于该集合，然而实际上有大量的概念没有明确的外延，如前述的雨量的概念，这一类没有明确外延的概念就是模糊概念，与之对应的现象称为模糊现象，而对应于模糊概念的外延就是模糊集合，被讨论对象的整体称为论域，论域中的每个对象称为元素。可用范文氏图表示元素、集合与论域之间的相互关系，假设某个论域记为 U，如图 4-15 中的矩形区域；U 中的部分元素的全体称为 U 上的

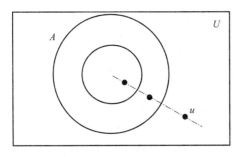

图 4-15 元素、集合、论域关系图

一个模糊集合，可以用 A 表示，如图 4-15 中外圆以内的区域；对于 U 中任意一个元素 u，如图 4-15 中所示的圆点，若圆点位于内圆以内，可以称为元素 u 属于模糊集合 A，且隶属的程度为 1，若圆点位于外圆以外，则称元素 u 不属于模糊集合 A，或隶属集合 A 的程度为 0，若圆点位于内圆以外且外圆以内，可以用 a 表示元素 u 属于模糊集合 A 的程度，a 称之为隶属度，可以按照一定的函数关系计算且 $0 \leqslant a \leqslant 1$，这个函数被称为隶属度函数。

模糊控制（Fuzzy Control）就是在上述模糊集合论的基础之上，定义模糊语言变量进行模糊逻辑推理的一种计算机控制技术。Mamdani 最早于 1974 年应用于工程领域，对锅炉、蒸汽机进行了模糊控制，暖通空调领域则是 20 世纪 90 年代开始进行大量工程应用。

以上是模糊控制理论涉及的一些基本概念。再回到前面讨论的下雨这一现象，每个人对下雨的大小程度定义是不一样的，文学作品中对下雨就有绵绵细雨、瓢泼大雨、倾盆大雨等许多不同的描述，但气象专家则根据相关研究分析，最终将雨这一自然现象区分为小雨、中雨、大雨、暴雨、大暴雨、特大暴雨共 6 种，即论域共有 6 个模糊集合，每一个集合都有上下限对应于上图中的内外圆，当然可以有不同的分类，只不过气象专家的分类更加合理而已，按照模糊理论 12h 内降水量 15mm 的雨和 30mm 的雨都属于"大雨"这一集合，只不过是隶属度的大小不一样而已。

4.4.4　模糊控制的工程应用

模糊控制的实现包括模糊变量的定义、清晰量的模糊化、模糊规则库制定及其模糊逻辑推理、模糊输出变量的清晰化（或称为反模糊化），下面以一次侧设置电动调节阀的供热换热器供水温度的模糊控制为例详细进行讨论。

1. 模糊变量的定义

通常采用的模糊控制模型采用双输入、单输出的 Mamdani 模型，选择控制变量的偏差 e 和偏差变化率 ec 作为输入变量，将控制系统的输出 u 作为输出变量，即将讨论示例中的供水温度的偏差和偏差变化率作为输入变量，将调节阀开度作为输出变量。一般可以将模糊变量的论域定义为 7 个模糊子集：

$$\{NB，NM，NS，ZO，PS，PM，PB\}$$

上式中，N 是 Negative 的缩写，代表"负"的意思，P 是 Positive 的缩写，代表"正"的意思，N 和 P 实际上描述的是模糊变量的方向，而 S，M，B 则分别是 Small、Medium 和 Big 的缩写，描述的是模糊变量的大小、程度，ZO 是 Zero 的缩写代表"零"的意思。可以根据控制的需求定义模糊子集的数量，常用的还有 5 个子集的定义：

$$\{NB，NS，ZO，PS，PB\}$$

为有所区别，本示例将 e 定义为 7 个子集，将 ec 定义为 5 个子集。定义了子集的种类和数量，类似于前面讨论的下雨现象，还需要确定各个子集范围的大小，一般依据专业背景知识很容易确定，表 4-4 是对供水温度偏差 e 定义的模糊子集范围。

供水温度偏差语言变量　　　　　　　　　　　表 4-4

e	模糊子集（语言变量）	范围（℃）	描述
1	NB（负大）	$e < -3$	供水温度很高
2	NM（负中）	$-3 \leqslant e \leqslant -1$	供水温度高
3	NS（负小）	$-2 \leqslant e \leqslant 0$	供水温度较高
4	ZO（零）	$-1 \leqslant e \leqslant 1$	供水温度正常
5	PS（正小）	$0 \leqslant e \leqslant 1$	供水温度较低
6	PM（正中）	$1 \leqslant e \leqslant 3$	供水温度低
7	PB（正大）	$e > 3$	供水温度很低

表 4-5 是对供水温度偏差变化率 ec 定义的模糊子集范围。

供水温度偏差变化率语言变量　　　　　　　　表 4-5

ec	模糊子集（语言变量）	范围（℃）	描述
1	NB（负大）	$ec < -0.25$	供水温度升高速度快
2	NS（负小）	$-0.05 \leqslant ec \leqslant -0.25$	供水温度升高速度慢

续表

ec	模糊子集 (语言变量)	范围 (℃)	描述
3	ZO(零)	$-0.1 \leqslant ec \leqslant 0.1$	供水温度变化速度很小
4	PS(正小)	$+0.05 \leqslant ec \leqslant 0.25$	供水温度降低速度慢
5	PB(正大)	$ec > 0.25$	供水温度降低速度快

上述表格中，具体划分模糊子集的标准取决于系统的实际情况、采样时间和控制精度的需求，具有专业背景的技术专家划分会比较合理，所以模糊控制属于一种专家智能控制。与描述雨量的子集划分不同的是上述供水温度的子集之间是有重复区间的，这是允许的，因为模糊数学与精确数学的一个区别就是不需要满足"排中律"，即一个元素可以隶属于多个模糊子集，只是隶属度不一样。

2. 清晰量的模糊化

定义了语言变量 e、ec 的模糊子集，接下来需要解决的问题是将实际的物理参数即清晰量映射为论域的模糊子集，语言变量根据隶属度函数关系确定其对于该模糊子集的隶属度，这个过程称为清晰量的模糊化。实际工程中常用的隶属度函数可取三角形函数、梯形函数、钟形函数、正态分布函数等，也可以自行构建针对具体研究问题的隶属度计算方法，这些函数中最常使用的是三角形隶属度函数。图 4-16 是供水温度偏差的三角形隶属度函数的示意图。

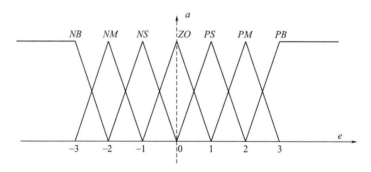

图 4-16　供水温度偏差三角形隶属度函数图

从上图可以看出，三角形隶属度函数就是简单的线性方程，可以知道，当偏差 $e=0$ 时，$e \in ZO$，且隶属度 $a=1.0$，当 $e=1.5$ 时，$e \in NS$ 且 $e \in NM$，且隶属度均为 $a=0.5$，所以计算出供水温度偏差 e，就可以计算出其隶属的模糊子集及对应的隶属度。图 4-17 是供水温度偏差变化率的模糊子集隶属度函数示意图。

从图 4-17 可以看出，与偏差 e 隶属度函数相同的是模糊子集划分区间间距都是相等的，不同的是模糊子集之间的重复区间有所区别，实际上划分区间和重复区间都可以不同，这也是模糊控制灵活性的体现。

清晰量变化的实际范围称为该变量的基本论域，基本论域内的量是清晰物理量或称精确量，模糊控制器的输入和输出都是实际物理量的精确量，模糊控制算法需要将输入的精确量转换为模糊量，这个过程称为清晰量的"模糊化"。一般对应于模糊论域中元素的个

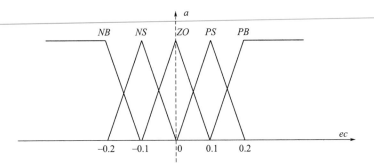

图 4-17　供水温度偏差变化率三角形隶属度函数图

数至少为模糊子集个数的 2 倍，例如对于偏差 e，元素个数一般应接近或大于 14 个，对于偏差变化率 ec，元素个数应接近或大于 10 个。变量 e 针对各模糊子集的隶属度的赋值如表 4-6 所示。

供水温度偏差 e 隶属度赋值表　　　　　　　　　表 4-6

隶属度 e ＼ 模糊集	NB	NM	NS	ZO	PS	PM	PB
−3.0	1.0	0	0	0	0	0	0
−2.5	0.5	0.5	0	0	0	0	0
−2.0	0	1.0	0	0	0	0	0
−1.5	0	0.5	0.5	0	0	0	0
−1.0	0	0	1.0	0	0	0	0
−0.5	0	0	0.5	0.5	0	0	0
0	0	0	0	1.0	0	0	0
0.5	0	0	0	0.5	0.5	0	0
1.0	0	0	0	0	1.0	0	0
1.5	0	0	0	0	0.5	0.5	0
2.0	0	0	0	0	0	1.0	0
2.5	0	0	0	0	0	0.5	0.5
3.0	0	0	0	0	0	0	1.0

注：隶属度复制表中数据实际编程时模糊集矩阵应转置，即模糊集是矩阵的行数据，下同。

表 4-7 为变量 ec 针对各模糊子集的隶属度的赋值表。

供水温度偏差变化率 ec 隶属度赋值表　　　　　　表 4-7

隶属度 ec ＼ 模糊集	NB	NS	ZO	PS	PB
−0.2	1.0	0	0	0	0
−0.15	0.5	0.5	0	0	0
−0.1	0	1.0	0	0	0
−0.05	0	0.5	0.5	0	0

续表

隶属度 ＼ 模糊集 ec	NB	NS	ZO	PS	PB
0	0	0	1.0	0	0
0.05	0	0	0.5	0.5	0
0.1	0	0	0	1.0	0
0.15	0	0	0	0.5	0.5
0.2	0	0	0	0	1.0

3. 模糊控制规则库建立

根据偏差 e 和偏差变化率 ec 定义的模糊子集，任意时刻模糊化的两个变量共有 35 种组合：

$$\begin{bmatrix} (NB，NB) & \cdots & (PB，NB) \\ \vdots & \ddots & \vdots \\ (NB，PB) & \cdots & (PB，PB) \end{bmatrix}$$

上述组合中，当 $e=NB$、$ec=NB$ 时，对应（NB，NB），代表的含义是供水温度是很大的负偏差，而其变化率也是很大的负值，换句话说就是当前供水温度很高而且继续向着升高的趋势快速变化，若希望保障供水温度满足期望值就需要系统有一个反向的很大的输出 u，即调节阀应减小一个很大的开度例如 $u=NB$；当 $e=NB$，$ec=PB$ 时，对应组合（NB，PB）意味着当前供水温度很高，但是却向着温度降低趋势快速变化，此时调节阀应维持不变或减小一个较小开度，即 $u=ZO$ 或 $u=PS$，至于到底取哪一个值合理，同样取决于专家经验。以此类推可以制定 35 条规则确定输出变量，这就是模糊控制规则库的构建和模糊逻辑推理，一般借助专家经验和知识通过两个模糊输入变量很容易判断当前系统的实际情况及变化趋势，进而制定规则确定其输出变量，这一步是整个模糊控制的核心步骤，需要仔细分析确定，也可以在实际应用中通过调试不断修正。表 4-8 是制定的模糊控制输出变量的规则库，也称为偏差 e 和偏差变化率 ec 的模糊集之间的模糊关系，同样将输出变量的模糊子集同偏差一样定义为 7 个。

模糊控制规则表 表 4-8

e ＼ ec	NB	NS	ZO	PS	PB
NB	NB	NB	NM	NM	ZO
NM	NB	NM	NS	NS	ZO
NS	NM	NS	NS	ZO	PS
ZO	NM	NS	ZO	PS	PM
PS	NS	ZO	PS	PS	PM
PM	ZO	PS	PS	PM	PB
PB	ZO	PM	PM	PB	PB

4. 模糊逻辑推理及输出模糊变量的清晰化

表 4-9 是对示例中输出变量电动调节阀开度 u 定义的模糊子集基本论域。

模糊控制输出语言变量表　　　　　　　　　　　　　　表 4-9

u 模糊子集 （语言变量）	基本论域 （%）	描述
NB（负大）	$u < -4$	阀门开度减小很大
NM（负中）	$-6 \leqslant u \leqslant -2$	阀门开度减小较大
NS（负小）	$-4 \leqslant u \leqslant 0$	阀门开度减小较小
ZO（零）	$-2 \leqslant u \leqslant +2$	阀门开度变化很小
PS（正小）	$0 \leqslant u \leqslant +4$	阀门开度增加较小
PM（正中）	$2 \leqslant u \leqslant +6$	阀门开度增加较大
PB（正大）	$u > +4$	阀门开度增加很大

表 4-9 中的数字 −6、−4、−2、0、2、4、6 就是输出量 u 对应的清晰量，这里代表电动调节阀开度变化的百分比，因为为使系统保持稳定，一般调节器的最大改变量应有限制，这里限制阀门开度最大改变量为 6%，同样这个值是可以根据不同情况进行修改的。

利用三角函数定义输出量的隶属度，如图 4-18 所示。

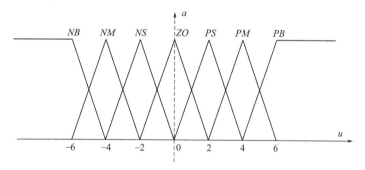

图 4-18　输出量调节阀开度三角形隶属函数图

表 4-10 为变量 u 针对各模糊子集的隶属度的赋值表。

模糊控制输出变量隶属度赋值表　　　　　　　　　　　表 4-10

隶属度 ＼ 模糊集 u	NB	NM	NS	ZO	PS	PM	PB
−6	1.0	0	0	0	0	0	0
−5	0.5	0.5	0	0	0	0	0
−4	0	1.0	0	0	0	0	0
−3	0	0.5	0.5	0	0	0	0
−2	0	0	1.0	0	0	0	0
−1	0	0	0.5	0.5	0	0	0

隶属度　　模糊集 u	NB	NM	NS	ZO	PS	PM	PB
0	0	0	0	1.0	0	0	0
1	0	0	0	0.5	0.5	0	0
2	0	0	0	0	1.0	0	0
3	0	0	0	0	0.5	0.5	0
4	0	0	0	0	0	1.0	0
5	0	0	0	0	0	0.5	0.5
6	0	0	0	0	0	0	1.0

模糊控制规则表中的每一个规则实际上是一条复合判断条件语句，表示为从偏差、偏差变化率论域到输出量论域的模糊关系矩阵，以 R 表示。通过偏差的模糊向量 E 和偏差变化率的模糊向量 EC 构成模糊矩阵 $E \times EC$，与模糊关系 R 合成进行模糊推理，得到输出量的模糊向量 U，以式（4-29）表达：

$$U = (E \times EC) \cdot R \tag{4-29}$$

上式是模糊集合的合成运算，其中：

$$
\begin{aligned}
E = [&1.0 \quad 0.5 \quad 0.0 \quad 0.0 \quad 0.0 \quad 0.0 \quad 0.0 \quad 0.0 \quad 0.0 \quad 0.0 \quad 0.0 \quad 0.0 \quad 0.0; \\
&0.0 \quad 0.5 \quad 1.0 \quad 0.5 \quad 0.0 \quad 0.0 \quad 0.0 \quad 0.0 \quad 0.0 \quad 0.0 \quad 0.0 \quad 0.0 \quad 0.0; \\
&0.0 \quad 0.0 \quad 0.0 \quad 0.5 \quad 1.0 \quad 0.5 \quad 0.0 \quad 0.0 \quad 0.0 \quad 0.0 \quad 0.0 \quad 0.0 \quad 0.0; \\
&0.0 \quad 0.0 \quad 0.0 \quad 0.0 \quad 0.0 \quad 0.5 \quad 1.0 \quad 0.5 \quad 0.0 \quad 0.0 \quad 0.0 \quad 0.0 \quad 0.0; \\
&0.0 \quad 0.0 \quad 0.0 \quad 0.0 \quad 0.0 \quad 0.0 \quad 0.0 \quad 0.5 \quad 1.0 \quad 0.5 \quad 0.0 \quad 0.0 \quad 0.0; \\
&0.0 \quad 0.0 \quad 0.0 \quad 0.0 \quad 0.0 \quad 0.0 \quad 0.0 \quad 0.0 \quad 0.0 \quad 0.5 \quad 1.0 \quad 0.5 \quad 0.0; \\
&0.0 \quad 0.0 \quad 0.0 \quad 0.0 \quad 0.0 \quad 0.0 \quad 0.0 \quad 0.0 \quad 0.0 \quad 0.0 \quad 0.0 \quad 0.5 \quad 1.0];
\end{aligned}
$$

为语言变量 e 隶属度赋值表对应的 13×7 矩阵。

$$
\begin{aligned}
EC = [&1.0 \quad 0.5 \quad 0.0 \quad 0.0 \quad 0.0 \quad 0.0 \quad 0.0 \quad 0.0 \quad 0.0; \\
&0.0 \quad 0.5 \quad 1.0 \quad 0.5 \quad 0.0 \quad 0.0 \quad 0.0 \quad 0.0 \quad 0.0; \\
&0.0 \quad 0.0 \quad 0.0 \quad 0.5 \quad 1.0 \quad 0.5 \quad 0.0 \quad 0.0 \quad 0.0; \\
&0.0 \quad 0.0 \quad 0.0 \quad 0.0 \quad 0.5 \quad 1.0 \quad 0.5 \quad 0.0 \quad 0.0; \\
&0.0 \quad 0.0 \quad 0.0 \quad 0.0 \quad 0.0 \quad 0.0 \quad 0.0 \quad 0.5 \quad 1.0];
\end{aligned}
$$

为语言变量 ec 隶属度赋值表对应的 5×9 矩阵。

U 为语言变量 u 隶属度赋值表对应的 13×7 矩阵，因为本示例定义语言变量 e 一样，所以 $U = E$。

最后采用清晰化方法将模糊输出向量转换为精确量，这个过程就是模糊变量的清晰化，也称为反模糊化，一般采用重心法反模糊化。

为计算输出变量，模糊集合运算涉及交运算、并运算及合成运算，假设有三个 n 阶模糊矩阵 $X = (x_{ij})$、$Y = (y_{ij})$ 及 $Z = (z_{ij})$：

（1）交运算

若 $z_{ij} = x_{ij} \wedge y_{ij}$，则称 Z 为 X 和 Y 的交，是取小运算，即取两个集合元素中的较小

值，记为 $Z = X \bigcap Y$；

例：

$$X = \begin{bmatrix} 0.1 & 0.4 \\ 0.7 & 0.2 \end{bmatrix} Y = \begin{bmatrix} 0.6 & 0.3 \\ 0.5 & 0.8 \end{bmatrix}$$

则有：

$$Z = X \bigcap Y = \begin{bmatrix} 0.1 & 0.3 \\ 0.5 & 0.2 \end{bmatrix}$$

（2）并运算

若 $z_{ij} = x_{ij} \bigvee y_{ij}$，则称 Z 为 X 和 Y 的并，是取大运算，即取两个集合元素中的较大值，记为 $Z = X \bigcup Y$，接上例有；

$$Z = X \bigcup Y = \begin{bmatrix} 0.6 & 0.4 \\ 0.7 & 0.8 \end{bmatrix}$$

（3）合成运算

合成运算是指两个或两个以上的模糊关系构成一个新的模糊关系，假设矩阵 R_1 为模糊集 $x \times y$ 上的模糊关系，矩阵 R_2 为 $y \times z$ 上的模糊关系，则 $R = R_1 \cdot R_2$ 称为 R_1 与 R_2 的合成，在模糊控制领域模糊关系就是隶属度和模糊规则矩阵，代表了输入变量，输入变量与输出变量相互之间的关系，合成运算的公式：

$$R(x, z) = \bigvee_{y \in Y} \{R_1(x, y) \bigwedge R_2(y, z)\} \tag{4-30}$$

例：设

$$R_1 = \begin{bmatrix} 0.3 & 0.5 \\ 0.4 & 0.1 \end{bmatrix} R_2 = \begin{bmatrix} 0.8 & 0.6 \\ 0.7 & 0.5 \end{bmatrix}$$

则 R_1 与 R_2 的合成：

$$R = \begin{bmatrix} r_{11} & r_{12} \\ r_{21} & r_{22} \end{bmatrix}$$

模糊关系矩阵中的元素：

$$r_{11} = (0.3 \bigwedge 0.8) \bigvee (0.5 \bigwedge 0.7) = 0.5;$$
$$r_{12} = (0.3 \bigwedge 0.6) \bigvee (0.5 \bigwedge 0.5) = 0.5;$$
$$r_{21} = (0.4 \bigwedge 0.8) \bigvee (0.1 \bigwedge 0.7) = 0.4;$$
$$r_{22} = (0.4 \bigwedge 0.6) \bigvee (0.1 \bigwedge 0.5) = 0.4;$$

据前述公式，输出变量的模糊集：

$$\begin{aligned} U &= (E \times EC) \cdot R = (E \times EC) \cdot \bigcup_{i=1}^{35} R_i \\ &= \bigcup_{i=1}^{35} (E \times EC) \cdot [(E_i \times EC_i) \rightarrow U_i] \\ &= \bigcup_{i=1}^{35} [E \cdot (E_i \rightarrow U_i)] \bigcap [EC \cdot (EC_i \rightarrow U_i)] \\ &= \bigcup_{i=1}^{35} U'_{iE} \bigcap U'_{iEC} \\ &= \bigcup_{i=1}^{35} U'_i \end{aligned} \tag{4-31}$$

实际应用模糊控制时可以此式为依据直接进行算法编程。

示例：假设当前系统根据室外温度计算的供水温度设定值为 52℃，实际供水温度传感器的当前反馈值为 50℃，前一采样周期的反馈值为 50.1℃，计算电动调节阀开度的改变量。下面结合代码示例具体说明其计算过程：

第一步：数据初始化

确定 e、ec 和 u 语言变量的隶属度函数及基本论域，在此基础上确定各自的隶属度赋值表对应的矩阵 E、EC 及 U，为编程方便将模糊规则表中任一元素在 U 的行号定义为表格矩阵 TAB，本示例的 TAB 矩阵如下：

$$TAB = \begin{bmatrix} 1 & 1 & 2 & 2 & 4; \\ 1 & 2 & 3 & 3 & 4; \\ 2 & 3 & 3 & 4 & 5; \\ 2 & 3 & 4 & 5 & 6; \\ 3 & 4 & 5 & 5 & 6; \\ 4 & 5 & 5 & 6 & 7; \\ 4 & 6 & 6 & 7 & 7; \end{bmatrix}$$

上述矩阵是映射表，表中的元素为模糊控制规则表任一规则 (i, j) 在矩阵 U 中的行号。

对 E、EC 模糊关系矩阵 R_AB，E、EC 与 U 的模糊关系（模糊规则）矩阵 R_C 以及总模糊关系矩阵 R 进行置零初始化。

第二步：模糊关系运算

遍历每一个模糊规则，对于任一控制规则元素 (i, j)：

（1）取出矩阵 E 中第 i 行的 13 个元素构建矩阵向量 A，取出矩阵 EC 中第 j 行的 9 个元素构建矩阵向量 B；查询 TAB 表得到输出量在 U 中的行号 U_row，构建 13 个元素的矩阵向量 C；

（2）计算 $A \times B$ 模糊关系 13×9 矩阵 R_AB，并将其转置为 117×1 单列矩阵 R_AB_TR；

（3）计算 $R\_AB \times C$ 模糊关系 117×13 矩阵 R_C；

（4）矩阵 R_AB_TR 与矩阵 R_C 进行合成运算，得到总模糊关系矩阵矩阵 R。

第三步：输出模糊量集计算

输出模糊量集 13×9 矩阵 Y 置零初始化；

遍历输出量模糊集每一个元素 $Y(i, j)$：

（1）构建 E 和 EC 的单点模糊集 $A1$ 和 $B1$；

（2）与前述类似，计算单点模糊集的总模糊关系 R；

（3）利用模糊集合成运算得到输出量的模糊集 Y；

（4）使用重心法去模糊化，得到 Y 的清晰量。

模糊变量去模糊化的常用方法有面积中心（重心）法、面积均分法及最大隶属度法等，计算原理都是对模糊集的元素采用一种统计计算方法得到最终合理的清晰量。本示例最终得到的模糊控制表如表 4-11 所示。

模糊控制表 表 4-11

e \ ec	−4	−3	−2	−1	0	1	2	3	4
−6	−5.67	−5.50	−5.67	−4.50	−4.00	−4.00	−4.00	−2.00	0.00
−5	−5.50	−4.50	−4.50	−3.50	−3.00	−3.00	−3.00	−2.00	0.00
−4	−5.67	−4.50	−4.00	−3.00	−2.00	−2.00	−2.00	−1.00	0.00
−3	−4.50	−3.50	−3.00	−3.00	−2.00	−1.00	−1.00	0.00	1.00
−2	−4.00	−3.00	−2.00	−2.00	−2.00	−1.00	0.00	1.00	2.00
−1	−4.00	−3.00	−2.00	−1.00	−1.00	0.00	1.00	2.00	3.00
0	−4.00	−3.00	−2.00	−1.00	0.00	1.00	2.00	3.00	4.00
1	−3.00	−2.00	−1.00	0.00	1.00	1.00	2.00	3.00	4.00
2	−2.00	−1.00	0.00	1.00	2.00	2.00	2.00	3.00	4.00
3	−1.00	0.00	1.00	1.00	2.00	3.00	3.00	3.50	4.50
4	0.00	1.00	2.00	2.00	2.00	3.00	4.00	4.50	5.67
5	0.00	2.00	3.00	3.00	3.00	3.50	4.50	4.50	5.50
6	0.00	2.00	4.00	4.00	4.00	4.50	5.67	5.50	5.67

实际应用时，既可以将上表直接用于控制器进行查表运算，也可以通过算法编程进行在线计算。

从上述的计算过程及代码示例可以看到，编写模糊控制程序时采用的清晰量并不是实际的物理量，而是对称的整数，即 e、ec 和 u 的基本论域分别是 $[-6, +6]$、$[-4, +4]$ 和 $[-6, +6]$，这并不会有任何影响，对于输入变量，只需要对应到相应的行列即可，而对于输出量，只需要做最简单的线性变换即可对应到实际的物理量输出，针对本例：

$$e = 52 - 50 = 2.0$$
$$ec = (52 - 50) - (52 - 50.1) = 0.1$$

按照前面定义的隶属度赋值表，可知实际的 e 对应上表中的第 11 行，实际的 ec 对应上表中的第 7 列，所以输出量 $Y = 4.0$，此时控制量输出阀门开度应增加 4%，这是因为输出量的物理量基本论域与程序计算采用的论域一致，假设输出量实际对应阀门开度为 $[-8, +8]$，而输出量量化的论域个数为 9，则实际的输出量为：

$$Y = 4.0 \times \frac{16}{12} = 4.8$$

即阀门实际应增大开度 4.8%。

下面是代码示例模糊控制具体计算过程：

```
E = [......7X13 矩阵]        //定义偏差隶属度赋值表
EC = [......5X9 矩阵]        //定义偏差变化率隶属度赋值表
U = [......7X13 矩阵]        //定义输出量隶属度赋值表
TAB = [......7X5 矩阵]       //定义控制规则表
R_AB = zero (13,9)          //行列模糊关系矩阵置 0
```

```
R_C = zero (117,13)              //模糊规则关系矩阵置 0
R = zero (117,13)                //总模糊关系矩阵置 0
for(i = 1;i＜8;i++)               //控制规则遍历
{
    for(j = 1;j＜6;j++)
    {
        A = E (i,:)              //取矩阵 E 的第 i 行->A
        B = EC (j,:)             //取矩阵 EC 的第 j 行->B
        U_row = TAB (i,j)        //E 第 i 行和 EC 第 j 列对应输出规则在规则表中行号
        C = U(U_row,:)           //取控制规则表第 i 行第 j 列对应模糊集->C
        for(k = 1;k＜14;k++)//遍历 e 的基本论域[-3,3]的 13 个元素
        {
            for(l = 1;l＜10;l++)//遍历 ec 的基本论域[-0.2,0.2]的 9 个元素
            {
                if(A(k)＜B(l))//R_AB(k,l) = AXB 模糊关系交运算取小
                    R_AB (k,l) = A (k)
                else
                    R_AB (k,l) = B (l)
                end if
            }
        }
        R_AB_TR = transpose (R_AB,117,1)    //13X9 矩阵转置为 117X1 矩阵

        for(k = 1;k＜118;k++)        //模糊规则模糊关系交运算取小
        {
            for(l = 1;l＜14;l++)
            {
                if(R_AB_TR (k)＜C (l))
                    R_C (k,l) = R_AB_TR (k)
                else
                    R_C (k,l) = C (l)
                end if
            }
        }
        for(k = 1;k＜118;k++)        //总模糊关系并运算取大
        {
            for(l = 1;l＜14;l++)
            {
                if(R (k,l)＜R_C (k,l))
```

```
                    R(k,l) = R_C(k,l)
                end if
            }
        }
    }
}
Y = zero(13,9)              //输出量矩阵置 0
for(i = 1;i<14;i++)        //控制规则遍历
{
    for(j = 1;j<10;j++)
    {
        A1= zero(1:13)        //单点模糊集合 A1
        B1= zero(1:9)         //单点模糊集合 B1
        A1(i) = 1
        B1(j) = 1
        for(k = 1;k<14;k++)
        {
            for(l = 1;l<10;l++)
            {
                if(A1(k)<B1(l))     //模糊关系交运算取小
                    R_AB(k,l) = A1(k)
                else
                    R_AB(k,l) = B1(l)
                end if
            }
        }
        R_AB_TR = transpose(R_AB,117,1)    //13X9 矩阵转置为 117X1 矩阵
        U = zero(1,13)
        for(k = 1;k<14;k++)
        {
            for(l = 1;l<118;l++)
            {
                //模糊关系矩阵的合成运算
                U(k) = max(min(R_AB_TR(l),R(l,k)),U(k))
            }
        }
        Tmpout = 0
        for(k = 1;k<14;k++)
        {
```

```
        Tmpout = Tmpout + U(k) * (k - 7)    //重心法去模糊
    }
    Y(i,j) = Tmpout/sum(U)
}
}
```

4.5　本章小结

　　本章内容主要是分析控制算法的相关内容，基于暖通空调系统的特性，简单实用、容易实现且实现代价低的算法都是好的算法。通常基于暖通空调系统控制精度要求不高的情况下，位调节是一个不错的选择，无论是针对冷热源的台数启停控制还是针对末端设备的通断控制，都可以达到较好的控制效果。对于连续调节的控制算法，PID算法是经典的应用及其广泛的控制算法，但从理想控制器的模型推导中可以看出其应用具有一定的前提条件，当应用于暖通空调系统的控制时应分析其适用性加以改进，对于一般的压力、液位、流量的控制比较适合，而对于温度类的控制则尽量采用其他适合的算法，本章详细讲述了模糊控制算法的工程应用要点，基于专家规则库的模糊控制算法对于暖通空调控制而言有着较高的适应性，利用专业背景知识构建模糊控制系统是比较容易实现的，尤其是对于难以获得精确数学模型的系统，模糊控制是一个不错的选择。

第 5 章　暖通空调控制系统自组态技术应用

5.1　常规组态技术

5.1.1　"组态"的概念

组态（Configure）本身的含义是"配置""设定"，牛津词典中对 Configure 的解释：（按特定方式）安置；（尤指对计算机设备进行）配置；对（设备或软件进行）设定。简单说，利用给定的硬件或软件资源，快速构建完成具有特定目标和要求的任务就称之为组态。组态包括软件类的组态和硬件类的组态，例如用 Word 软件撰写一篇文章、用 Auto CAD 软件绘制工程图就是软件组态，而使用主板、CPU、显卡、内存条、键盘、鼠标等组装一台计算机则属于硬件组态。

在自动化监控领域中，组态是基本术语，包括硬件组态和软件组态。硬件组态通常是专门针对 PLC 系统的，根据监控目标需求，利用厂家提供的各种 PLC 功能模块如 CPU 模块、电源模块、开关量输入输出模块、模拟量输入输出模块、通信模块等，构建出完成监控所需要的硬件平台就是 PLC 硬件组态；而软件组态则包含两个层级的含义：一个是针对硬件层级的组态，例如利用梯形图编程使得 PLC 硬件系统按照规定的顺序、时间、逻辑等要求完成规定的动作，或利用触摸屏软件完成对显示画面的制作；另一个则是针对应用层级的组态，利用专用的监控平台组态软件，如亚控科技的组态王、西门子的 WINCC 等实现对硬件平台的运行状态、监测数据的显示、分析处理、存储等。很明显，无论是哪种类型的组态都有典型的特征，即提供的组件、部件、模块等种类丰富、功能齐全，以极小的工作量可以完成特定目标下具有一定规模和功能的软硬件产品，实际上就是一个二次开发的过程。

5.1.2　利用常规组态技术的 PLC 监控系统实施

图 5-1 是利用常规组态技术构建 PLC 监控系统的实施流程图。

从图 5-1 可以看出，整个 PLC 监控系统的实施主要包括六个主要阶段：监控需求分析阶段、PLC 硬件开发阶段、PLC 软件开发阶段、PLC 软硬件调试阶段、监控平台开发阶段和系统运行调试阶段。其中 PLC 硬件开发阶段就是 PLC 硬件组态，PLC 软件开

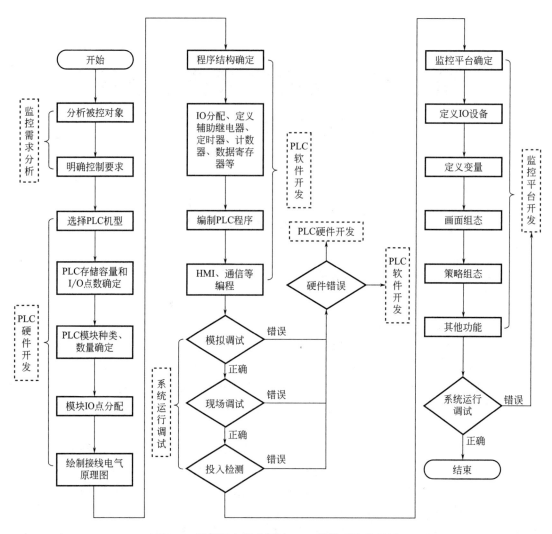

图 5-1　常规组态技术构建 PLC 监控系统流程图

发阶段就是 PLC 软件组态，监控平台开发阶段就是上位监控平台的组态。在整个监控系统开发、实施的过程中需要工艺专业、电气专业、自动化专业、软件专业的相关技术人员密切配合、分工协调合作，基于成熟的软硬件生态系统才能确保最终监控系统的实施效果。

从常规监控系统组态开发的过程可以看出，每一类组态过程都是一个由通用化到专有化的过程，属于个性化的定制开发，这是由常规组态技术的特性决定的：

（1）面对需要实现监控功能的工艺系统，其工艺系统特点、系统流程、系统结构、系统的运行工况模式及系统的静态动态特性各不相同，这就决定了与之相适应的监控系统必须考虑这种个性化的特点进行有针对性地开发，从而构建专属于该工艺系统的监控系统。即使是隶属于同一专业领域的工艺系统，例如暖通空调领域的冷热源系统，它们之间也会存在较大的差别，导致开发的监控系统其通用性、可迁移性差、可重复利用率低，需要全部或部分进行重复开发。

（2）由于 PLC 针对的是各个应用领域，其硬件的功能模块种类繁多，不同的工艺项目根据其特定的监控点位、监控功能需要有不同的组态模式，也就是 PLC 控制柜的 IO 接线原理图、控制柜内部的电器元件、功能模块的布置、接线端子的数量及排列也是不相同的。

（3）使用 PLC 专用编程软件进行软件组态开发时，虽然软件本身已经提供了强大的软件功能模块，大大降低了编程的难度和工作强度，但针对不同工艺系统的功能需求，其程序的结构不相同，而且其编程涉及的 IO 分配、寄存器变量定义、计时计数器的使用等也有着极大差别，这就导致 PLC 的控制软件同样具有针对性。

（4）使用常规组态技术构建、实施的监控系统，每一次开发都需要各领域专业技术人员密切配合，但专业人员之间沟通时的"专业壁垒"会降低这种配合的有效性，系统调试、运行维护时遇到的问题就难以及时解决，系统无法根据实际情况进行持续改进，最终也就难以保证监控系统的效果。

当然对于实际工艺系统中相似度较高、监控功能需求简单明确的系统，使用常规 PLC 系统仍然有着极大的优越性。其 PLC 硬件功能模块相对固定，软件功能也基本一致，即使有些差别也可以采用模块化等编程技巧提高可复用性，这就可以实现批量化的开发、生产。但对于复杂的工艺系统，基于上述的局限性有必要改进控制系统实施的方法，这就是本书提出的"自组态"技术。

5.2　"自组态"技术

"自组态"技术的根本目标是采用一种具有特色的控制系统实施方法，将控制系统的功能需求分析、监控点位设计、硬件组态、控制软件开发等过程标准化、通用化，从而在确保系统监控功能需求的前提下，打破"专业壁垒"、提高监控系统实施的效率、保障监控系统实施效果并且可以持续改进。毫无疑问，"自组态"技术就是一种针对特定领域、特定应用的专有化组态技术，这种技术原则上可以推广至各个专业领域的监控系统。

5.2.1　"自组态"技术的特点

利用"自组态"技术实现的监控系统其典型特点如下：

（1）本"自组态"技术目前主要应用于暖通空调领域复杂冷热源系统的监控系统的快速构建、调试及投运的实施过程；

（2）使用专用的单片嵌入式控制器，硬件功能模块固定，其 IO 模块可以根据项目规模适当扩展，控制器具备种类多样的通信接口，可完全适应当前各种主流的监控系统组网需求，即控制器的硬件基本不需要组态；

（3）控制器配套的控制软件是通用化、标准化的软件，通过对暖通空调常用工艺设备和自动化常用传感器、执行器等设备属性、动作方法的封装，对暖通空调系统的标准化，以及针对标准化系统的各种控制策略和控制算法的集成，实现选择即组态、组态即应用的高效自组态，不再需要二次编程，真正实现"零代码"组态开发，这是一种在系统、在应用内实现组态的技术，不需要任何开发平台或二次开发软件，所以称为自组态；

（4）控制器采用"柔性化"的开放的参数系统，利用触摸屏作为人机界面，在实现常规监控系统数据、画面等显示任务外，可以对所有开放参数进行快速设置修改，从而完成整个监控系统的组态；

（5）控制柜的结构是统一的，可以进行标准化生产，其现场接线、安装调试流程等也是标准化的。

5.2.2 "自组态"技术实施流程

下面以暖通空调冷热源系统构建为例，详细说明利用自组态技术构建监控系统的过程，图 5-2 是自组态技术实现的框架流程图。

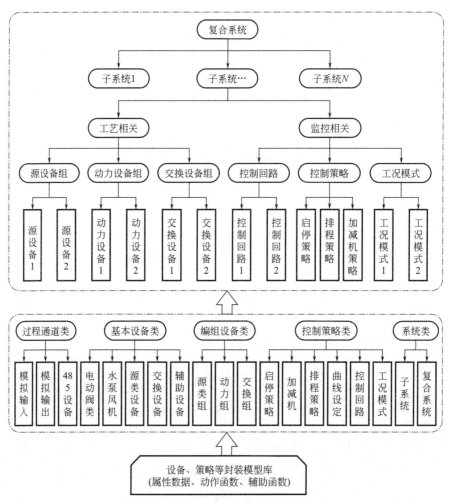

图 5-2　自组态技术实现框架

根据图 5-2 所示，采用自顶向下方法构建冷热源监控系统的主要步骤：

（1）复合系统组态：利用专业背景知识甄别复合系统中所包括的子系统，并对复合系统进行组态。

（2）子系统组态：对已甄别的每一个子系统明确系统的三要素，即确定源类设备组、动力设备组及热质交换设备组的编组号及组内设备成员编号；同时根据前述自由度分析方法确定该子系统控制回路的数量并明确其编号，确定该子系统需要的控制策略种类及编号，确定该子系统具有的工况模式数量及编号。

（3）基本设备、控制策略等组态：利用控制器本身的设备、策略等封装模型库，根据上述子系统组态所确定的每一个基本设备、控制策略、控制回路、工况模式等分别进行组态。

（4）自组态数据存储：自组态的过程是利用配置的触摸屏的组态画面，通过通信方式将自组态配置数据下发至控制器并存储至 NAND FALSH，可在需要时修改组态数据。

（5）监控系统的调试：自组态完成后，监控系统可以进行脱机调试及现场联动调试，测试正常后即可投入正常运行。

5.2.3　自组态实施关键技术

从上述自组态技术实施流程可以看出，实现自组态技术的关键技术包括：控制器软件建立完善的设备、策略等封装模型库；编制触摸屏的组态画面；组态数据的存储、修改机制；标准化的计算机控制柜。

5.3　设备、策略等封装模型库实现

根据前面叙述的暖通空调系统自由度分析方法可以知道，任意一个复杂的复合系统可以识别分解为若干标准化的子系统，对于每个子系统通常需要构建 2 个控制回路，每个控制回路需要明确 3 个要素即控制变量 CV、操作变量 MV 和控制算法 CA，对于控制变量的选择可以有 8 种选择，对于一个子系统而言，除了需要设置控制回路进行约束外，还需要构建一些控制策略如启停策略、加减机策略、排程策略等，这就是本书所提出的 1-4-2-3-8-N 体系，即 1 个复合系统、4 个子系统、2 个回路、3 个要素、8 种 CV 变量、N 个控制策略，这里 "4" 和 "N" 是虚指。无论是多复杂的系统，其监控功能就是由若干的控制回路实现的，所以利用该体系提出的方法可以快速构建控制系统，这种方法是统一的、标准化的，可以将复合系统、子系统、控制回路及各种策略进行模型化封装。

暖通空调系统的主要监控功能是对组成工艺系统的各类工艺设备利用传感器、执行器实现监视、测量、控制及报警等主要监控功能，对于每一类工艺设备，其监控功能要求基本是固定的，这是构建工艺设备封装库的前提；对于实现监控功能需要的各种传感器、执行器，虽然原理、结构样式各不相同，但它们传输的信号类型、实现的方式都是一致的，这就为自动化仪表进行统一数据封装模型提供了条件。

类似于 C++设计语言中的类，一种对象类型的封装模型由三部分组成：定义对象属性的数据结构体、定义对象操作方法的成员函数库以及映射至结构体成员变量地址的保持寄存器。所有封装模型可以通过 485 通信方式进行访问，其架构定义可由图 5-3 表示。

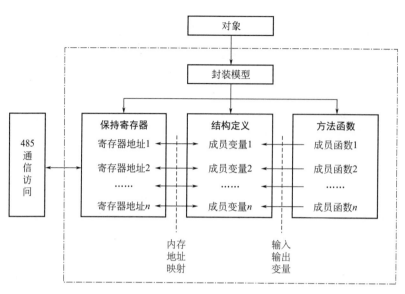

图 5-3　自组态封装对象模型

从图 5-3 可以看出，对于监控系统中涉及的工艺系统、子系统、工艺设备以及自控系统传感器、执行器、控制回路、控制策略等对象，经过抽象化的方法建立其封装模型。对于每一类数据封装模型，采用 C 语言中指向结构体的数据指针定义其属性，用各种函数定义其可执行的操作，方法函数的输入、输出变量直接引用数据结构中的成员变量，而每一个结构利用指针变量将结构体内的每一个成员变量映射至 Modbus 保持寄存器，即每一个成员变量都有一个保持寄存器相对应，这样控制软件内部可直接引用对象结构体的数据以及调用各种对象方法函数，而在外部可以直接通过控制器的 RS485 接口，利用 Modbus 协议对各类结构体数据进行访问，操作结构体的变量或动作函数的输入输出变量。

下面的语句定义了控制软件中各类设备、子系统、控制策略等所有对象的结构体指针：

```
HOLD_Position            * p_HOLD_Position;      //寄存器地址映射
RTC_TimeTypeDef          * p_RTC_TimeSet;        //控制器时间设定
RTC_DateTypeDef          * p_RTC_DateSet;        //控制器日期设定
AI_VrefTypeDef           * p_AI_Vref;            //AI 通道参考电压
AI_ChanTypeDef           * p_AI_Channel;         //AI 通道结构
AO_ChanTypeDef           * p_AO_Channel;         //AO 通道结构
Vir_485TypeDef           * P_Virtual_485;        //虚拟 485 设备
CMD485_InstructTypeDef   * p_Cmd_485;            //485 通信指令结构
Valve_HoldTypeDef        * p_AODO_Valve;         //电动阀结构
Pump_FanTypeDef          * p_Pump_Fan;           //泵风机类结构
Cool_HeatTypeDef         * p_Cool_Heat;          //冷热源结构
Heat_ExchangerTypeDef    * p_Heat_Exch;          //交换器结构
Splitter_TypeDef         * p_Splitter;           //分水器结构
```

```
Strainer_TypeDef          * p_Strainer;              //除污器结构
Tank_TypeDef              * p_Tank;                  //水箱结构
PumpGroup_TypeDef         * p_Pump_Group;            //泵组机构
SourceGroup_TypeDef       * p_Source_Group;          //源组结构
HeatGroup_TypeDef         * p_Heat_Group;            //交换组结构
FuzzyData_TypeDef         * p_Fuzzy_Data;            //模糊算法结构
ParamTime_TabTypeDef      * p_Paratime_Tab;          //时间设定曲线
ParamOut_TabTypeDef       * p_Paraout_Tab;           //外温设定曲线
Efficent_TabTypeDef       * p_Efficent_Tab;          //效率类曲线
ControlLoop_TypeDef       * p_Ctrl_Loop;             //控制回路结构
SubSystem_TypeDef         * p_Sub_System;            //子系统结构
WaterSuppSys_TypeDef      * p_Water_Supp;            //补水系统结构
System_TypeDef            * p_Hvac_System;           //复合系统结构
Start_strategyTypeDef     * p_Start_strategy;        //启动策略
Stop_strategyTypeDef      * p_Stop_strategy;         //停机策略
AddSub_StrategyTypeDef    * p_AddSub_strategy;       //加减机策略
Run_TimeTypeDef           * p_Run_Time;              //运行时间结构
Switch_ModeTypeDef        * p_Switch_Mode;           //工况模式结构
Pump_VFDTypeDef           * p_Pump_VFD;              //变频控制器结构
Chiller_CTLTypeDef        * p_Chiller_CTL;           //机组控制器结构
Boiler_CTLTypeDef         * p_Boiler_CTL;            //锅炉控制器结构
Heat_MeterTypeDef         * p_Heat_Meter;            //热表数据结构
```

下面的语句定义了各类结构体数量：

```
#define   AI_Chan_Num       96   //AI 通道结构数量
#define   AO_Chan_Num       24   //AO 通道结构数量
#define   Virtual_485_Num   40   //虚拟 485 设备数量
#define   Cmd_485_Num       60   //485 指令结构数量
#define   AODO_Valve_Num    40   //电动阀结构数量
#define   PUMP_FAN_Num      24   //泵风机类结构数量
#define   Cool_Heat_Num     20   //冷热源结构数量
#define   Heat_Exch_Num     12   //交换器结构数量
#define   Splitter_Num      4    //分水器结构数量
#define   Strainer_Num      12   //除污器结构数量
#define   Tank_Num          4    //水箱结构数量
#define   PumpGroup_Num     12   //泵组结构数量
#define   SourceGroup_Num   8    //源组结构数量
#define   HeatGroup_Num     8    //交换组结构数量
#define   FuzzyData_Num     4    //模糊算法结构数量
```

79

```
#define   ParatabTime_Num     4    //时间设定曲线数量
#define   ParatabOut_Num      4    //外温设定曲线数量
#define   Efficenttab_Num     4    //效率类曲线数量
#define   ControlLoop_Num     16   //控制回路结构数量
#define   SubSystem_Num       8    //子系统结构数量
#define   WaterSuppSys_Num    4    //补水系统结构数量
#define   System_Num          4    //复合系统结构数量
#define   Start_strategy_Num  4    //启动策略数量
#define   Stop_strategy_Num   4    //停机策略数量
#define   Addsub_strategy_Num 4    //加减机策略数量
#define   Runtime_Num         1    //运行时间结构数量
#define   SwitchMode_Num      4    //工况模式结构数量
#define   PumpVFD_Num         4    //变频控制器结构数量
#define   ChillerCTL_Num      2    //机组控制器结构数量
#define   BoilerCTL_Num       2    //锅炉控制器结构数量
#define   HeaterMeter_Num     2    //热表数据结构数量
```

下面语句定义了控制器的 485 保持寄存器数组：

uint16_t usRegHoldingBuf[REG_HOLDING_NREGS];

保持寄存器数量 REG _ HOLDING _ NREGS 定义的值为 16384。

表 5-1 是各结构体针对 485 保持寄存器映射地址的结构体定义。

自组态技术编程用结构体与 485 保持寄存器的映射表　　　　表 5-1

结构体名称	HOLD_Position	结构体数量	1
结构体字节数量	70	寄存器地址	1
序号	成员变量名	数据类型	变量描述
1	HOLD_Pos	UINT16	寄存器地址映射
2	Time_Pos	UINT16	控制器时间设定结构地址
3	Date_Pos	UINT16	控制器日期设定结构地址
4	AI_Vref_Pos	UINT16	AI 通道参考电压结构地址
5	AI_Chan_Pos	UINT16	AI 通道结构地址
6	AO_Chan_Pos	UINT16	AO 通道结构地址
7	Virtual_485_Pos	UINT16	虚拟 485 设备结构地址
8	Cmd_485_Pos	UINT16	485 通信指令结构地址
9	AODO_Valve_Pos	UINT16	电动阀结构地址
10	Pump_Fan_Pos	UINT16	泵风机类结构地址
11	Cool_Heat_Pos	UINT16	冷热源结构地址
12	Heat_Exch_Pos	UINT16	交换器结构地址
13	Splitter_Pos	UINT16	分水器结构地址
14	Strainer_Pos	UINT16	除污器结构地址

序号	成员变量名	数据类型	变量描述
15	Tank_Pos	UINT16	水箱结构地址
16	PumpGroup_Pos	UINT16	泵组结构地址
17	SourceGroup_Pos	UINT16	源组结构地址
18	HeatGroup_Pos	UINT16	交换组结构地址
19	FuzzyData_Pos	UINT16	模糊算法结构地址
20	ParaTime_Pos	UINT16	时间设定曲线地址
21	ParaOut_Pos	UINT16	外温设定曲线地址
22	Efficent_Pos	UINT16	效率类曲线地址
23	ControlLoop_Pos	UINT16	控制回路结构地址
24	SubSystem_Pos	UINT16	子系统结构地址
25	WaterSuppSys_Pos	UINT16	补水系统结构地址
26	System_Pos	UINT16	复合系统结构地址
27	Start_strategy_Pos	UINT16	启动策略地址
28	Stop_strategy_Pos	UINT16	停机策略地址
29	Addsub_strategy_Pos	UINT16	加减机策略地址
30	Runtime_Pos	UINT16	运行时间结构地址
31	SwitchMode_Pos	UINT16	工况模式结构地址
32	PumpVFD_Pos	UINT16	变频控制器结构地址
33	ChillerCTL_Pos	UINT16	机组控制器结构地址
34	BoilerCTL_Pos	UINT16	锅炉控制器结构地址
35	HeaterMeter_Pos	UINT16	热表数据结构地址

下面的函数利用指针变量的定义将各结构体映射到保持寄存器，实现了对象结构体数据的内存地址映像，其他具有 RS485 接口的设备例如触摸屏通过 Modbus 协议直接操作保持寄存器相应地址的数据，可以实现通过人机界面对封装模型的各种操作：

```
void init_HOLD_Struct(void)
{
    uint16_t *ptr;
    uint16_t tempsize;
    //定义保持寄存器指针
    ptr = usRegHoldingBuf;
    /******************************************************
    ********************/
    //映射寄存器地址结构体
    p_HOLD_Position = (HOLD_Position * )ptr;
    tempsize = sizeof( * p_HOLD_Position )/2;
    p_HOLD_Position->HOLD_Pos = 0x00;
```

```
    //指向下一地址
    ptr + = tempsize;
    p_HOLD_Position ->Time_Pos = p_HOLD_Position ->HOLD_Pos + tempsize;
    / * * * * * * * * * * * * * * * * * * * * * * * * * * * * * * * * * * * * * * *
* * * * * * * * * * * * * * * * * * * /
    //映射时间设定结构体地址
    p_RTC_TimeSet = (RTC_TimeTypeDef * )ptr;
    tempsize = sizeof( * p_RTC_TimeSet )/2;
    //指向下一地址
    ptr + = tempsize;
    p_HOLD_Position ->Date_Pos = p_HOLD_Position ->Time_Pos + tempsize;
    / * * * * * * * * * * * * * * * * * * * * * * * * * * * * * * * * * * * * * * *
* * * * * * * * * * * * * * * * * * * /
    //映射日期设定结构体地址
    p_RTC_DateSet = (RTC_DateTypeDef * )ptr;
    tempsize = sizeof( * p_RTC_DateSet )/2;
    //指向下一地址
    ptr + = tempsize;
    p_HOLD_Position ->AI_Vref_Pos = p_HOLD_Position ->Date_Pos + tempsize;
    / * * * * * * * * * * * * * * * * * * * * * * * * * * * * * * * * * * * * * * *
* * * * * * * * * * * * * * * * * * * /
    //映射 AI 通道参考电压结构体地址
    p_AI_Vref = (AI_VrefTypeDef * )ptr;
    tempsize = sizeof( * p_AI_Vref )/2;
    //指向下一地址
    ptr + = AIO_Brd_Num * tempsize;
    p_HOLD_Position ->AI_Chan_Pos = p_HOLD_Position ->AI_Vref_Pos + AIO_Brd_Num
* tempsize;
    / * * * * * * * * * * * * * * * * * * * * * * * * * * * * * * * * * * * * * * *
* * * * * * * * * * * * * * * * * * * /
    //映射 AI 通道结构体地址
    p_AI_Channel = (AI_ChanTypeDef * )ptr;
    tempsize = sizeof( * p_AI_Channel )/2;
    //指向下一地址
    ptr + = AI_Chan_Num * tempsize;
    p_HOLD_Position ->AO_Chan_Pos = p_HOLD_Position ->AI_Chan_Pos + AI_Chan_Num
* tempsize;
    / * * * * * * * * * * * * * * * * * * * * * * * * * * * * * * * * * * * * * * *
* * * * * * * * * * * * * * * * * * * /
```

```
//映射 AO 通道结构体地址
p_AO_Channel = (AO_ChanTypeDef * )ptr;
tempsize = sizeof( * p_AO_Channel )/2;
//指向下一地址
ptr + = AO_Chan_Num * tempsize;
p_HOLD_Position ->Virtual_485_Pos = p_HOLD_Position ->AO_Chan_Pos + AO_Chan_
Num * tempsize;
    /***************************************************
********************/
    ......省略
}
```

对于暖通空调监控系统的各类对象，根据其特性的不同，封装模型抽象的方法也不相同，其封装模型库主要分为过程通道类、基本设备类、编组设备类、控制策略类和系统类，下面分类对主要的封装模型进行说明。

5.4　过程通道类封装模型库

控制器本身硬件资源提供的过程通道主要包括 4 种：开关量输入通道（DI）、模拟量输入通道（AI）、开关量输出通道（DO）、模拟量输出通道（AO）。监控系统中利用 DI 和 AI 通道完成对于现场信息（开关量和模拟量）的采集，利用 DO 和 AO 通道完成控制器指令的执行。对于 DI 和 DO 通道其功能简单，其属性只有一个即通道编号，所以控制软件不需要对这两类通道建立封装模型，只对 AI 和 AO 两类通道建立了封装模型。在监控系统中，控制器除了通过上述过程通道与工艺现场进行数据采集、输出指令外，还需要和一些智能仪表如热表、水表、智能阀门、变频器以及其他类型的控制器等进行通信，这类设备一般具备 RS485 接口支持 Modbus 协议，所以建立了 485 指令集、485 虚拟设备两类封装数据模型，在此基础上就可以继续构建各种智能仪表的封装模型。下面对主要的过程通道类封装模型进行说明。

5.4.1　AI 过程通道的封装模型

表 5-2 是对 AI 过程通道封装模型定义的结构体。

AI 过程通道封装模型结构体定义表　　　　　　　　　表 5-2

结构体名称	Tag_AI_Channel	结构体数量	96
结构体字节数量	20	寄存器首地址	121
序号	成员变量名	数据类型	变量描述
1	Range	UINT16	传感器信号范围
2	Period	UINT16	采样周期

序号	成员变量名	数据类型	变量描述
3	Type	UINT16	传感器类型
4	Limithigh	INT16	测量上限
5	Limitlow	UINT16	测量下限
6	Alarmhigh	UINT16	报警上限
7	Alarmlow	INT16	报警下限
8	Alarmhh	UINT16	报警上上限
9	Alarmll	INT16	报警下下限
10	Factor	UINT16	修正系数

从表 5-2 可以看出，AI 过程通道其实就是模拟量传感器这一对象的抽象化以后的数据模型，共有 96 个结构体对应控制器板载的最多 96 个模拟量采集通道，而每个结构体共有 10 个成员变量。

成员变量 Period 定义传感器的采样周期，控制器可以根据采集物理量的需求针对不同的通道定义不同的采样周期。

成员变量 Range 定义传感器信号量程范围，取值 0~7 对应 8 种信号量程：①−10.24~10.24V；②−5.12~5.12V；③−2.56~2.56V；④0~10.24V；⑤0~5.12V；⑥4~20mA；⑦0~20mA；⑧4~24mA。

成员变量 Type 定义传感器类型，取值范围对应下面定义的一个枚举：

Typedef enum ｛NOSENSOR,Temperature,Pressure,Flowrate,Heat,Level,Humidity,Velocity,Dewpoint,Enthalpy,Radiation,Volt,Amp,Power,PowIndex,Open,Other ｝AI_Channel_Type

上述的枚举 AI_Channel_Type 对应的传感器类型分别是：未接、温度、压力、流量、热量、液位、湿度、速度、露点、焓值、辐射照度、电压、电流、功率、锅炉因数、开度以及其他类型等物理量。

成员变量 Limithigh 和 Limitlow 则可以定义传感器测量的实际物理量的上下限，该数值放大了 10 倍，例如 Limithigh=1000，Limitlow=0 时，对应的测量范围是 0~100；而 Limithigh=16，Limitlow=0 时，对应的测量范围是 0~1.6。

成员变量 Alarmhigh 和 Alarmlow、Alarmhh 和 Alarmll 则可以定义传感器的实际测量值的报警上下限以及报警的上上限和下下限，之所以定义两组报警阈值，是为了针对不同的报警级别进行不同应急处置。

成员变量 Factor 定义传感器修正系数，当传感器测量存在误差时，可以通过修正系数进行测量值的适当修订。

综上所述，封装模型定义的结构体 Tag_AI_Channel，利用 10 个成员变量描述了实际模拟量传感器的对象属性，通过对传感器各成员变量值的设定，便可以将控制器的任意一个 AI 通道设置为测量某一特定物理量的任意信号类型、任意测量范围的物理传感器。这种设置是可以在监控系统的开发阶段、调试阶段甚至是运行阶段通过 RS485 接口的 Modbus 协议进行离线、在线的修改，这就是自组态技术的一个基础机制。

针对 AI 过程通道封装模型定义的结构体，其主要成员函数如表 5-3 所示。

AI 过程通道封装模型主要成员函数　　　　　表 5-3

序号	成员函数名	函数功能描述	形参	返回值
1	AI_Init(uint8 ch)	AI 通道初始化	ch:通道号	执行结果： 0:失败； 1:成功
2	AI_Sample(uint8 ch)	AI 通道数据采集		
3	AI_Deal(uint8 ch)	AI 通道数据标度变换		
4	AI_Alarm(uint8 ch)	AI 通道数据报警处理		
5	AI_Datasave(uint8 ch)	AI 通道数据存储		
6	AI_Update(uint8 ch)	AI 通道结构数据更新		

通过表 5-3 中 AI 过程通道封装模型定义的各个成员函数，可以实现对模拟量传感器的各种操作，包括初始化、定时采集、标度变换、数据存储及报警等，每个函数其输入参数是该传感器的 AI 通道编号，所以通过对其对应的结构体成员变量的修改可间接控制成员函数的动作方式，如采集时间、报警上下限的修改。

5.4.2　AO 过程通道的封装模型

表 5-4 是对 AO 过程通道定义的结构体。

AO 过程通道封装模型结构体定义表　　　　　表 5-4

结构体名称	Tag_AO_Channel	结构体数量	24
结构体字节数量	30	寄存器首地址	360
序号	成员变量名	数据类型	变量描述
1	Range	UINT16	信号类型
2	Period	UINT16	控制周期
3	Limithigh	UINT16	输出上限
4	Limitlow	INT16	输出下限
5	Usergain	UINT16	用户增益校准
6	Userzero	UINT16	用户零点校准
7	Feedback	UINT16	反馈传感器通道
8	Alarmdelta	UINT16	反馈报警偏差
9	KP	UINT16	比例系数
10	TI	UINT16	积分时间
11	TD	UINT16	微分时间
12	PIDMIN	UINT16	PID 最小控制偏差
13	EPSI	UINT16	积分分离界限
14	de1Gap	UINT16	偏差间隔
15	de2Gap	UINT16	偏差变化率间隔

表 5-4 中，AO 过程通道封装模型就是模拟量执行器 AO 通道的抽象化，共有 24 个结构体对应控制器板载的最多 24 个模拟量输出通道，而每个结构体共有 15 个成员变量。

成员变量 Range 定义 AO 通道输出信号范围，取值 0～6 对应 7 种信号量程：①0～5V；②0～10V；③−5～5V；④−10～10V；⑤4～20mA；⑥0～20mA；⑦0～24mA。成员变量 Period、Limithigh 和 Limitlow 与前述 AI 过程通道封装模型定义类似。

成员变量 Usergain、Userzero 用以对该 AO 通道的零点和增益进行校准。

AO 过程通道输出信号控制现场模拟量类型的执行器，一般是经过控制器的各种算法经过计算以后输出的，控制器集成了常用的 PID 算法和模糊控制算法。所以使用成员变量 KP、TI、TD、PIDMIN、EPSI 定义 PID 算法中的放大系数、积分时间、微分时间、PID 最小控制偏差以及采用积分分离 PID 算法的偏差界限，而使用成员变量 de1Gap、de2Gap 定义模糊控制算法中的偏差间隔和偏差变化率间隔，通过这些控制算法相关的成员变量定义，每一个 AO 通道可以采用不同的算法及不同的参数。

通常模拟量类型的执行器具备反馈信号，所以成员变量 Feedback 和 Alarmdelta 用以定义反馈 AI 通道的编号以及产生报警的与控制信号的偏差。

针对 AO 过程通道封装模型定义的结构体，其主要成员函数如表 5-5 所示。

AO 过程通道封装模型主要成员函数　　表 5-5

序号	成员函数名	函数功能描述	形参	返回值
1	AO_Init(uint8 ch)	AO 通道初始化	ch:通道号	执行结果 0:失败 1:成功
2	AI_Output(uint8 ch, uint16 Val)	AI 通道数据采集	ch:通道号 Val:输出值	
3	AO_Deal(uint8 ch)	AO 通道数据数据处理	ch:通道号	
4	AO_Setrange(uint8 ch, uint16 Range)	AO 通道输出信号量程范围设定	ch:通道号 Range:量程	
5	AO_Update(uint8 ch)	AO 通道结构数据更新	ch:通道号	

5.4.3　485 指令、485 虚拟设备的封装模型

表 5-6 是 485 指令封装模型定义的结构体。

485 指令封装模型结构体定义表　　表 5-6

结构体名称	Tag_CMD485_Instruct	结构体数量	60
结构体字节数量	24	寄存器首地址	2161
序号	成员变量名	数据类型	变量描述
1	Function	UINT16	功能码
2	RegAddr	UINT16	寄存器地址
3	RegNum	UINT16	寄存器数量

续表

序号	成员变量名	数据类型	变量描述
4	RegVal[2]	UINT16	寄存器值
5	RegMap	UINT16	寄存器映射至本机存储地址
6	No485	UINT16	隶属 485 虚拟设备
7	CMDType	UINT16	命令类型
8	Datatype	UINT16	数据类型
9	Factor	UINT16	数据变换系数
10	PRESERVE[2]	UINT16	预留

表 5-7 为 485 虚拟设备封装模型定义的结构体。

485 虚拟设备封装模型结构体定义表　　　　　　　　　　表 5-7

结构体名称	Tag_Virtual_485	结构体数量	40
结构体字节数量	36	寄存器首地址	1441
序号	成员变量名	数据类型	变量描述
1	Station	UINT16	站号
2	Baudrate	UINT16	波特率
3	Databits	UINT16	数据位
4	StopBits	UINT16	停止位
5	Parity	UINT16	奇偶校验
6	Scanrate	UINT16	扫描时间
7	CoilStart	UINT16	线圈寄存器起始地址
8	CoilNumber	UINT16	线圈寄存器数量
9	DiscStart	UINT16	离散寄存器起始地址
10	DiscNumber	UINT16	离散寄存器数量
11	HoldStart	UINT16	保持寄存器起始地址
12	HoldNumber	UINT16	保持寄存器数量
13	InputStart	UINT16	输入寄存器起始地址
14	InputNumber	UINT16	输入寄存器数量
15	CoilAddMap	UINT16	线圈寄存器映射地址
16	DiscAddMap	UINT16	离散寄存器映射地址
17	HoldAddMap	UINT16	保持寄存器映射地址
18	InputAddMap	UINT16	输入寄存器映射地址

控制器其中的一个 485 接口作为主机，可以与其他具有 485 接口的从机如传感器、智能仪表、控制器等进行通信。若这些从机的数据地址是连续的，可以将其抽象化为一台

485 虚拟设备，采用轮询（POLL）方式定时采集其数据；若数据地址不连续，则可以再结合封装的 485 指令集，采用单独的通信指令采集需要的数据，表 5-8 则是利用此方法构建的某热泵机组控制器的封装模型的结构体定义。

485 虚拟设备示例结构体定义 表 5-8

结构体名称	Tag_Chiller_CTL	结构体数量	2
结构体字节数量	40	寄存器首地址	7487
序号	成员变量名	数据类型	变量描述
1	ONOFF_wCMD_No	UINT16	启停机指令编号
2	MODE_wCMD_No	UINT16	机组模式指令编号
3	TCSV_wCMD_No	UINT16	冷水温设定指令编号
4	CURR_wCMD_No	UINT16	电流设定指令编号
5	THSV_wCMD_No	UINT16	热水温设定指令编号
6	LOADSV_wCMD_No	UINT16	基本负荷指令编号
7	LOADCMD_wCMD_No	UINT16	限定负荷指令编号
8	RSTCMD_wCMD_No	UINT16	诊断复位指令编号
9	HOLD_rCMD_No	UINT16	批量读设定指令编号
10	BATCH_rCMD_No	UINT16	批量读参数指令编号
11	Scantime	UINT16	扫描周期
12	Preserve[9]	UINT16	预留

根据某一设备的具体情况，用同样的方法可以构建变频器、锅炉控制器、热表等智能仪表的封装模型，这里不再赘述。控制器读取的数据将会映射至本机控制器各类寄存器相应地址，可以通过作为从机的另一个 485 接口与其他的 485 主机之间通信进行数据交换，这也是控制器设计主/从两个 485 接口的原因。

5.5 基本设备类封装模型库

控制器基本设备类的封装模型库是模型封装数量较多的一类，包括暖通空调系统的工艺设备以及监控系统的自动化设备，主要有：水泵风机类动力设备、冷热源设备、热质交换设备、电动阀、空调器、水箱、除污器、分集水器等，下面对一些主要的设备封装模型进行说明。

5.5.1 水泵风机类动力设备封装模型

表 5-9 是对水泵风机类动力设备定义的结构体。

动力设备封装模型结构体定义表　　　　　　　　　　　　　　　　　表 5-9

结构体名称	Pump_FanTypeDef	结构体数量	24
结构体字节数量	56	寄存器首地址	3361
序号	成员变量名	数据类型	变量描述
1	Type	UINT16	设备类型
2	StatusCh1	UINT16	状态反馈通道
3	StatusCh2	UINT16	故障反馈通道
4	ONOFFCh1	UINT16	启停控制通道 1
5	ONOFFCh2	UINT16	启停控制通道 2
6	ONOFFmode	UINT16	启停控制模式
7	RegulateCh	UINT16	频率调节通道
8	FeedbackCh	UINT16	频率反馈通道
9	RateFlow	UINT16	额定流量
10	Pgroup	UINT16	隶属泵组编号
11	ParaFlow[4]	UINT16	工况流量参数
12	ParaHead[4]	UINT16	工况扬程参数
13	Station	UINT16	变频器站号
14	RunStatus	UINT16	水泵运行状态
15	A	FLOAT32	性能曲线系数 A
16	B	FLOAT32	性能曲线系数 B
17	C	FLOAT32	性能曲线系数 C
18	CurrFreq	FLOAT32	当前运行频率

从表 5-9 可以看出，水泵风机类封装模型的结构体定义中的成员变量既包括其工艺属性，如额定流量、工况流量参数、工况扬程参数等，也包括各设备的相关控制属性，如启停控制方式、频率调节通道等。在暖通空调监控系统中，水泵风机类动力设备是最重要的一类设备，是变流量技术的前提，根据水泵风机技术资料提供的工况流量参数数组 ParaFlow [4]、工况扬程参数数据 ParaHead [4] 中定义的三个位于高效工作区的数据，即可计算出水泵风机性能曲线拟合方程的三个系数 A、B、C，进而可以根据下式计算出任意频率下性能曲线拟合方程的系数，为水泵风机合理调节频率及加减水泵风机策略提供依据，防止出现过载或能源浪费现象。

$$H = AQ^2 + B\overline{f}Q + C\overline{f}^2 = A'Q^2 + B'Q + C'$$

结构体中成员变量 ONOFFmode 定义设备启停控制模式，包括保持点和瞬动点两种模式，这取决于水泵风机动力控制柜预留的启停控制接点类型，所以对应的启停控制通道有两个，若是常规的保持点方式启停，则程序只用到成员变量启停控制通道 1 定义的 DO 通道编号。结构体其他一些成员变量较为简单，这里不再介绍。水泵风机类封装模型的主要成员函数如表 5-10 所示。

动力设备封装模型主要成员函数 表 5-10

序号	成员函数名	函数功能描述	形参	返回值
1	Cal_Pump_Factor（uint8 No，float Freq）	计算水泵任意频率性能曲线拟合方程系数	No：水泵编号 Freq：运行频率	执行结果 0：失败 1：成功
2	Pump_ON(uint8 No)	水泵启动	No：水泵编号	
3	Pump_OFF(uint8 No)	水泵停机	No：水泵编号	
4	Pump_SetFreq_byAO（uint8 No，float NewFreq）	通过 AO 通道设定变频器频率	No：水泵编号 NewFreq：设定频率	
5	Cal_Pump_Flowrate(uint8 No，float CurrFreq，float s)	计算水泵当前频率下能够提供的流量	No：水泵编号 CurrFreq：当前频率 S：管道阻力数	

表 5-10 中成员函数 Cal_Pump_Flowrate 用以计算水泵当前频率下能够提供的流量，是通过确定管网性能曲线与水泵性能曲线的交点即水泵工作点来计算其理论流量，其中形参管道阻力数 S 是根据水泵或风机所在子系统经过计算的管道阻力数。

5.5.2　源类设备封装模型

表 5-11 是对源类设备定义的结构体。

源类设备封装模型结构体定义表 表 5-11

结构体名称	Source_TypeDef	结构体数量	20
结构体字节数量	30	寄存器首地址	4033
序号	成员变量名	数据类型	变量描述
1	Type	UINT16	设备类型
2	StatusCh1	UINT16	状态反馈通道
3	StatusCh2	UINT16	故障反馈通道
4	ONOFFCh1	UINT16	启停控制通道 1
5	ONOFFCh2	UINT16	启停控制通道 2
6	ONOFFmode	UINT16	启停控制模式
7	SettingCh	UINT16	设定值通道
8	FeedbackCh	UINT16	反馈通道
9	RateFlow	UINT16	额定流量
10	Sgroup	UINT16	隶属源组编号
11	OnOffValve	UINT16	电动阀编号
12	Pgroup	UINT16	设备配置泵组编号
13	Fgroup	UINT16	设备配置风机组编号
14	Station	UINT16	控制器站号
15	Ctltype	UINT16	控制器类型编号

相对于水泵风机类设备的封装模型，源类设备的封装模型较为简单，其结构体中成员变量 Type 用来定义冷热源类型：单冷源、单热源、复合型冷热源、新风源、地热源等，对应于工艺系统的燃气锅炉、制冷机组、冷却塔等工艺设备，成员变量 OnOffValve 则定义了当存在多台冷热源设备的情况下每台设备安装的电动开关阀的编号，在执行相应的加减源策略时，需要实现该电动阀与冷热源设备的联锁控制，成员变量 Pgroup 定义了与冷热源设备串联的水泵组编号，如锅炉的炉前泵，成员变量 Fgroup 则定义了风机组编号，如冷却塔的风机组。

源类设备的封装模型的主要成员函数如表 5-12 所示。

源类设备封装模型主要成员函数　　　　　　　　　　　　表 5-12

序号	成员函数名	函数功能描述	形参	返回值
1	CoolHeat_ValOpen(uint8 Sno);	源设备电动阀开启	Sno:源设备编号	
2	CoolHeat_ValClose(uint8 Sno)	源设备电动阀关闭	Sno:源设备编号	
3	CoolHeat_ON(uint8 Sno, uint8 Mode)	源设备开启	Sno:源设备编号 Mode:模式	
4	CoolHeat_OFF(uint8 Sno)	源设备停机	No:水泵编号 NewFreq:设定频率	
5	CoolHeat_Pump_ON (uint8 Sno,float Freq)	源设备水泵开启	Sno:源设备编号 Freq:频率	
6	CoolHeat_Pump_OFF(uint8 Sno)	源设备水泵关闭	Sno:源设备编号	
7	CoolHeat_Fan_ADD(uint8 Sno, uint8 Fmode,uint16 Ratio)	源设备风机加机	Sno:源设备编号 Fmode:风机模式	执行结果 0:失败 1:成功
8	CoolHeat_Fan_SUB(uint8 Sno, uint8 Fmode)	源设备风机减机	Sno:源设备编号 Fmode:风机模式	
9	CoolHeat_ON_485(uint8 Sno, uint8 Cno,uint8 Mode)	源设备 485 指令开启	Sno:源设备编号 Cno:控制器编号 Mode:源模式	
10	CoolHeat_OFF_485(uint8 Sno, uint8 Cno)	源设备 485 指令停机	Sno:源设备编号 Cno:控制器编号	
11	CoolHeat_SETSV_485(uint8 Sno, uint8 Cno,float SV)	源设备 485 指令设定	Sno:源设备编号 Cno:控制器编号 SV:设定值	
12	CoolHeat_EMERGE(uint8 Sno)	源设备紧急处置	Sno:源设备编号	

表 5-12 中成员函数主要是控制源设备本身机附属设备的启停，对于启停源设备有两种方式，一种是通过常规 DO 通道启停，另一种则是通过源设备的 RS485 接口以 Modbus 通信方式控制源设备启停。

5.5.3　源设备组、泵设备组、交换设备组封装模型

对于子系统，基本组成要素是三个设备组，即源设备组、泵设备组、交换设备组，

表 5-13 是对源类设备组封装模型定义的结构体。

源类设备组封装模型结构体定义表 表 5-13

结构体名称	SourceGroup_TypeDef	结构体数量	8
结构体字节数量	200	寄存器首地址	4769
序号	成员变量名	数据类型	变量描述
1	Type	UINT16	源设备类型
2	MinFlow	UINT16	最小流量比例
3	MaxFlow	UINT16	最大流量比例
4	SourceNo[6]	UINT16	源类设备成员编号
5	SourceNumber	UINT16	源类设备成员数量

对于源类设备封装模型的结构体，成员变量数量较少，其中源类设备的成员编号数组 SourceNo [6] 及源类设备成员数量 SourceNumber 均由该封装模型初始化时程序自动计算，无需进行设置。成员变量 Type 定义了源设备类型：单冷源、单热源及冷热源；而成员变量 MinFlow、MaxFlow 则定义了源组设备成员允许的最小流量和最大流量比例，以符合设备安全需求。

源类设备组封装模型的成员函数如表 5-14 所示。

源类设备组封装模型主要成员函数 表 5-14

序号	成员函数名	函数功能描述	形参	返回值
1	init_SourceGroup（uint8_t Sg）;	源设备组初始化	Sg：源组编号	0：失败 1：成功
2	find_CoolHeat_Sequence（uint8_t Sg，uint8_tSno）;	查找源设备编号对应组序号	Sg：源组编号 Sno：源设备编号	源设备序号
3	find_CoolHeat_RunFst（uint8_t Sg）;	查找运行的第一台源设备编号	Sg：源组编号	源设备编号
4	find_CoolHeat_RunLst（uint8_t Sg）;	查找运行的最后一台源设备编号	Sg：源组编号	源设备编号
5	find_CoolHeat_StopFst（uint8_t Sg）;	查找停运的第一台源设备编号	Sg：源组编号	源设备编号
6	find_CoolHeat_StopLst（uint8_t Sg）;	查找停运的最后一台源设备编号	Sg：源组编号	源设备编号
7	find_CoolHeat_Mintime（uint8_t Sg）;	查找运行时间最短的设备编号	Sg：源组编号	源设备编号
8	find_CoolHeat_Maxtime（uint8_t Sg）;	查找运行时间最长的设备编号	Sg：源组编号	源设备编号
9	CoolHeat_ALLON（uint8_t Sg）;	源组设备成员全部启动	Sg：源组编号	0：失败 1：成功

续表

序号	成员函数名	函数功能描述	形参	返回值
10	CoolHeat_ALLOFF（uint8_t Sg）；	源组设备成员全部停机	Sg：源组编号	0：失败 1：成功
11	Cal_Sgroup_Flowrate（uint8_t Sg）；	计算源组设备需求流量	Sg：源组编号	需求流量
12	Deal_SgroupSV_byAO（uint8_t Sg，float SV）；	通过 AO 通道处理设定值	Sg：源组编号 SV：设定值	0：失败 1：成功

表 5-15 为动力设备组封装模型定义的结构体。

动力设备组封装模型结构体定义表　　　　　　　　　　表 5-15

结构体名称	PumpGroup_TypeDef	结构体数量	12
结构体字节数量	34	寄存器首地址	4529
序号	成员变量名	数据类型	变量描述
1	Runmode	UINT16	泵组运行模式
2	MinFlow	UINT16	最小流量比例
3	MaxFlow	UINT16	最大流量比例
4	Freqlimit[6]	UINT16	泵组极限频率
5	PumpNo[6]	UINT16	泵组设备成员编号
6	PumpNumber	UINT16	泵组设备成员数量
7	Freqratio	UINT16	泵组频率比

对于动力设备组封装模型的结构体，成员变量 Runmode 定义泵组运行模式，包括同步变频和加减泵两种模式；成员变量 MinFlow、MaxFlow 定义了泵组设备成员允许的最小流量和最大流量比例；成员变量 PumpNo [6]、PumpNumber 是根据泵类设备封装模型的定义，自动检索出的泵组设备成员的编号及其隶属该组的泵类设备数量，无需设置，控制软件限定水泵的成员数量最大是 6 台；成员变量 Freqlimit [6] 是开启不同数量水泵时的最大频率，根据前述水泵变流量技术，为防止开启部分泵过载时需要计算其对应运行台数的极限频率，结合成员变量 MinFlow 的设定值同时可以计算出最小量与当前极限频率的比值 Freqratio，这样最小、最大极限频率的计算值可以为加减机策略提供计算依据。

动力设备组封装模型的成员函数如表 5-16 所示。

动力设备组封装模型主要成员函数　　　　　　　　　　表 5-16

序号	成员函数名	函数功能描述	形参	返回值
1	init_PumpGroup(uint8_tPg)；	泵设备组初始化	Pg：泵组编号	0：失败 1：成功
2	find_Pump_Sequence（uint8_tPg，uint8_t Pno）；	查找泵设备编号对应组序号	Pg：泵组编号 Pno：泵设备编号	泵设备序号
3	find_Pump_RunFst（uint8_tPg）；	查找运行的第一台泵设备编号	Pg：泵组编号	泵设备编号

序号	成员函数名	函数功能描述	形参	返回值
4	find_Pump_RunLst (uint8_t Pg);	查找运行的最后一台泵设备编号	Pg:泵组编号	泵设备编号
5	find_Pump_StopFst (uint8_t Pg);	查找停运的第一台泵设备编号	Pg:泵组编号	泵设备编号
6	find_Pump_StopLst (uint8_t Pg);	查找停运的最后一台泵设备编号	Pg:泵组编号	泵设备编号
7	find_Pump_Mintime (uint8_t Pg);	查找运行时间最短的设备编号	Pg:泵组编号	泵设备编号
8	find_Pump_Maxtime (uint8_t Pg);	查找运行时间最长的设备编号	Pg:泵组编号	泵设备编号
9	Pump_AllOpen (uint8_t Pg);	泵组设备成员全部启动	Pg:泵组编号	0:失败 1:成功
10	Pump_AllClose (uint8_t Pg);	泵组设备成员全部停机	Pg:泵组编号	0:失败 1:成功
11	Cal_Pgroup_Flowrate0 (uint8_t Pg);	计算泵组额定流量	Pg:泵组编号	泵组额定流量
12	Cal_PumpFlow_byHead (uint8_t Pg,float needhead);	计算泵组在需求扬程下提供流量	Pg:泵组编号 Needhead:扬程	泵组提供流量
13	PGroup_SetFreq_byAO (uint8_t Pg);	泵组通过AO通道设定频率	Pg:泵组编号	0:失败 1:成功
14	Cal_limitFreq(uint8_t Pg,float needhead,float needflow);	计算泵组当前台数下的极限频率	Pg:泵组编号 Needhead:扬程 Needflow:流量	0:失败 1:成功

由于交换设备组与源类设备组的封装模型基本类似，只是其结构更加简单，这里就不再列出了。

5.6 控制策略类封装模型库

控制器控制策略类的封装模型库是监控系统中非常重要的一类模型封装，是对和控制相关的策略、算法等抽象化模型进行封装，主要包括：控制回路、工况模式、启动策略、停机策略、加减机策略、排程策略、曲线设定策略等模型封装，下面对一些主要的控制策略类封装模型进行说明。

5.6.1 控制回路封装模型

表5-17是对控制回路封装模型定义的结构体。

控制回路封装模型结构体定义表　　　　　　　　　　　　**表 5-17**

结构体名称	ControlLoop_TypeDef	结构体数量	16
结构体字节数量	20	寄存器首地址	5353
序号	成员变量名	数据类型	变量描述
1	CYCLE	UINT16	控制周期
2	Algorithm	UINT16	控制算法
3	Ctrtype	UINT16	控制类型
4	EquipNo	UINT16	执行器编号
5	Settingmode	UINT16	控制变量模式
6	Settingsource	UINT16	设定值来源
7	Tntable15	UINT16	设定值曲线编号 1
8	Tntable67	UINT16	设定值曲线编号 2
9	Fuzzytab	UINT16	模糊规则库编号
10	Function	UINT16	回路作用方向

表 5-17 的结构体定义了监控系统中控制回路的关键要素，其中成员变量 Settingmode 定义的就是控制变量的设定类型，共包括 8 种：供水温度，回水温度，供回水平均温度，供回水温差，供水压力，回水压力，供回水压差，循环流量。

成员变量 Settingsource 确定设定值的来源，包括常数、计算值、时间曲线表和外温曲线表共 4 种。常数模式是根据控制回路隶属的子系统的设计参数确定；计算值模式则根据不同的子系统类型经过程序计算后确定，例如供热系统的质量综合调节等，根据室外温度计算供水温度、循环流量的设定值；时间曲线表、外温曲线表模式是根据设定的时间曲线或外温确定某一时刻的设定值，需要由成员变量设定值曲线编号 1、2 确定相应曲线的编号，之所以采用两个曲线编号，是为区别周一至周五的工作时间和周六、日的休息时间以采用不同的设定值策略。

成员变量 Ctrtype 定义了控制模式，包括 AO 通道调节、AO 通道设定、485 通信调节、485 通信设定 4 种。其中 AO 通道调节和 485 通信调节模式直接将计算结果输出对执行器进行调节；AO 通道设定和 485 通信设定模式只是将计算的设定值转发至相应的其他智能仪表，由智能仪表对执行器进行调节，这种方式下，控制回路只是控制器进行输出调节的"桥梁"。

5.6.2　工况模式封装模型

工况模式的封装模型是针对较复杂的复合系统存在多种运行工况模式的一种解决方案，表 5-18 是对工况模式封装模型定义的结构体。

表 5-18 的结构体定义了复合系统存在多种工况模式的情况下如何解决工况模式的切换问题，下面以表格形式说明其自组态应用方式，见表 5-19。

工况模式封装模型结构体定义表 表5-18

结构体名称	Switch_ModeTypeDef	结构体数量	4
结构体字节数量	16	寄存器首地址	7303
序号	成员变量名	数据类型	变量描述
1	ValveNo[8]	UINT16	切换电动阀编号
2	ValveMode[32]	BOOL	电动阀模式
3	SubsysMode[16]	BOOL	子系统控制类型

工况模式回路自组态设定表 表5-19

工况模式	子系统启停模式				电动阀开关模式							
	子系统				电动阀编号							
	子系统1	子系统2	子系统3	子系统4	电动阀1	电动阀2	电动阀3	电动阀4	电动阀5	电动阀6	电动阀7	电动阀8
1	0/1	0/1	0/1	0/1	0/1	0/1	0/1	0/1	0/1	0/1	0/1	0/1
2	0/1	0/1	0/1	0/1	0/1	0/1	0/1	0/1	0/1	0/1	0/1	0/1
3	0/1	0/1	0/1	0/1	0/1	0/1	0/1	0/1	0/1	0/1	0/1	0/1
4	0/1	0/1	0/1	0/1	0/1	0/1	0/1	0/1	0/1	0/1	0/1	0/1

从表5-19可以看出，成员变量数组ValveNo[8]用以设置一个复合系统工况模式切换的电动阀编号，成员变量数组ValveMode[32]和SubsysMode[16]实际上对应的是线圈类寄存器字节数组的开关量，分别设定不同模式下电动阀开关模式和子系统启停模式。封装模型共有4种工况模式，如常规冷热源系统的制冷工况和制热工况，或者冰蓄冷系统的常规制冷模式、融冰制冷模式、蓄冷模式、制冷＋蓄冷联合模式等，基于此原理，监控系统可以灵活实现各种工况模式的转换。

5.6.3 启动策略、停机策略封装模型

对于暖通空调复合系统的启动策略、停机策略的封装模型，定义了系统启停时的顺序控制、时间控制、条件控制等策略，此为一类最基本的控制策略。表5-20是对启动策略封装模型定义的结构体。

启动策略封装模型结构体定义表 表5-20

结构体名称	Start_strategyTypeDef	结构体数量	4
结构体字节数量	24	寄存器首地址	6845
序号	成员变量名	数据类型	变量描述
1	Firstmode	UINT16	设备优先模式
2	Pumpmode	UINT16	水泵组启动模式
3	Sourcemode	UINT16	源设备组启动模式
4	Heatmode	UINT16	换热器组启动模式

续表

序号	成员变量名	数据类型	变量描述
5	Fanmode	UINT16	冷却塔风机组模式
6	delay1	UINT16	第一延时
7	delay2	UINT16	第二延时
8	delay3	UINT16	第三延时
9	Ratio	FLOAT	启动流量比例
10	Open	FLOAT	电动阀初始开度

对于子系统，其启动的基本顺序定义如图 5-4 所示。

图 5-4　启动策略封装模型的启动顺序定义

需要说明的是，对于多台冷热源设备的情况配置有电动蝶阀时，源设备启动是分为两步的，即先开启电动阀再开启冷热源设备。启动策略封装模型的结构体定义就是确定上图中各启动设备的编号 $n1$、$n2$、$n3$、$n4$ 以及设备之间的延时。成员变量 Firstmode 是设备优先模式，包括独立模式、水泵优先、源设备优先、交换设备优先 4 种模式，定义了子系统的编组设备的优先模式。成员变量 Pumpmode、Sourcemode、Heatmode 及 Fanmode 分别定义了水泵组、源设备组及交换设备组启动模式，包括顺序、逆序、时间、全开及跟随几种模式。对于子系统而言设备都是编组的，顺序或逆序模式是按照组内设备编号的顺序或逆序启动单台设备，时间模式则是启动组内设备运行时间最少的单台设备，全开模式是启动组内全部投运的设备，跟随模式则是根据第一启动设备的序号确定组内启动设备的序号。而三个延时的成员变量 delay1、delay2、delay3 则定义了启动设备之间的间隔时间，所以利用该结构体能够很容易定义子系统不同的启动策略，例如将设备优先模式定义为源设备优先，源设备组启动模式定义为时间模式，泵组启动模式和交换组启动模式都定义为跟随模式，则控制软件首先根据源设备组内各源设备的运行时间确定出运行时间最少的源设备编号 $n4$，继而确定其序号，则相应的水泵、交换设备启动的设备序号都为 $n1$，根据序号则能确定各自对应的设备编号 $n3$、$n1$，再根据源设备编号即可确定对应电动阀编号 $n3$，这样就根据实际需要定义了该子系统的启动策略。

启动策略封装模型结构体成员变量 Ratio 定义了启动流量比例，控制软件会计算确定启动水泵的频率，而成员变量 Open 定义了交换设备在设置有电动调节阀的情况下其初始开度。

表 5-21 是对停机策略封装模型定义的结构体。

停机策略封装模型结构体定义表　　　　　　　　　　　　　表 5-21

结构体名称	Start_strategyTypeDef	结构体数量	4
结构体字节数量	24	寄存器首地址	6845
序号	成员变量名	数据类型	变量描述
1	Stopmode	UINT16	停机模式
2	Pumpmode	UINT16	水泵组停机模式

序号	成员变量名	数据类型	变量描述
3	Sourcemode	UINT16	源设备组停机模式
4	Heatmode	UINT16	换热器组停机模式
5	Valvemode	UINT16	关阀模式
6	delay1	UINT16	第一延时
7	delay2	UINT16	第二延时
8	deltaVal	UINT16	停机间隔或温差

停机策略封装模型结构体成员变量 Stopmode 定义了子系统停机模式，包括温差停机和延时停机模式，而对应的温差或延时大小则由成员变量 deltaVal 定义。为保障源设备安全，当源设备停机后，必须经过延时或进出口温差接近时才能停止水泵。成员变量 Pumpmode、Sourcemode、Heatmode 定义了泵组、源组、交换组各组内设备停机模式，包括同步停机和顺序停机模式；成员变量 Valvemode 定义了关阀模式，包括泵前模式和泵后模式，并且定义了电动阀与水泵之间的停机顺序。

5.6.4　加减机策略封装模型

对于暖通空调复合系统的每一个子系统的加减机策略，都是控制策略类比较重要的控制策略，与子系统的控制回路联合工作，完成所需要的控制功能。加减机策略包括制冷模式和制热模式下的策略，由于二者结构体成员变量类似，所以表 5-22 只对制热模式下加减机策略封装模型结构体定义的成员变量进行说明。

加减机策略封装模型结构体定义表　　　　　　　　　　表 5-22

结构体名称	AddSub_StrategyTypeDef	结构体数量	4
结构体字节数量	60	寄存器首地址	6925
序号	成员变量名	数据类型	变量描述
1	HeatVAR[3]	UINT16	条件变量
2	SetHeat[3]	UINT16	设定值来源
3	HeatOPR[3][2]	UINT16	条件运算符
4	HeatVAL[3][2]	UINT16	条件目标偏差值
5	Heatdly[3][2]	UINT16	条件持续时间
6	Tabh1[3]	UINT16	设定曲线 1
7	Tabh2[3]	UINT16	设定曲线 2

利用软件定义的加减机策略封装模型的结构体，可以灵活的定义如下的加减机规则库：

IF(供水温度≥(50+1)℃且条件持续时间≥600s)THEN 源设备减机

IF(回水温度≤(40-2)℃且条件持续时间≥300s)THEN 水泵加机

针对一个子系统，在制热模式下共可以制定 6 种加减机策略：水泵加减机、源设备加减机和交换设备加减机，上述表达式示例中的"供水温度""回水温度"是加减机的条件变量，由结构体成员变量数组 HeatVAR［3］分别定义加减泵、加减源和加减换的条件变量，其取值范围为 0～8，对应供水温度、回水温度、供回水平均温度、供回水温差、供水压力、回水压力、供回水压差、循环流量和不启动共 9 种类型，当选择不启动时该规则失效；表达式中的运算符"≥"是由成员变量 HeatOPR［3］［2］定义，其中 HeatOPR［］［0］定义加机规则运算符，HeatOPR［］［1］定义减机规则运算符，而运算符共有 6 种，分别是＝＝、！＝、＞、＜、≥、≤；使用成员变量数组表达式中的数值 50，40℃则是规则条件的设定值，由成员变量数组 SetHeat［3］定义，类似于控制回路模型，共有 4 种模式，即设计值、计算值、外温曲线和时间曲线，当选择后两种模式时，结合成员变量 Tabh1［3］和 Tabh2［3］定义设定曲线编号；表达式数值＋1，－2℃是条件目标偏差值，由成员变量数组 HeatVAL［3］［2］定义；加减机策略还需要附加时间条件，当条件变量满足条件时开始计时，持续时间超过成员变量数组 Heatdly［3］［2］定义的时长时，则满足执行加减机的条件，当然该值可以设定为零，而通过增大条件目标的偏差值防止频繁加减机。

制冷工况模式下的成员变量与上述制热工况模式的成员变量类似，通过这种开放的加减机规则库的方式，可以根据工程实际进行灵活设定、修改，以更好的满足控制需求。

5.6.5　曲线设定策略封装模型

控制软件中的曲线设定策略较为简单，包括外温曲线设定策略和时间曲线设定策略两种，这为操作技术人员提供了两种便于操作调试的设定值策略。

外温曲线设定策略其结构体成员变量包括曲线设定值类型和设定值数组，其中曲线设定值类型包括水温、室温、水泵频率、调节阀开度 4 种，而设定值数组定义了从－20℃到＋16℃每间隔 2℃分别对应的设定值。

时间曲线设定策略其结构体成员变量同样包括曲线设定值类型和设定值数组，其中曲线设定值类型同外温曲线一致，设定值数组定义了从 0：00 到 23：00 每间隔 1h 分别对应的设定值。

5.7　系统类封装模型库

控制软件系统类的封装模型库包括子系统和复合系统两类，对应本书讨论的子系统和复合系统的抽象模型。

5.7.1　复合系统封装模型

根据前述复合系统的物理模型，对其进行抽象的封装模型结构体定义如表 5-23 所示。

复合系统封装模型结构体定义表　　　　表 5-23

结构体名称	System_TypeDef	结构体数量	4
结构体字节数量	44	寄存器首地址	6717

序号	成员变量名	数据类型	变量描述
1	Type	UINT16	系统类型
2	Runmode	UINT16	运行模式
3	SubsysNo[4]	UINT16	4个子系统编号
4	Schedule15Tab	UINT16	时间排程表1
5	Schedule67Tab	UINT16	时间排程表2
6	UserType	UINT16	末端系统类型
7	Tw_sensor	UINT16	外温传感器通道
8	Tn_cool	UINT16	制冷室内设计温度
9	Tn_heat	UINT16	制热室内设计温度
10	Tw_cool	UINT16	制冷室外设计温度
11	Tw_heat	UINT16	制热室外设计温度
12	FactorIndex	UINT16	散热器指标偏大系数
13	FactorArea	UINT16	散热器面积偏大系数
14	CtrlPeriod1	UINT16	系统控制周期
15	CtrlPeriod2	UINT16	加减机控制周期
16	StartMode	UINT16	启动工况模式序号
17	StopMode	UINT16	停机工况模式序号
18	CurrentMode	UINT16	当前工况模式
19	LastStopMode	UINT16	当前停机工况模式

表5-23定义的复合系统封装模型结构体中，成员变量 Type 定义了系统类型，包括3种：单制冷系统、单制热系统、制冷制热系统；成员变量 Rnmode 定义了该复合系统的运行模式，分为连续运行和按排程运行2种模式，当设定为按排程运行模式时，复合系统将按照由成员变量 Schedule15Tab、Schedule67Tab 分别定义的工作日排程策略编号和休息日排程策略编号自动间断运行；成员变量数组 SubsysNo [4] 用以设定4个子系统编号，也即复合系统最多由4个子系统组成，分别对应源水一次侧子系统、源水二次侧子系统、负载二次侧子系统和负载一次侧子系统，每个子系统编号取值0～7时，对应子系统编号1～8，当编号值为8时，代表该子系统无组态，通过对子系统编号设置就搭建起了复合系统的整体框架。

成员变量 UserType 定义了末端系统类型，包括散热器系统、辐射系统、空调系统、卫生热水系统4种。不同的末端系统形式将会影响到冷热源系统的控制策略，当末端系统为散热器系统时，还有两个成员变量即散热器热负荷指标偏大系数 FactorIndex 和散热器面积指标偏大系数 FactorArea 需要设置，这两个参数是供热系统运行调节时的重要修正系数。

成员变量中，制冷室内设计温度 Tn_cool、制热室内设计温度 Tn_heat、制冷室外设计温度 Tw_cool、制热室外设计温度 Tw_heat 是关于复合系统相关设计参数的设置，在很多控制策略的相关计算中会使用到，另外成员变量 Tw_sensor 定义了室外传感器通道编号，在复合系统结构体中只有这一个传感器采集通道的定义，而其他传感器采集通道如每个子系统的供回水温度、压力等传感器通道是在子系统封装模型中定义的，因为室外温度传感器是所有子系统共用的，所以定义在复合系统的结构体中。

成员变量 CtrlPeriod1、CtrlPeriod2 分别定义了系统控制周期和加减机周期，系统控制周期是每个子系统控制回路的扫描执行周期，而加减机周期则是执行加减机策略的间隔时间，根据系统的实际特性调整这两个变量值可以改进实际控制效果。

成员变量 StartMode、StopMode 分别定义了系统启动工况模式序号和停机工况模式序号，复合系统将根据工况模式序号对应的工况模式策略在复合系统启动及停机时进行模式转换；而成员变量 CurrentMode、LastStopMode 是由控制软件自动计算的，属于只读类型的变量，无需进行设置。

针对复合系统封装模型，其主要成员函数如表 5-24 所示。

复合系统封装模型主要成员函数　　　表 5-24

序号	成员函数名	函数功能描述	形参	返回值
1	System_SwitchMode (uint8_t sysNo, uint8_t ModeNO)	复合系统模式切换	sysNo：系统编号 ModeNO：模式编号	执行结果： 0：失败； 1：成功
2	System_Startup(uint8_t sysNo)	复合系统启动	sysNo：系统编号	
3	System_Stop(uint8_t sysNo)	复合系统停机	sysNo：系统编号	
4	System_Deal(uint8_t sysNo)	复合系统运行时处理	sysNo：系统编号	
5	SysStatus_LOC(uint8_t sysNo)	复合系统运行状态计算	sysNo：系统编号	
6	Hvac_System_Init (uint8_t sysNo)	复合系统初始化	sysNo：系统编号	

从表 5-24 可以清楚看到，复合系统封装模型的成员函数主要完成复合系统的启动、停机以及运行状态下的处理等主要任务，以及针对复合系统的初始化、状态计算和模式切换等辅助性的任务。

5.7.2　子系统封装模型

控制软件中子系统的封装模型是最重要的一种，实现复合系统的监控功能就是通过各子系统的监控功能实现的，其封装模型的结构体定义如表 5-25 所示。

子系统封装模型结构体定义表　　　表 5-25

结构体名称	SubSystem_TypeDef	结构体数量	8
结构体字节数量	74	寄存器首地址	6377
序号	成员变量名	数据类型	变量描述
1	SourceGroup	UINT16	源组编号
2	PumpGroup	UINT16	泵组编号
3	HeatGroup	UINT16	交换组编号
4	SubsysType	UINT16	子系统类型
5	Strainer	UINT16	除污器编号
6	Splitter	UINT16	分集水器编号
7	CtlLoop[3]	UINT16	控制回路编号
8	EnableDelay	UINT16	温差或延时使能
9	Start_strategy	UINT16	启动策略

序号	成员变量名	数据类型	变量描述
10	Stop_strategy	UINT16	停机策略
11	AddSub_strategy	UINT16	加减机策略
12	Tg_cool	UINT16	制冷设计供水温度
13	Th_cool	UINT16	制冷设计回水温度
14	Tg_heat	UINT16	制热设计供水温度
15	Th_heat	UINT16	制热设计回水温度
16	Pg_cool	UINT16	制冷设计供水压力
17	Ph_cool	UINT16	制冷设计回水压力
18	Pg_heat	UINT16	制热设计供水压力
19	Ph_heat	UINT16	制热设计回水压力
20	G_cool	UINT16	制冷设计流量
21	G_heat	UINT16	制热设计热量
22	Pb_cool	UINT16	制冷定压点压力
23	Pb_heat	UINT16	制热定压点压力
24	dp_cool	UINT16	旁通管制冷设计压差
25	dp_heat	UINT16	旁通管制热设计压差
26	Tg_sensor	UINT16	供水温度传感器通道编号
27	Th_sensor	UINT16	回水温度传感器通道编号
28	Pg_sensor	UINT16	供水压力传感器通道编号
29	Ph_sensor	UINT16	回水压力传感器通道编号
30	G_sensor	UINT16	流量传感器通道编号
31	Pb_sensor	UINT16	补水压传感器通道编号
32	G485_meter	UINT16	RS485 流量传感器编号
33	Q485_meter	UINT16	RS485 热表编号
34	SourcedP	UINT16	冷热源额定阻力
35	ExchandP	UINT16	换热器额定阻力
36	constdP	UINT16	其他固定阻力
37	SupplySub	UINT16	补水定压装置编号

子系统的物理模型是由源组、泵组和交换组三大要素组成的，所以子系统封装模型结构体的成员变量 SourceGroup、PumpGroup、HeatGroup 分别定义了源组、泵组和交换组的编号；成员变量 SubsysType 用来定义子系统类型，和复合系统类似，分为单制冷、单制热、制冷制热三种类型，该成员变量明确了子系统在制冷或制热工况下是否参与监控；成员变量 Strainer、Splitter 定义了子系统除污器、分集水器的编号，如果子系统存在这些设备，则会按照这些设备模型定义的方法进行相关的监控。以上这些成员变量定义了子系统的基本组成形式。

子系统结构体中有些成员变量和控制策略相关，成员变量数组 CtlLoop [3] 可以定义三个控制回路的编号，根据前述自由度理论，通常情况下一个子系统需要定义 1～2 个控制回路，有些情况下还会需要额外的辅助回路，例如压差旁通调节控制回路就是一种辅助控制回路，所以一个子系统控制回路的数量最大值为 3，在此只需要定义回路编号即可，具体回路的要素需要在控制回路的封装模型中详细定义；成员变量 Start _ strategy、Stop _ strategy、AddSub _ strategy 定义了子系统的启动策略、停机策略和加减机策略的具体策略编号，确定了子系统启动、停机的方式和加减机规则策略的依据；成员变量 EnableDelay 的作用是确定该子系统是否允许温差或延时停机，在停机策略中有关于停机的具体策略，这里只是使能该作用，因为实际上子系统是按照顺序主机停机的，并不是所有子系统都需要此功能，常规空调冷热源系统停机时，负载侧子系统首先停机，该子系统需要通过延时停机或温差停机的方式确保带走蒸发器的冷量，而当源水侧子系统停机时，因为前一子系统已经过延时，所以该子系统不再需要额外延时。

表 5-25 子系统结构体定义中序号 12～25 的成员变量都是关于子系统相关设计参数的定义；序号 26～33 的成员变量是该子系统所设置的远传仪表的通道编号或仪表序号，对于未设置的远传仪表无需操作。

结构体成员变量 SourcedP、ExchandP、constdP 分别对子系统冷热源额定阻力、换热器额定阻力、其他固定阻力进行设置，这几个变量是为管道阻力数计算服务的，可以根据设备开启情况确定子系统实际阻力数，从而确定子系统管路的性能曲线，为变流量技术实现的相关计算提供基本参数；成员变量 SupplySub 定义子系统补水定压装置的编号，可在子系统运行过程中与该编号定义的补水装置进行联动控制。

子系统封装模型主要成员函数如表 5-26 所示。

子系统封装模型主要成员函数　　　　　　　　　　表 5-26

序号	成员函数名	函数功能描述	形参	返回值
1	init_SubSystem（uint8_t No）	子系统初始化	No：子系统编号	0：失败 1：成功
2	Cal_startflow（uint8_t sysNo）	计算子系统启动需求流量	No：子系统编号	计算流量
3	find_FstNo（uint8_t No, uint8_t * fstNo）	计算子系统启动设备编号	No：子系统编号 fstNo：编号指针	设备编号指针
4	find_SubNo(uint8_t No, uint8_t * subNo)	查询减机设备编号	No：子系统编号 subNo：编号指针	减机编号指针
5	SubSystem_Start（uint8_t No）	子系统启动	No：子系统编号	0：失败 1：成功
6	SubSystem_Stop（uint8_t No）	子系统停机	No：子系统编号	0：失败 1：成功
7	Subsys_Addsub_Condition（uint8_t No, bools Add_Sub, bools Etype）	子系统加减机逻辑条件判断	No：子系统编号 Add_Sub：加减机类型 Etype：设备类型	0：不满足 1：满足
8	SubSystem_AddSub_Judge（uint8_t No）	子系统加减机综合条件判断	No：子系统编号	0：不满足 1：满足
9	SubSystem_AddSub_Deal（uint8_t No）	子系统加减机处理	No：子系统编号	0：失败 1：成功

序号	成员函数名	函数功能描述	形参	返回值
10	Cal_Subsys_Flowrate0 (uint8_t No)	计算子系统额定流量	No:子系统编号	额定流量
11	Cal_Subsys_needFlow (uint8_t No)	计算子系统额定流量	No:子系统编号	需求流量
12	cal_SubSystem_Needhead (uint8_t No)	计算子系统需求扬程	No:子系统编号	需求扬程

表 5-26 列出的成员函数只是子系统封装模型的一部分，控制软件的核心就是对子系统封装模型的操作，可以实现子系统的初始化及启动、停机和加减机的控制，子系统启动、停机是按照启动策略、停机策略的具体设定完成的，而加减机的控制比较复杂，以图 5-5 说明加减机策略封装模型工作流程。

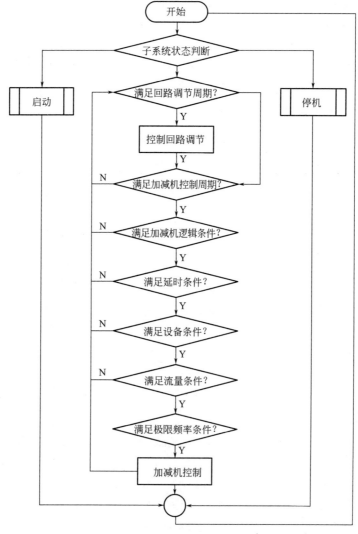

图 5-5　加减机策略封装模型流程

从上述流程图可以看出，子系统加减机需要同时满足 5 个条件：①周期条件，在复合系统封装模型中定义了加减机控制周期；②加减机逻辑条件，具体条件由相应的加减机控制策略封装模型中定义的条件表达式确定；③延时条件，当加减机满足相应条件表达式后控制系统开始计时，达到相应的持续时间时满足该条件；④设备条件，该条件是判断泵组、源组、交换组的运行设备数量与投运设备数量之间的关系，加机时运行设备数量小于投运设备数量，则条件满足，减机时运行设备数量大于 0，则条件满足；⑤流量条件，当减机时当前运行水泵通过变频提供的最小流量应小于减机后冷热源设备的最大流量，而加机时当前运行水泵通过变频提供的最大流量应大于加机后冷热源设备的最小流量；⑥极限频率条件，即当前水泵运行的频率通过控制回路的调节已达到其极限频率，也就是当前水泵提供的流量，即当前运行冷热源设备的最大流量或最小流量。只有上述 6 个条件同时满足才可以进行加减机控制，所有这些条件的判断都是由子系统封装模型的成员函数完成的。

5.8　暖通空调控制系统自组态技术应用实例

自组态技术的目标是利用"零代码"的组态技术实现暖通空调控制系统设计、实施的通用化和标准化，以及控制系统实施效果的持续改进。利用常规的 PLC 控制系统进行组态设计实现这一目标基本是不可能的，需要使用单片机开发控制器基于研究的"1-4-2-3-8-N"体系，进行大量的基础编程实现，是开发暖通空调控制系统的一种思路和实现的技术途径，可供相关技术开发人员借鉴，硬件开发的相关内容可参见后续章节"计算机控制系统"。对于大多数的工程技术人员，主要工作是控制系统的设计、调试及维护运营，仍然可以采用常规方法去实现，但自组态技术的思路、方法同样是适用的，其可以大大提高暖通空调控制系统设计、实施的效率，并保障实施的效果。下面以暖通空调某冷热源系统为例，分析利用自组态技术实现控制系统的主要步骤和方法。

5.8.1　冷热源系统概况

图 5-6 是某冷热源系统的流程图，夏季由两台制冷机组制备冷冻水，由 3 台冷冻水循环泵（2 用 1 备）输送至建筑的末端系统，同时由 3 台冷却水循环泵（2 用 1 备）将冷凝热通过 2 台冷却塔散发到外界。为了过渡季节也可以采用冷却塔间接供冷，冬季则由 1 台燃气锅炉制备热水通过 2 台一次侧循环泵（1 用 1 备）将高温水通过换热器热交换后，由 2 台二次循环泵（1 用 1 备）为建筑供热，由 2 台补水泵（2 用 0 备）为冷冻水系统和锅炉一次侧系统进行补水定压。

5.8.2　冷热源监控系统的监控功能和监控点位

根据冷热源监控系统的功能需求，主要设备的监控功能如表 5-27 所示。

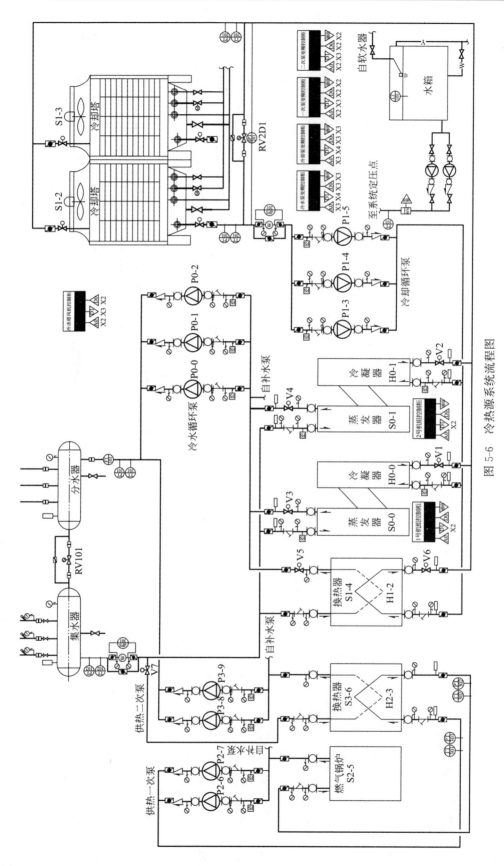

图 5-6 冷热源系统流程图

冷热源系统主要设备监控功能一览表　　　　　　表 5-27

序号	监控设备	类型	功能描述	备注
1	冷水机组 （2 台）	测量	实时测量冷水供回水温度（2AI）	超限报警
		测量	实时测量冷水供回水压力（2AI）	超限报警
		测量	实时测量冷水循环流量（1AI）	
		监视	冷水水流状态（水流开关）（1DI）	
		监视	冷却水水流状态（水流开关）（1DI）	
		监视	实时监视机组启停状态反馈	
		监视	实时监视机组故障或报警状态反馈	
		控制	根据启停策略、加减机策略启停控制	
		调节	根据供回水温差反馈值修改供水温度设定	AO 或通信
		调节	根据循环流量调节分集水器旁通调节阀	流量保护
		联锁	蒸发器与冷凝器电动蝶阀与机组启停联锁	
		通信	与机组控制器进行双向数据通信	
2	冷水循环泵 （2 用 1 备）	测量	实时测量水泵供水压力（3AI）	可选项
		测量	实时测量水泵回水压力（3AI）	可选项
		监视	水泵运行状态（水流开关）（3DI）	
		监视	水泵手自动状态（1DI）	
		监视	水泵故障反馈（3DI）	
		控制	水泵远程启停（3DO）	
		调节	水泵运行频率调节（3AO）	
		通信	与水泵变频控制器进行双向数据通信	3XRS485
3	冷却塔 （2 台）	测量	实时测量冷却塔供水温度	超限报警
		测量	实时测量冷却塔回水温度	超限报警
		监视	风机运行状态（2DI）	
		监视	风机手自动状态（1DI）	
		监视	风机故障反馈（2DI）	
		控制	风机远程启停（2DO）	
		调节	水泵运行频率调节（2AO）	可选项
		调节	根据冷却供水温度调节冷却塔旁通调节阀	
		联锁	进水管与出水管电动蝶阀与风机启停联锁	
		通信	与风机变频控制器进行双向数据通信	可选项
4	燃气锅炉 （2 台）	测量	实时测量锅炉一次侧供回水温度（2AI）	超限报警
		测量	实时测量锅炉一次侧供回水压力（2AI）	超限报警
		监视	实时监视锅炉启停状态反馈	
		监视	实时监视锅炉故障或报警状态反馈	
		控制	根据启停策略、加减机策略启停控制	
		调节	根据供回水温差反馈值修改供水温度设定	AO 或通信
		通信	与锅炉控制器进行双向数据通信	

序号	监控设备	类型	功能描述	备注
5	供热换热器 （1台）	测量	实时测量换热器一次侧供回水温度、压力	共用
		测量	实时测量换热器二次侧供回水温度、压力	共用
6	免费供冷 换热器（1台）	测量	实时测量换热器一次侧供回水温度、压力	共用
		测量	实时测量换热器二次侧供回水温度、压力	共用
7	除污器（2台）	测量	实时测量除污器压差	超限报警
8	水箱 （1个）	测量	实时测量水箱液位	共用
		计量	实时测量水箱补水流量及累积流量	通信实现
		联锁	低于液位下限时补水泵停机	

表 5-27 中未列出冷却水循环泵、锅炉一次侧循环泵、锅炉二次侧循环泵及补水泵的监控功能，可参照冷水循环泵的监控功能，其点位类型一致，只是数量有区别。根据上表设备监控功能及《民用建筑供暖通风与空气调节设计规范》GB 50736—2012 相关规定很容易确定监控点位及远传仪表，如图 5-6 中所示的传感器、执行器等，控制系统与大容量设备如主机、水泵等的双向数据通信是通过其强电控制柜预留的接点完成的，所以图 5-6 中对相应的控制柜点位也进行了表达。

5.8.3　冷热源监控系统的自组态实现

根据"1-4-2-3-8-N"技术体系实现自组态需要具备软硬件条件，以作者开发的控制器为例，如图 5-7 所示，控制器软件采用前述的封装模型库，人机界面采用触摸屏，触摸屏构建有专门的组态功能画面，通过 RS485 接口与控制器进行双向数据通信，进行各类封装模型的组态，这种组态过程是一种"在系统（IN-SYSTEM）"和"在应用（IN-APPLI-CATION）"的"零代码"组态，所以称为自组态，只要组态完成，控制系统即可基于各种组态策略对暖通空调系统进行周期循环监控运行。

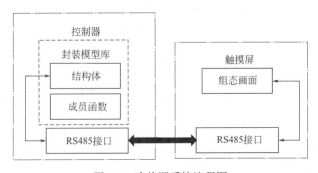

图 5-7　冷热源系统流程图

触摸屏的组态功能实现基于"菜单"形式，如图 5-8 所示，树形主菜单包括 4 类功能菜单：模拟通道类、基本设备类、编组设备及系统类、控制策略类。而每一类功能菜单又包括相关的若干子菜单，每个子菜单就对应着一种封装模型的具体数据结构，如图 5-8 中所示的模拟通道类包括 AI 通道、AO 通道、485 指令集等封装模型。

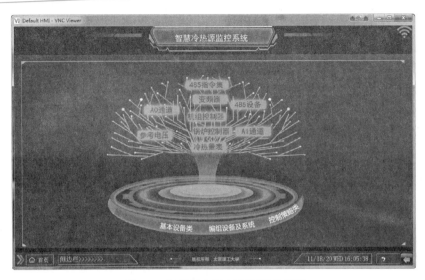

图 5-8　触摸屏自组态树形菜单界面

　　图 5-9 是通过触摸屏进行 AI 过程通道自组态的画面示例，数据列表中的每一项对应着控制器中封装模型结构体的一个成员变量，根据成员变量的不同，有些是输入框，有些则是数据列表，数据列表可通过对应的按钮设定数据。画面中【当前设备编号】输入框可输入需要组态的设备序号；【加载】按钮将指定封装模型设备序号的数据通过 Modbus 通信从控制器读出并显示于下面的参数列表；修改数据后可以通过【下发】按钮将数据下发至控制器；【前项】和【后项】按钮则是在不同的封装模型组态画面进行导航切换。为了实现对同类封装模型的快速组态，画面中设置有【智能】组态按钮，当点击该按钮时，触摸屏会将【当前设备编号】对应的组态数据以规定的方式复制到其他编号的设备，这些设

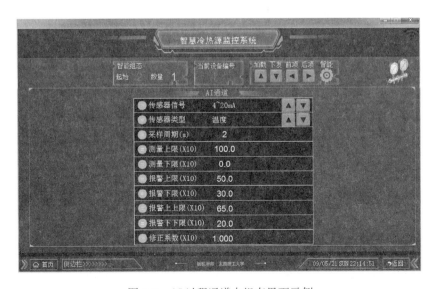

图 5-9　AI 过程通道自组态界面示例

备起始编号和数量分别由图中【起始】和【数量】输入框中的数值确定，每一项数据列表前有一个复制功能选项按钮【＝】，其选项包括 NO、＝、+1、+2、…、+9 共 11 个选项，其中"NO"代表保留目标该项数据，"＝"代表目标数据与源数据相等，"+n"则代表源数据加 n 后赋值目标数据。封装模型的组态功能是通过触摸屏脚本编程实现的，考虑到组态功能只在实际组态时需要，为防止系统监控运行时增加系统通信负担，采用了触发式通信，即只有加载或下发时才进行数据通信。

各种封装模型组态画面类似，而前述封装模型已明确了结构体定义，其他组态画面不再一一列举，后续内容会根据需要对一些关键的组态画面进行说明。下面将着重从示例冷热源系统组态过程说明其监控系统的构建方法。

1. 复合系统和子系统组态

根据冷热源系统图，子系统包含的设备要素如表 5-28 所示。

冷热源系统自组态设备要素表 表 5-28

序号	名称	自组态封装模型		元素编号	隶属组别
		组态类别	序号		
1	1号制冷机组蒸发器	源设备共7台	0	S0-0	源组0
2	2号制冷机组蒸发器		1	S0-1	
3	1号冷却塔风机		2	S1-2	源组1
4	2号冷却塔风机		3	S1-3	
5	冷却塔换热器二次侧		4	S2-4	源组2
6	燃气锅炉		5	S3-5	源组3
7	锅炉换热器二次侧		6	S4-6	源组4
8	1号冷水循环泵	动力设备共10台	0	P0-0	泵组0
9	2号冷水循环泵		1	P0-1	
10	3号冷水循环泵		2	P0-2	
11	1号冷却水循环泵		3	P1-3	泵组1
12	2号冷却水循环泵		4	P1-4	
13	3号冷却水循环泵		5	P1-5	
14	锅炉一次侧1号循环泵		6	P2-6	泵组2
15	锅炉一次侧2号循环泵		7	P2-7	
16	锅炉二次侧1号循环泵		8	P3-8	泵组3
17	锅炉二次侧2号循环泵		9	P3-9	
18	1号制冷机组冷凝器	交换设备共4台	0	H0-0	交换组0
19	2号制冷机组冷凝器		1	H0-1	
20	冷却塔换热器一次侧		2	H1-2	交换组1
21	锅炉换热器一次侧		3	H2-3	交换组2

利用前述系统的层级架构，结合上述设备要素列表，复合系统与子系统组态如图 5-10 所示。

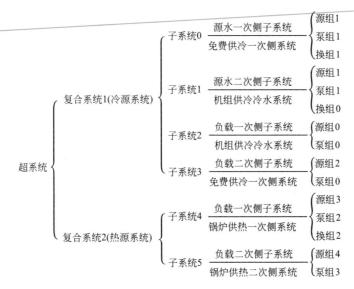

图 5-10　冷热源系统流程图

根据整个冷热源系统的主要功能将其分为两个复合系统：冷源系统和热源系统。其中冷源系统包括 4 个子系统：其中负载一次侧子系统和源水二次侧子系统，分别对应冷机供冷模式下的冷水子系统和冷却水子系统；负载二次侧子系统和源水一次侧子系统，分别对应免费供冷模式下的冷却塔一次侧子系统和冷却塔二次侧子系统。热源系统则包括负载一次侧子系统和负载二次侧子系统，分别对应燃气锅炉一次侧子系统和二次侧子系统。图 5-10 中"负载一次侧子系统""源水二次侧子系统"只是子系统的代号，并不需要与物理系统严格意义上的对应。另外，也可以将免费供冷系统中的两个子系统独立为一个复合系统，从而划分为三个复合系统，自组态技术提供了较大的灵活性。每个子系统的设备三要素如图 5-10 所示，其中每台制冷机组拆分蒸发器为源类设备、冷凝器为交换类设备，锅炉换热器和冷却塔换热器则将一次侧部分看作交换类设备，将二次侧部分看作源类设备。

2. 系统控制策略组态

（1）复合系统工况模式组态

整个冷热源系统根据不同季节需要进行不同复合系统之间的工况转换，进行工况模式组态一是需要确定模式转换电动阀的状态，二是需要确定该模式下子系统的运行状态。控制系统设计时，一般情况设置电动二通阀完成模式转换，由于机房管径较大，一般设置电动蝶阀，需要在仔细分析系统流程的基础上确定电动蝶阀的位置和数量，对于每种模式的管路系统，电动蝶阀只需要设置一个，过多的电动蝶阀不但增加造价，也会导致控制系统的复杂性和故障率的增加。

对于示例冷热源系统，其模式转换阀包括复合系统 1，其工况模式策略如图 5-11 所示。

从图 5-11 可以看出，复合系统 1 即冷源系统，共有 3 种模式：

模式 1：冷机制冷模式，"源 2"和"负 1"子系统即冷冻水系统和冷却水系统开启，电动阀 V5、V6 和 V7 均关闭，系统将由制冷机组供冷；

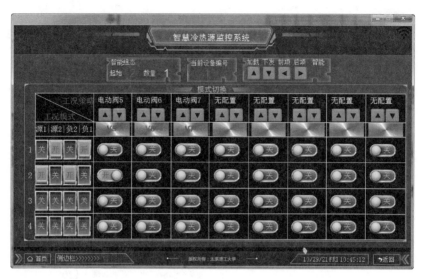

图 5-11　复合系统工况模式自组态画面

模式 2：免费供冷模式，"源 1"和"负 2"子系统即冷却塔一次侧和冷却塔二次侧子系统开启，电动阀 V5 开启，V6、V7 关闭，系统将冷却塔免费供冷；

模式 3：停机模式，电动阀 V5、V6、V7 均关闭。

上述工况模式自组态策略并未将制冷机组冷冻水和冷却水支管上设置的电动蝶阀 V1～V4 作为切换阀，这是因为这几个电动蝶阀是跟随机组联动控制的，由加减机策略控制，机组停机时对应电动阀均为关闭状态。经过工况模式组态，复合系统启动时将首先根据确定的工况模式进行电动阀切换，并对指定运行的子系统进行相应的启停和调节等控制，这种工况模式的组态可以适应非常复杂的复合系统。对于复合系统 2 即锅炉供热系统，其工况模式较为简单，这里不再进行说明。

（2）根据每个子系统自由度分析，确定其控制回路

每个子系统都包括一个质交换过程，工艺系统已设置补水定压装置，通过压力控制回路确保压力稳定，这里就不再讨论。

冷冻水子系统包括能量交换过程，自由度为 2，设置 2 个控制回路，另外为保证机组最小流量，针对末端变流量系统在分集水器之间设置旁通调节阀，涉及流量再分配问题，多了一个质交换过程，子系统增加 1 个自由度，需要设置辅助控制回路，控制回路组态情况如表 5-29 所示。

冷冻水子系统控制回路　　表 5-29

序号	控制回路	控制变量	操作变量	控制算法	回路编号
1	第一回路	供水温度	机组容量	设备提供	机组控制
2	第二回路	回水温度	冷水泵频率	模糊控制	控制回路 0
3	辅助回路	供回水压差	调节阀开度	PI 控制	控制回路 1

冷却水子系统与之类似，其自由度也为 2。过渡季节当室外焓值较低导致冷却水供水温度较低时，制冷机组无法启动，此时在冷却水供回水干管之间设置旁通调节阀，供水温

度低时，调节冷却塔进水流量，提高供水温度，同样需要设置一个辅助控制回路，冷却水子系统控制回路组态情况如表 5-30 所示。

冷却水子系统控制回路　表 5-30

序号	控制回路	控制变量	操作变量	控制算法	回路编号
1	第一回路	供水温度	风机频率	模糊控制	控制回路 2
2	第二回路	回水温度	冷水泵频率	模糊控制	控制回路 0
3	辅助回路	供回水压差	调节阀开度	PI 控制	控制回路 1

免费供冷系统的两个子系统是强耦合关系，所以总自由度为 3，其一次侧子系统的控制回路组态如表 5-31 所示。

冷却塔一次侧子系统控制回路　表 5-31

序号	控制回路	控制变量	操作变量	控制算法	回路编号
1	第一回路	供水温度	风机频率	模糊控制	控制回路 2
2	第二回路	回水温度	冷却泵频率	—	控制回路 0
3	辅助回路	—	—	—	—

二次侧子系统的控制回路组态如表 5-32 所示。

冷却塔二次侧子系统控制回路　表 5-32

序号	控制回路	控制变量	操作变量	控制算法	回路编号
1	第一回路	回水温度	冷水泵频率	模糊控制	控制回路 0
2	第二回路	—	—	—	—
3	辅助回路	—	—	—	—

对于燃气锅炉供热系统，与上述免费供冷系统情况完全一致，总自由度为 3，其一次侧子系统的控制回路组态如表 5-33 所示。

燃气锅炉一次侧子系统控制回路　表 5-33

序号	控制回路	控制变量	操作变量	控制算法	回路编号
1	第一回路	供水温度	锅炉容量	设备提供	锅炉控制
2	第二回路	回水温度	一次泵频率	模糊控制	控制回路 0
3	辅助回路	—	—	—	—

二次侧子系统的控制回路组态如表 5-34 所示。

燃气锅炉二次侧子系统控制回路　表 5-34

序号	控制回路	控制变量	操作变量	控制算法	回路编号
1	第一回路	回水温度	二次泵频率	模糊控制	控制回路 0
2	第二回路	—	—	—	—
3	辅助回路	—	—	—	—

上述表格中冷水子系统和燃气锅炉一次侧子系统的第一回路，均由设备本身提供的控制，实际应用中需要其本身控制器开放通信接口接收设定值的修改。整个冷热源中除了设备自身提供的两个控制回路外，还有 10 个回路，但控制回路的编号只有 3 种，这是因为"控制回路"封装模型定义的是控制回路的三要素，只要具备这三个要素系统即可以使用相同的定义，例如燃气锅炉一次侧子系统的第二回路与二次侧子系统的第一回路，三个要素均相同，所以都是"控制回路 0"，实际程序运行时，程序会分别计算子系统各自的回水温度偏差，并对各自的循环泵进行变频控制。

根据上述表格甄别子系统并根据过程自由度分析确定控制回路，是"1-4-2-3-8-N"的基础，从上述过程可以看到，控制回路的构建是有章可循的标准化的过程，在控制系统设计阶段也可借助该方法快速完成控制系统设计。

（3）启停机策略组态

冷热源复合系统及其子系统启动、停机，需要有一定的顺序、逻辑条件和时间控制，可以通过系统的启动策略和停机策略的组态来完成这一目标。复合系统的启停策略是按照子系统的类型固定的，启动是按照源水一次侧、源水二次侧、负载二次侧、负载一次侧的顺序进行，停机则是逆序。而每一个子系统可根据前述启停机策略的封装模型进行组态，每个子系统可以有不同的启停策略。本冷热源复合系统所有子系统启动策略相同，如图 5-12 所示。

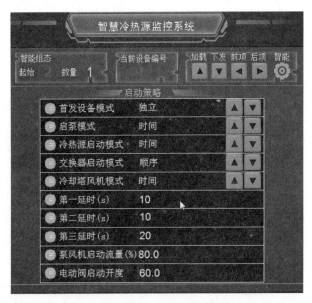

图 5-12 子系统启动策略自组态画面

基于冷热源系统采用"先并后串"的连接形式，且分组设备的容量一致，设备之间没有一一对应关系，所以"首发设备模式"选择了独立模式，泵组、源组及冷却塔风机模式均选择了时间模式，即需要启动设备时，按同组设备运行时间最短的原则确定。交换组则按照编号顺序启动，第一延时规定了电动阀开启后延时启动水泵的时间为 10s，第二延时规定了水泵开启后延时启动冷热源设备的时间为 10s，第三延时则规定了每个子系统启动完成后的延时时间为 20s，实际是不同子系统之间的延时。启动策略自组态还规定了水泵风机类设备的启动流量为其额定流量的 80%，电动调节阀开度为 60%。

所有子系统的统计策略也相同，如图 5-13 所示。

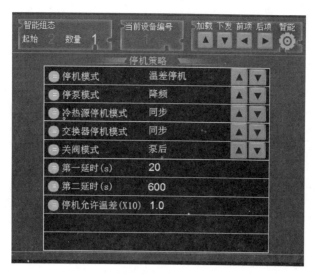

图 5-13　子系统停机策略自组态画面

子系统停机组态策略规定了子系统的停机方式，停机模式采用了"温差停机"，且停机允许温度为 1℃，即冷热源设备停机后只有其进出口温差小于 1℃时才能进行后续的关阀、停泵等操作，冷热源与交换设备采用同步停机模式以减少停机的时间，水泵则是按照降频模式逐步停机，关阀模式选择"泵后"，当停机模式选择"时间延时"模式时，第一延时规定了冷热源停机后进行后续操作的延时时间，此处规定的 20s 是不起作用的，而第二延时规定了停泵与关阀之间的延时时间为 600s，该延时可以利用系统的容量继续供热或供冷一段时间。

（4）加减机策略组态

前面的控制回路组态是连续调节策略，而加减机策略则是通断控制策略，与控制回路相配合完成系统整体输出容量的调节。当前设备容量依靠回路调节仍不能满足条件时，则进行加减机控制，良好的策略即使对于只配置一台燃气锅炉的制热系统同样可以达到良好效果。制冷工况下其加减机策略如图 5-14 所示。

机组制冷设计参数为 7℃/12℃时，上述加减机的策略如下：

（1）当回水温≥12.5℃且持续时间 20s 以上时，加 1 台水泵；

（2）当回水温≤12.5℃且持续时间 20s 以上时，减 1 台水泵；

（3）当供水温≥7.5℃且持续时间 20s 以上时，加 1 台机组；

（4）当回水温≤6.5℃且持续时间 20s 以上时，减 1 台机组。

对于冷却塔免费供冷，因为组态于同一个冷源系统，所以遵循同样的策略，其设计参数为 20℃/25℃时，加减机的策略如下：

（1）当回水温≥25.5℃且持续时间 20s 以上时，加 1 台水泵；

（2）当回水温≤25.5℃且持续时间 20s 以上时，减 1 台水泵；

（3）当供水温≥20.5℃且持续时间 20s 以上时，加 1 台冷却塔风机；

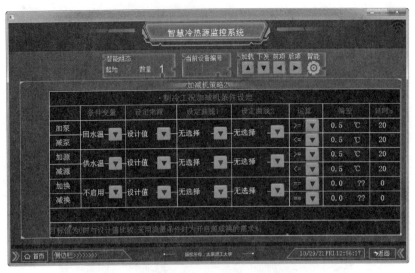

图 5-14 子系统制冷工况加减机策略自组态画面

（4）当回水温≤20.5℃且持续时间 20s 以上时，减 1 台冷却塔风机。

若冷却塔免费供冷系统需要不同的加减机策略，一种方法是修改加减机策略参数，另一种方法则是组态为一个单独的复合系统可以制定一个不同的策略。

制热工况下其加减机策略如图 5-15 所示。

图 5-15 子系统制热工况停机策略自组态画面

锅炉供热设计参数为 50℃/40℃时，上述加减机的策略如下：

（1）当回水温≤38℃且持续时间 5s 以上时，加 1 台水泵；

（2）当回水温≥42℃时持续时间 5s 以上时，减 1 台水泵；

（3）当供水温≤38℃且持续时间 5s 以上时，加 1 台锅炉；

（4）当供水温≥42℃时持续时间 5s 以上时，减 1 台锅炉。

根据加减机策略封装模型，所有设备加减机的前提是其对应流量已达到极限值（最大或最小允许值或设备效率对应的极限流量值）且停运和运行的设备数量满足要求。加减机策略设定值的设定来源共有 4 种模式，即设计值、计算值、外温曲线和时间曲线，当选择后两种模式时，结合"设定曲线 1"和"设定曲线 2"定义的设定曲线编号，可根据外温或时间分别确定工作日和休息日的设定值，若选择计算值则是根据运行调节公式计算后的设定值，本例选择设计值是因为末端设备采用风机盘管，为防止送风温度过低采用的设计值，若末端设备采用散热器或地埋管则可以采用"设计值"的设定来源，依据质量调节原理编写的专用计算函数确定其设定值。

3. 传感器、执行器及基本工艺设备组态

上述几个自组态过程是关键核心的组态，这些组态过程中的一些参数还涉及传感器、执行器和基本工艺设备的设备序号等参数，如各个子系统对应的传感器编号，制冷机组配置电动蝶阀的编号等，需要继续进行这些设备、自控元件等的组态。图 5-16 是模拟量传感器的自组态画面。

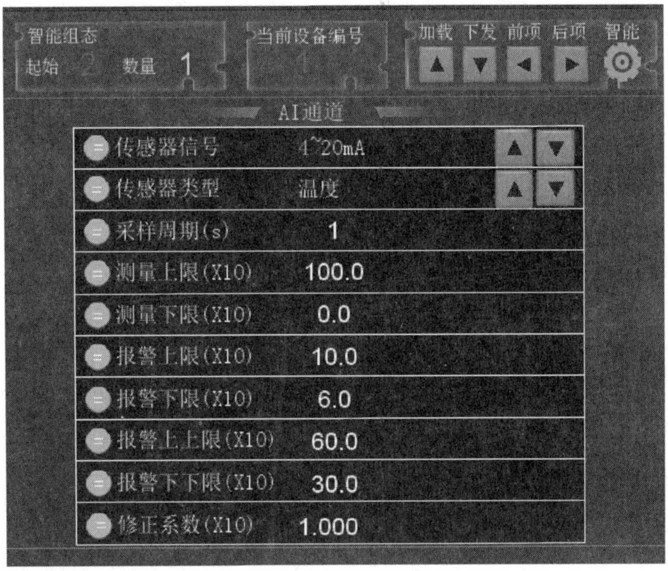

图 5-16　传感器 AI 通道自组态画面

图 5-16 中，当前设备编号为 1，对应着控制器硬件 AI0 通道，通过参数可以将任意类型、不同信号、不同量程的传感器进行组态，组态后的传感器可在其他组态画面中被通过通道号 AI0 进行引用，同样，当更换传感器时还可以重新组态。冷热源系统共有 16 支温度、压力、压差、流量、液位等传感器，详细情况可参见系统图。

图 5-17 是电动阀的组态画面。

图 5-17 中"电动阀类型"包括电磁阀、电动蝶阀、电动调节阀，结合通道定义可组态为不同类型的电动阀。图中所示电动蝶阀通过控制器开关量输入通道 DI0、DI1 对开到位状态和关到位状态进行反馈，通过开关量输出通道 DO0、DO1 分别进行开关控制，对于电动调节阀则可以通过输入通道 1 定义的 AI 通道编号反馈阀门开度位置，通过输出通道 1 定义的 AO 通道编号调节其开度。冷热源系统共有 7 只电动蝶阀和 2 只电动调节阀，组态后可以在需要的地方以阀 0、阀 1、阀 2 等进行引用。图 5-18 是源类设备的组态画面，其中将电动阀 1 和电动阀 3 定义为蒸发器和冷凝器支管的通断阀。

其他类型的组态可参见前述相关封装模型的说明。

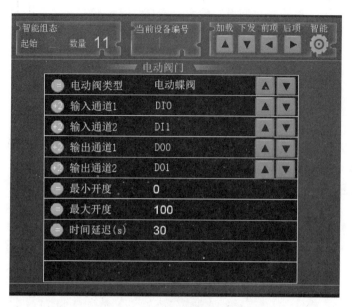

图 5-17　电动阀自组态画面

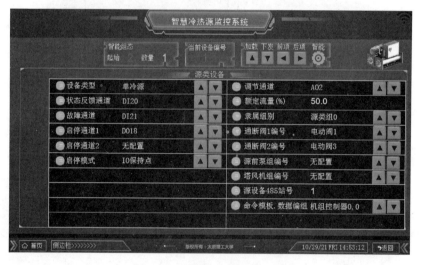

图 5-18　源类设备自组态画面

4. 自控系统的投运

复合系统 1 的最终组态如图 5-19 所示。

复合系统 2 的最终组态如图 5-20 所示。

冷热源系统一共有 6 个子系统，以子系统 2 即冷水子系统为例，其组态的结果如图 5-21、图 5-22 所示。

组态完成后，可以先进行系统脱机调试，没有问题后就可以将控制系统投运了，其操作画面如图 5-23 所示。

在操作台画面中，设定好复合系统的一些辅助选项，如制热/制冷、常规/定时、本地/远程、减机至 0 台/1 台等就可以一键启停系统了。系统采用周期任务循环模式，由系统

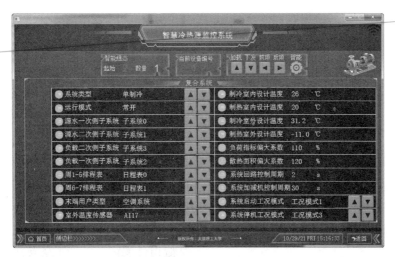

图 5-19　复合系统 1 自组态画面

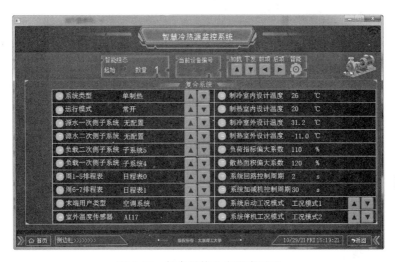

图 5-20　复合系统 2 自组态画面

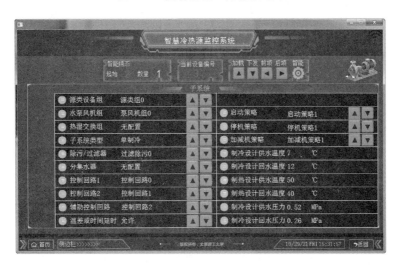

图 5-21　复合系统 1 的子系统 2 自组态画面

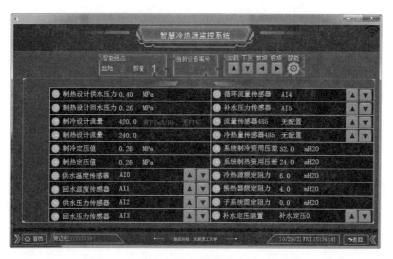

图 5-22　复合系统 2 的子系统 2 自组态画面

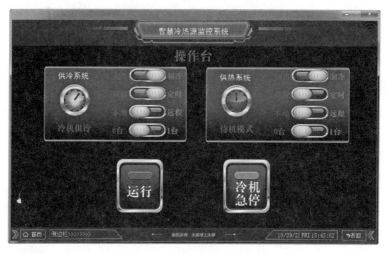

图 5-23　控制系统操作台画面

状态判断程序系统的运行状态是待机、启动、运行还是停机，然后执行相应的控制策略，运行状态下进行回路调节和加减机决策。由这个自组态过程可以看出，对于一个标准化的控制柜，核心部件是写有标准化程序的控制器，通过触摸屏作为人机界面一步步组态可快速构建个性化的控制系统，整个过程可以"在系统""零代码"完成，不需要提前编制任何程序，调试过程中也可随时修改组态数据，是对整个系统的自我组态。这种方法大大提高了控制系统实施效率，也可以不断地修改、完善，实现持续改进，是一种值得借鉴的方法。

5.9　本章小结

本章对基于"1-4-2-3-8-N"体系实现控制系统构建的自组态技术进行了说明，将"1"

个复合系统甄别其所包括的"4"个子系统，对于以能量交换过程为目标的每一个子系统，其自由度为"2"，需要构建 2 个控制回路，每个控制回路需要确定"3"个要素，即控制变量、操作变量和控制算法，基于自由度理论，暖通空调系统可以选择"8"种控制变量中的任意 1 个作为控制回路的控制变量，操作变量则选择调节阀、变频器等执行器控制的过程变量，对于滞后较小的过程控制，一般采用 PI 或 PID 调节算法，对于滞后较大的温度类控制可采用模糊控制算法，最后基于专业知识构建相应的"N"个策略如启停策略、加减机策略、排程策略、曲线设定策略等，这就完成了暖通空调控制系统的构建。

自组态技术是实现这一方法的技术路径，基于建立的设备、系统、策略类封装模型，针对控制器编制通用的标准化控制程序，通过人机界面进行参数组态设定，控制器即可投入运行。通过一个冷热源系统自组态的过程示例，可以掌握这一技术实现的原理、方法，并应用于过程设计、实施的实践中，提高效率并保证实施效果，尤其对于大型、复杂的暖通空调系统，这一方法将更加凸显优势。

第6章　暖通空调系统关键技术

6.1　换热器特性研究

6.1.1　换热器概述

从前述可以知道换热器是暖通空调系统中使用最多的设备，除狭义上常规意义的换热器外，末端设备的风机盘管、新风机组，冷热源类的燃气锅炉、制冷机等，其核心组件都可以看作是广义上的换热器。了解换热器的动态特性即热量—流量特性对于控制系统进行能量调节具有极其重要的意义。

换热器的种类多种多样，按热媒的不同可以分为水—水换热器、汽—水换热器、水—空气换热器等；若按照其结构特点可分为螺旋板式换热器、管壳式换热器、板式换热器等；根据热媒流动方向可分为顺流式换热器、逆流式换热器或交叉流换热器。每一类换热器都有其特殊的换热机理，也有不同的研究方法，一般而言，常用的研究方法主要有模型解析和实验研究。

6.1.2　换热器特性研究

经典的换热器特性理论研究方法是基于流量热当量的有效系数法，设计工况下，换热器两侧热媒的进出口温度是已知的，可以按照以下公式计算换热器的换热量：

$$Q = KF\Delta t = KF \frac{\Delta t_d - \Delta t_x}{\ln(\Delta t_d / \Delta t_x)} \tag{6-1}$$

式中，Q——换热器换热量，kW；

$\quad$ K——换热器的传热系数，$kW/(m^2 \cdot ℃)$；

$\quad$ F——换热器换热面积，m^2。

换热器非设计工况下两侧热媒的出口温度是未知的，所以无法计算其换热量，索柯洛夫提出基于流量热当量的有效系数法，该理论计算方法的核心一是提出换热器有效系数的概念，二是将对数温差线性化。

1. 有效系数

利用换热器的有效系数概念，换热器换热量：

$$Q = \varepsilon_x W_x \Delta t_{zd} = \varepsilon_d W_d \Delta t_{zd} \tag{6-2}$$

式中，ε_x，ε_d——换热器小流量侧和大流量侧的有效系数；

　　　　W_x，W_d——换热器小流量侧和大流量侧的流量热当量，$kW/℃$；

　　　　Δt_{zd}——换热器中加热流体与被加热流体之间的最大温差，℃。

对于流量热当量小流量侧，有：

$$W_x = C_x G_x \tag{6-3}$$

对于大流量侧，有：

$$W_d = C_d G_d \tag{6-4}$$

式中，C_x，C_d——换热器小流量侧和大流量侧热媒的比热，$kJ/(kg \cdot ℃)$；

　　　　G_x，G_d——换热器小流量侧和大流量侧热媒的流量，kg/s。

对于逆流式换热器，假设一次侧为小流量侧，则有：

$$\varepsilon_x = (t_{1g} - t_{1h})/(t_{1g} - t_{2h}) \tag{6-5}$$

对于大流量侧，有：

$$\varepsilon_d = (t_{2g} - t_{2h})/(t_{1g} - t_{2h}) \tag{6-6}$$

式中，t_{1g}，t_{1h}——换热器加热侧（一次侧）热媒进出口温度，℃；

　　　　t_{2g}，t_{2h}——换热器被加热侧（二次侧）热媒进出口温度，℃。

所以理论上只需要计算出任意工况下的有效系数，就可以计算出该工况下的实际换热量。换热器有效系数的物理意义是单位流量热当量下，换热器两侧热媒之间最大温差为1℃时的换热量；也表示加热流体的温降或被加热流体的温升与换热器两侧最大温差的比值。

2. 对数温差的线性化

对于改变工况的换热器，用以下线性化的温差来代替对数温差：

$$\Delta t = \Delta t_{zd} - a\delta t_x - b\delta t_d \tag{6-7}$$

式中，δt_x，δt_d——换热器的温升或温降中的较小值、较大值，℃；

　　　　a，b——换热器与流动情况有关的常系数。

通常情况下，系数 $b = 0.65$，是一个常数与流动情况无关，而系数 a 的取值如下：

逆向流动：$a = 0.35$；

交错流动：$a = 0.425 \sim 0.55$；

顺向流动：$a = 0.65$。

3. 工况系数

将线性化的温差代入热量基本计算公式，有：

$$KF(\Delta t_{zd} - a\delta t_x - b\delta t_d) = \varepsilon_x W_x \Delta t_{zd}$$

所以：

$$\varepsilon_x = \frac{KF(\Delta t_{zd} - a\delta t_x - b\delta t_d)}{W_x \Delta t_{zd}}$$

根据热平衡：

$$Q = \delta t_x W_d = \delta t_d W_x$$

有：

$$\delta t_x = \frac{\varepsilon_x W_x \Delta t_{zd}}{W_d}, \quad \delta t_d = \frac{\varepsilon_x W_x \Delta t_{zd}}{W_x}$$

将 δt_x、δt_d 代入，有：

$$\varepsilon_x = \frac{KF\left(\Delta t_{zd} - a\,\dfrac{\varepsilon_x W_x \Delta t_{zd}}{W_d} - b\,\dfrac{\varepsilon_x W_x \Delta t_{zd}}{W_x}\right)}{W_x \Delta t_{zd}}$$

求得：

$$\varepsilon_x = \frac{1}{\dfrac{W_x}{KF} + a\,\dfrac{W_x}{W_d} + b}$$

令：

$$\omega = \frac{KF}{W_x}$$

ω 称为换热器的工况系数，这是一个无量纲数，所以：

$$\varepsilon_x = \frac{1}{\dfrac{1}{\omega} + a\,\dfrac{W_x}{W_d} + b} \qquad (6\text{-}8)$$

为研究变化的工况，将设计工况作为基本工况，其相应参数用带角码"'"的符号表示，则任意工况下的工况系数：

$$\omega = \omega' \overline{W}_1^{m_1} \overline{W}_2^{m_2} / \overline{W}_x \qquad (6\text{-}9)$$

式中，ω，ω'——换热器任意工况和设计工况下的工况系数；

$\overline{W}_1, \overline{W}_2, \overline{W}_x$——分别是换热器一次侧、二次侧和二者中较小值在任意工况和设计工况下的流量热当量的比值；

m_1, m_2——与换热器热媒类型、结构及热媒流动方式有关的指数。

所以任意工况下，只要求得某工况下的工况系数和有效系数，就可以计算出该工况下的换热量。下面分别对暖通空调系统中最常用的水—水换热器与水—空气换热器的特性进行分析研究。

6.1.3　逆流式水—水换热器特性

对于逆流式水—水换热器，其工况系数表达式中的指数一般为 $m_1 = 0.33 \sim 0.5$，$m_2 = 0.33 \sim 0.5$，如果取 $m_1 = m_2 = 0.5$，则：

$$\omega = \omega' \sqrt{\frac{W_1}{W_1'} \times \frac{W_2}{W_2'}} \times \frac{W_x'}{W_x}$$

将

$$\omega' = \frac{K'F}{W_x'}$$

代入上式，则：

$$\omega = \frac{K'F}{\sqrt{W_1'W_2'}} \times \sqrt{\frac{W_1 W_2}{W_x W_x}} = \frac{K'F}{\sqrt{W_1'W_2'}} \times \sqrt{\frac{W_d}{W_x}}$$

令：

$$\varphi = \frac{K'F}{\sqrt{W_1' W_2'}}$$

式中，K'——设计工况下换热器传热系数，kJ/(m² · ℃)；

F——换热器传热面积，m²；

W_1'——设计工况下换热器一次侧的流量热当量，kJ/(h · ℃)；

W_2'——设计工况下换热器二次侧的流量热当量，kJ/(h · ℃)。

可以知道，φ 是一个常数，所以：

$$\omega = \varphi \sqrt{W_d / W_x} \tag{6-10}$$

该水—水换热器在任意工况下，其小流量侧有效系数：

$$\varepsilon_x = \frac{1}{0.35 \dfrac{W_x}{W_d} + 0.65 + \dfrac{1}{\varphi} \sqrt{\dfrac{W_x}{W_d}}} \tag{6-11}$$

则该工况下的换热量：

$$Q = \varepsilon_x W_x \Delta t_{zd} = \frac{W_x \Delta t_{zd}}{0.35 \dfrac{W_x}{W_d} + 0.65 + \dfrac{1}{\varphi} \sqrt{\dfrac{W_x}{W_d}}} \tag{6-12}$$

这就是逆流式水—水换热器任意工况下的换热量，用其与设计工况下换热量的比值来描述换热器的动态特性：

$$\overline{Q} = \frac{Q}{Q'} = \frac{W_x \Delta t_{zd}}{W_x' \Delta t_{zd}'} \times \frac{0.35 \dfrac{W_x}{W_d} + 0.65 + \dfrac{1}{\varphi} \sqrt{\dfrac{W_x}{W_d}}}{0.35 \dfrac{W_x'}{W_d'} + 0.65 + \dfrac{1}{\varphi} \sqrt{\dfrac{W_x'}{W_d'}}} \tag{6-13}$$

对于常数 φ，在设计工况下：

$$\varphi = \frac{K'F}{\sqrt{W_1' W_2'}} = \frac{Q'/\Delta t_p'}{\sqrt{\dfrac{Q'}{\Delta t_1'} \times \dfrac{Q'}{\Delta t_2'}}} = \frac{\sqrt{\Delta t_1' \cdot \Delta t_2'}}{\Delta t_p'} \tag{6-14}$$

式中，$\Delta t_1'$——换热器一次侧热媒进出口温差，℃；

$\Delta t_2'$——换热器二次侧热媒进出口温差，℃；

$\Delta t_p'$——换热器一、二次侧传热对数平均温差，℃。

当需要调节换热器的换热量时，通常可以通过改变加热侧流体的温度和（或）流量来实现，下面以示例进行分析研究。

示例 1：供热系统中热力站水—水换热器，设计工况下，一次侧热媒进出口温度为 110℃/70℃，二次侧热媒进出口温度为 60℃/50℃，负荷变化时，保持一、二次侧流量不变，通过调节一次侧供水温度来调节其换热量。

解：根据

$$\overline{Q} = \frac{Q}{Q'} = \frac{\varepsilon_x W_x \Delta t_{zd}}{\varepsilon_x' W_x' \Delta t_{zd}'}$$

因为调节过程中一、二次侧流量保持恒定，则 $W_x = W_x'$，$W_d = W_d'$，则 $\varepsilon_x = \varepsilon_x'$，所以：

$$\overline{Q} = \frac{Q}{Q'} = \frac{\Delta t_{zd}}{\Delta t'_{zd}} = \frac{t_{1g} - t_{2h}}{110 - 50} = \frac{t_{1g} - t_{2h}}{60}$$

从上式可以看出，保持流量不变的情况下，换热量比值 $\overline{Q}$ 与 Δt_{zd} 成比例关系，在二次侧进口温度（回水温度）保持定值的情况下，$\overline{Q}$ 与一次侧出口温度（供水温度）t_{1g} 成比例关系，供水每改变 1℃，供热量改变额定供热量的 1/60。这实际是"质调节"的基本原理。

示例 2：工程条件同示例 1，二次侧流量保持不变，负荷变化时，保持一次侧供水温度，通过调节一次侧流量来调节其换热量。

解：一次侧（小流量侧）供水温度保持不变，所以针对二次侧回水温度为某一定值的情况下，则有 $\Delta t_{zd} = \Delta t'_{zd}$；

二次侧流量不变，则 $W_d = W'_d$，根据热平衡：

$$W'_d(60 - 50) = W'_x(110 - 70)$$

所以：

$$W_d = W'_d = 4W'_x$$

对于水—水换热器，流量热当量在任意工况下与基本工况下的比值即为流量比，所以：

$$\overline{G} = \frac{W_x}{W'_x}$$

根据条件，一、二次的供回水温差及传热的对数平均温差为：

$$\Delta t'_1 = 110 - 70 = 40$$

$$\Delta t'_2 = 60 - 50 = 10$$

$$\Delta t'_p = \frac{(110 - 50) - (70 - 60)}{\ln \dfrac{110 - 50}{70 - 60}} = 27.9$$

可计算得到 $\varphi = 0.717$。

将设定条件代入热量比的计算公式，有：

$$\overline{Q} = \frac{W_x}{W'_x} \times \frac{0.35\dfrac{W_x}{4W'_x} + 0.65 + \dfrac{1}{\varphi}\sqrt{\dfrac{W_x}{4W'_x}}}{0.35\dfrac{W'_x}{4W'_x} + 0.65 + \dfrac{1}{\varphi}\sqrt{\dfrac{W'_x}{4W'_x}}}$$

化简后，有：

$$\frac{Q}{Q'} = \overline{G} \times \frac{0.0875\overline{G} + 0.65 + 0.6974\sqrt{\overline{G}}}{0.0875 + 0.65 + 0.6974}$$

即：

$$\overline{Q} = \frac{Q}{Q'} = 0.061\overline{G}^2 + 0.453\overline{G} + 0.486\overline{G}^{3/2}$$

上式即为二次侧回水温度一定的情况下，调节一次侧流量所导致的供热量的变化，其计算值如表 6-1 所示。

换热器相对流量与相对供热量关系　　　　　　　　　　　　表 6-1

$\overline{G}$	0.00	0.10	0.20	0.30	0.40	0.50	0.60	0.70	0.80	0.90	1.00
$\overline{Q}$	0.00	0.06	0.14	0.22	0.31	0.41	0.52	0.63	0.75	0.87	1.00

这是一个最高指数为 2 且具有分数指数的方程，但从计算结果看，$\overline{Q}$ 与 $\overline{G}$ 基本上为线性关系，下面通过多种工况的示例再进行对比。

示例 3：额定工况下设计条件如表 6-2 所示，二次侧流量保持不变，负荷变化时，保持一次侧供水温度，通过调节一次侧流量来调节其换热量，比较二次侧不同供回水温度下相应换热器的特性。

额定工况不同设计条件　　　　　　　　　　　　表 6-2

	t_{1g}(℃)	t_{1h}(℃)	t_{2g}(℃)	t_{2h}(℃)	$\Delta t'_{p}$(℃)	φ
条件 1	110	70	60	20	36.41	1.10
条件 2	110	70	60	30	33.66	1.03
条件 3	110	70	60	40	30.83	0.92
条件 4	110	70	60	50	27.91	0.72

四种条件下，针对不同的流量比所对应的热量比计算结果如表 6-3 所示。

额定工况不同设计条件供热量　　　　　　　　　　　　表 6-3

$\overline{G}$	0.00	0.10	0.20	0.30	0.40	0.50	0.60	0.70	0.80	0.90	1.00
$\overline{Q_1}$	0.00	0.07	0.15	0.23	0.33	0.43	0.53	0.64	0.76	0.88	1.00
$\overline{Q_2}$	0.00	0.07	0.14	0.23	0.32	0.42	0.53	0.64	0.76	0.88	1.00
$\overline{Q_3}$	0.00	0.06	0.14	0.23	0.32	0.42	0.53	0.64	0.75	0.87	1.00
$\overline{Q_4}$	0.00	0.06	0.14	0.22	0.31	0.41	0.52	0.63	0.75	0.87	1.00

以设计条件 1 为例，对应的曲线及线性趋势如图 6-1 所示。

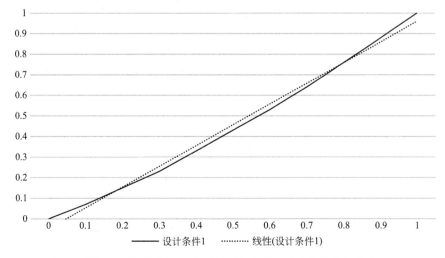

图 6-1　设计条件 1 对应的流量-热量特性曲线及趋势图

从表中数据或者曲线图可以看出，对于水—水换热器，在不同的4种条件下热量比相对于流量比的变化规律几乎相同，4条曲线接近重合，且热量比与流量比接近于线性关系（如图中虚线表示的线性趋势），与二次侧供回水温差的具体数值关系不是太大，这是"量调节"的基本原理。

6.1.4 空气—水换热器特性

对于有一侧热媒发生相变的换热器，如汽—水换热器、汽—空气换热器、冷剂—水换热器、冷剂—空气换热器等，该热媒在换热过程中，可以认为温度恒定不变，即该侧的 $W_d = \infty$，此时换热器的有效系数：

$$\varepsilon = \frac{1}{b + 1/\omega} \tag{6-15}$$

对于空气—水换热器，例如供热系统中常用的散热器，虽然没有热媒发生相变，但将散热器置于大气中时，空气侧温度保持恒定，此时与热媒发生相变的换热器模型一致，实际应用中通常空气侧温度变化不大，也可以按此模型进行近似计算，下面就以供热系统的散热器为例分析研究该类散热器的特性。

对于供热系统散热器进行传热计算时，一般采用算数平均温差，所以 $b = 0.5$，其任意工况下的有效系数：

$$\varepsilon_n = \frac{1}{0.5 + 1/\omega_n} \tag{6-16}$$

对于蒸汽类的汽—水换热器或汽—空气换热器，当空气侧为紊流时，其工况系数表达式中的指数一般为 $m_1 = 0$、$m_2 = 0.33$，对用水加热或冷却空气的换热器，当空气侧为紊流时，取 $m_1 = 0.12 \sim 0.20$、$m_2 = 0.33 \sim 0.50$。

对于柱形散热器，根据实验研究，其任意工况下的工况系数：

$$\omega_n = \omega_n' \times (\overline{Q}_n)^{B/(1+B)} / \overline{W}_s \tag{6-17}$$

式中，ω_n，ω_n'——任意工况下与设计工况下空气侧的工况系数；

$\overline{Q}_n$——任意工况下耗热量与设计工况下耗热量比值，Q_n/Q_n'；

$\overline{W}_s$——热水侧任意工况流量热当量与设计工况流量热当量比值，W_s/W_s'；

B——散热器指数，一般取值范围为 $0.17 \sim 0.37$，对柱形散热器取 0.35。

将工况系数代入换热量计算公式：

$$Q = \varepsilon_n W_s \Delta t_{zd} = \varepsilon_n W_s (t_g - t_n)$$

所以，任意工况与设计工况下换热量的比值：

$$\overline{Q}_n = \frac{\varepsilon_n}{\varepsilon_n'} \overline{G} = \frac{0.5 + 1/\omega_n'}{0.5 + 1/\omega_n} \overline{G}$$

可得：

$$\overline{Q}_n = \frac{(0.5\omega_n' + 1) \times \overline{G} \times (\overline{Q}_n)^{B/(1+B)}}{0.5\omega_n' (\overline{Q}_n)^{B/(1+B)} + \overline{G}} \tag{6-18}$$

对于供热系统设计工况取供暖计算外温下的运行工况作为基本工况，则有：

$$\omega'_n = \frac{K'F}{W'_s} = \frac{t'_g - t'_h}{t'_p - t'_n} \tag{6-19}$$

示例 1：某供热系统室内温度设计值为 $t'_n = 18℃$，设计供回水温度为：$t'_g = 75℃$，$t'_h = 50℃$，分析该散热器动态特性。

解：散热器表面平均温度 $t'_p = 62.5℃$，对于供热系统设计工况下的工况系数：

$$\omega'_n = \frac{75 - 50}{62.5 - 18} = 0.562$$

取散热器的传热指数 $B = 0.35$，代入前述热量比公式：

$$\overline{Q}_n \left[0.5\omega'_n (\overline{Q}_n)^{B/(1+B)} + \overline{G} \right] = (0.5\omega'_n + 1) \times \overline{G} \times (\overline{Q}_n)^{B/(1+B)}$$

经过整理，有：

$$0.281(\overline{Q}_n)^{1.259} + \overline{Q}_n \overline{G} = 1.281 \times \overline{G} \times (\overline{Q}_n)^{0.259}$$

上式为一个超越方程，可以利用 Excel 试算或编程方法求解，得到该散热器热量比与流量比的关系见表 6-4。

散热器不同流量下的供热量　　　　　　　　　　　　表 6-4

流量比	0.00	0.10	0.20	0.30	0.40	0.50	0.60	0.70	0.80	0.90	1.00
热量比	0.00	0.31	0.49	0.62	0.71	0.79	0.85	0.90	0.94	0.97	1.00

示例 2：与上例一样，按照下述 4 种条件改变热水侧的设计参数，不同条件下供回水温差不同：

条件 1：$t'_g = 75℃$，$t'_h = 65℃$，工况系数 $\omega'_n = 0.143$；

条件 2：$t'_g = 75℃$，$t'_h = 55℃$，工况系数 $\omega'_n = 0.308$；

条件 3：$t'_g = 75℃$，$t'_h = 45℃$，工况系数 $\omega'_n = 0.5$；

条件 4：$t'_g = 75℃$，$t'_h = 35℃$，工况系数 $\omega'_n = 0.727$。

分析不同工况下散热器的特性。

解：首先计算不同条件下在其基本工况下的工况系数 ω'_n，分别为 0.143、0.308、0.50 和 0.727，按照示例 1 的方法分别计算不同工况下流量比对应的热量比，具体结果如表 6-5 和图 6-2 所示。

散热器不同温差的供热量　　　　　　　　　　　　表 6-5

流量比	0.00	0.10	0.20	0.30	0.40	0.50	0.60	0.70	0.80	0.90	1.00
热量比 1	0.00	0.57	0.75	0.83	0.88	0.92	0.94	0.96	0.98	0.99	1.00
热量比 2	0.00	0.41	0.60	0.72	0.80	0.86	0.90	0.93	0.96	0.98	1.00
热量比 3	0.00	0.33	0.51	0.64	0.73	0.80	0.86	0.90	0.94	0.97	1.00
热量比 4	0.00	0.27	0.45	0.58	0.68	0.76	0.82	0.88	0.92	0.96	1.00

从上图可以看到，由上至下的 4 条曲线分别对应 4 种条件下的 $\overline{Q}_n - \overline{G}$ 曲线，其供回水设计温差分别是 10℃、20℃、30℃、40℃，与前面的水—水换热器特性不同，热量比与流量比之间不再是线性关系，温差越小，其非线性关系越明显，对于每一种工况，随着流量的增加，散热量的增加值逐渐减小。

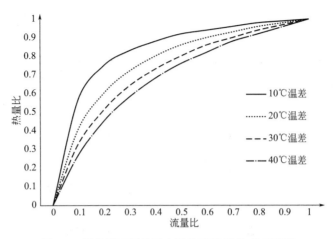

图 6-2　散热器不同供回水温差下的流量-热量特性

6.2　系统水力平衡技术

6.2.1　平衡的重要性

对于暖通空调系统而言，无论是风系统还是水系统，通过风管或是水管将各种设备连通为一个整体，风机或水泵为介质在系统中的流动提供动力。在设计工况下，系统中各分支管道、各设备通过的流量均与设计流量一致，称之为静态水力平衡，若各分支管道、各设备通过的流量由于剩余压头（资用压差大于分支阻力）影响与设计流量不一致，称之为静态水力失调，这是系统本身的特性造成的；在运行工况下，通过控制调节水力平衡装置，任意时刻无论系统工况如何变化，系统中各分支管道、各设备通过的流量均与实际需求流量一致，称之为动态水力平衡，若各分支管道、各设备通过的流量由于控制调节等原因导致与实际需求流量不一致，则称之为动态水力失调，这是由系统工况变动造成的。

对于保障建筑空间温度的空调系统或供热系统，由于水力失调导致的房间温度不能满足需求，则该现象称为系统的热力失调。虽然水力失调是热力失调的根本原因，但要明确的是：要达到水力平衡的各分支管道、各设备的流量满足实际需要，必须结合换热设备的动态特性确定，此即热力平衡与水力平衡的耦合性；另外对于一个系统，换热器类的源设备与用户设备二者在流量和换热量方面均具有特定关系，但各自有不同的静态特性和动态特性，此即源设备与用户设备热力平衡的耦合性。

良好的系统，首先应确保静态水力平衡，在设计工况下整个输配系统合理高效。其次应通过控制调节的手段保障动态水力平衡，在确保满足用户目标需求的情况下能源消耗最低，做到按需供冷供热。在确保平衡的过程中，源设备与目标设备的平衡控制、调节是同等重要的，缺一不可。最后，对于系统中的动力设备水泵、风机，根据需求调节其运行数量、转速以配合系统需求则是水力调节的核心和关键。水力平衡、热力平衡过程是复杂的系统工程，需要掌握管网特性、调节阀、换热器的静态及动态特性以及水泵和变频器特性。

6.2.2 静态平衡阀与动态平衡阀

1. 静态平衡阀

为解决静态水力失调，需要在各分支管道处设置静态调节装置，其根本目标是消除剩余压头，即保证并联分支管道的阻力数相等。这个过程也称为初调节，最常使用的装置是静态平衡阀。静态平衡阀一般设置有压差测量孔，为水力平衡调试带来了便利。原则上具有调节特性的阀门都可以作为静态平衡阀，实际工程应用中，其最重要的特性是流量-压差特性，所以具有明确、稳定的流量-压差特性的调节阀都可以作为静态平衡阀使用。

以流量-压差特性近似为线性关系的静态平衡阀为例进行分析，某型号静态平衡阀流量-压差特性曲线如图 6-3 所示。

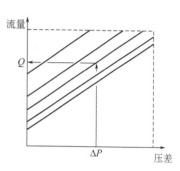

其特性关系式：

$$Q = k'\Delta P \qquad (6-20)$$

或：

$$\Delta P = kQ \qquad (6-21)$$

上式中的 k 是上图各条直线的斜率，每一个斜率对应一个开端，称为平衡阀比例系数。

图 6-3 静态平衡阀流量-压差特性

以图 6-4 为例分析工程应用中如何确定平衡阀的比例系数。图中系统末端有 3 个用户，为简化分析，假设其分支管道及设备的总阻力数均为 S，设计流量均为 Q_L，此处的分支管道及设备的总阻力数，是指各分支支管、管道附件及设备的总阻力数，不包括干管和平衡阀的阻力数，即分别对应下图中管段 AD、BE、CF。

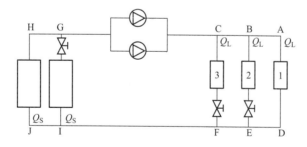

图 6-4 静态平衡阀选型示意图

在并联分支节点 B、E 之间，由于管道长度布置差异，在设计工况下给定设计流量的分支管段 BE 的压差大于分支管段 BADE 的压差，即分支管段 BE 具有剩余压头：

$$\Delta P = \Delta P_{AB} + \Delta P_{DE} = (S_{AB} + S_{DE}) Q_L^2$$
$$= \frac{S_{AB} + S_{DE}}{S} \Delta P_0 = \varepsilon \Delta P_0 \qquad (6-22)$$

解决分支 1、2 的水力平衡是在分支 2 上设置静态平衡阀 V_B，在设计状态下，作用于平衡阀的压差：

$$\Delta P_V = \varepsilon \Delta P_0 = kQ_L$$

所以：
$$k = \varepsilon S Q_{\mathrm{L}}$$

这就是静态平衡阀选型时的阀门比例系数。

对于分支 1，其总阻力：
$$\Delta P_1 = \varepsilon S Q_1^2 + S Q_1^2 = (1 + \varepsilon) S Q_1^2$$

对于分支 2，其总阻力：
$$\Delta P_2 = k Q_2 + S Q_2^2 = \varepsilon S Q_{\mathrm{L}} Q_2 + S Q_2^2$$

管网任意状态下都有 $\Delta P_1 = \Delta P_2$，当管网系统运行于设计状态时，分支 1 和分支 2 的流量均为设计流量，即两个分支水力平衡。下面分析运行流量偏离设计值的情况：

当分支 2 流量：
$$Q_2 = m Q_{\mathrm{L}}$$

上式中 m 为流量比，则：
$$\Delta P_2 = k Q_2 + S Q_2^2 = \varepsilon S Q_{\mathrm{L}} \times (m Q_{\mathrm{L}}) + S Q_{\mathrm{L}}^2 = (1 + m\varepsilon) S Q_{\mathrm{L}}^2$$
$$\Delta P_1 = (1 + \varepsilon) S Q_1^2 = (1 + m\varepsilon) S Q_{\mathrm{L}}^2$$

$$Q_1 = \sqrt{\frac{1 + m\varepsilon}{1 + \varepsilon}} \times Q_{\mathrm{L}}$$

$$\frac{Q_1}{Q_2} = \frac{1}{m} \sqrt{\frac{1 + m\varepsilon}{1 + \varepsilon}}$$

假设 $\varepsilon = 0.1$，随着分支 2 流量逐渐减小，分支 1 与分支 2 的流量比见表 6-6：

$\varepsilon = 0.1$ 时分支 1 与分支 2 的流量比　　　　　　　　表 6-6

m	100	90	80	70	60	50	40
$Q_2/Q_{\mathrm{L}}(\%)$	100	90	80	70	60	50	40
$Q_1/Q_{\mathrm{L}}(\%)$	100	99.1	98.2	97.3	96.4	95.5	94.5
$Q_1/Q_2(\%)$	100	110.6	123.9	140.9	163.6	195.4	243.1

假设 $\varepsilon = 0.2$，随着分支 2 流量逐渐减小，分支 1 与分支 2 的流量比见表 6-7：

$\varepsilon = 0.2$ 时分支 1 与分支 2 的流量比　　　　　　　　表 6-7

m	100	90	80	70	60	50	40
$Q_2/Q_{\mathrm{L}}(\%)$	100	90	80	70	60	50	40
$Q_1/Q_{\mathrm{L}}(\%)$	100	98.3	96.7	95.0	93.3	91.7	90.0
$Q_1/Q_2(\%)$	100	110.2	122.9	139.2	161.0	191.5	237.2

假设 $\varepsilon = 0.5$，随着分支 2 流量逐渐减小，分支 1 与分支 2 的流量比见表 6-8：

$\varepsilon = 0.5$ 时分支 1 与分支 2 的流量比　　　　　　　　表 6-8

m	100	90	80	70	60	50	40
$Q_2/Q_{\mathrm{L}}(\%)$	100	90	80	70	60	50	40
$Q_1/Q_{\mathrm{L}}(\%)$	100	96.7	93.3	90.0	86.7	83.3	80.0
$Q_1/Q_2(\%)$	100	109.2	120.8	135.5	155.2	182.6	223.6

假设 $\varepsilon = 1.0$，随着分支 2 流量逐渐减小，分支 1 与分支 2 的流量比见表 6-9：

$\varepsilon = 1.0$ 时分支 1 与分支 2 的流量比　　　　　　　　表 6-9

m	100	90	80	70	60	50	40
Q_2/Q_L(%)	100	90	80	70	60	50	40
Q_1/Q_L(%)	100	95.0	90.0	85.0	80.0	75.0	70.0
Q_1/Q_2(%)	100	108.3	118.6	131.7	149.1	173.2	209.2

静态平衡阀使用手动调节阀时，相当于阻力数可以改变的局部构件，其流量-压差特性与管道特性一样为平方关系：

$$\Delta P = SQ^2$$

与前述线性关系的平衡阀不一样，当改变流量时，各并联分支管道的流量将等比例变化，此处不再详细讨论。

从上述分析可以得出结论：

（1）具有明确流量-压差特性的阀门均可作为静态水力平衡阀，装设于各分支，满足设计工况下的水力平衡，工程实际应用时，根据计算的剩余压差和流量确定其开度；

（2）不同流量-压差特性的静态平衡阀在工况变化时，各分支流量的变化规律是不同的；

（3）对于线性特性的平衡阀，当流量改变时，与设计流量偏差越大（即 m 值越小）则并联管道间的不平衡率越大，所以此种方式的静态平衡仅适用于定流量系统（除非重新设定其开度）；

（4）对于阻力平方特性的平衡阀，当流量改变时，由于各并联分支管道阻力数相等，随着系统总流量变化，各并联分支管道流量将等比例变化，所以此种方式的静态平衡还适用于流量同步按比例变化的变流量系统。

2. 动态平衡阀

系统运行情况下，由于工况变化导致的水力失调，称为动态水力失调，解决动态水力失调的常规方式是设置动态平衡阀。根据动作调节机构可以将动态平衡阀分为自力式平衡阀和电动式平衡阀；根据作用原理及控制目标的不同，动态平衡阀又可细分为自力式流量平衡阀、自力式压差平衡阀及动态平衡电动开关阀、动态平衡电动调节阀。

自力式流量平衡阀能够随着系统工况变动，通过自力式机构自动变化阀体结构本身的阻力数，从而保证在一定的压差范围内流量保持为设定值；自力式压差平衡阀则是通过自力式机构的调整，保证在两个压力测点之间的压差恒定。

电动式动态平衡阀其阀体结构本身阻力数的改变是由电动执行机构（电磁式或电机式）驱动的，动态平衡电动开关阀实际上是电动开关阀与动态流量平衡阀的组合，动态平衡电动调节阀实际上是电动调节阀与动态压差平衡阀的组合。

分析一下流量平衡阀与压差平衡阀工程具体应用的一些差别，如图 6-5 所示。当某一负载分支仅设置有自力式平衡阀 V_1 时，如果类型为流量平衡阀，工况变化导致阀门机构调节，改变的是阀体前后压力 P_1 和 P_2 的差值，如果设置为压差平衡阀，改变的则是分支节点压力 P_1 和 P_3 的差值，若分支内无任何改变，那么两种情况下三个节点 P_1、P_2

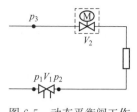

图 6-5 动态平衡阀工作
原理示意图

和 P_3 的压力值没有任何区别，也就是说二者是一样的；但是当负载分支还设置有流量调节阀 V_2 时，则压差平衡阀能为流量调节阀提供一个稳定的压差值，能够吸收工况改变带来的压力变化，而如果是流量平衡阀，由于自力式流量阀设置的值是固定的，流量调节阀将起不到流量调节作用，若要自动调节流量则必须去掉自力式流量平衡阀。至于为何设置自力式压差平衡阀，是因为流量调节阀的流量特性是和特定的压差范围相联系的，并且和阀权度密切相关，当条件满足时则可以去掉自力式压差平衡阀。

自力式平衡阀与电动式平衡阀工程具体应用也有差别，通常情况下，若系统没设置自控，解决动态水力失调使用自力式平衡阀；当系统设置自控时，通过电动式平衡阀来解决动态水力失调问题。

6.2.3　平衡阀工程应用要点

对于暖通空调系统在满足水力平衡的前提下还要进行流量、冷热量自动调节，使用的阀门种类多样，为满足使用要求，应该综合考虑确定合适的阀门类型及数量，图 6-6 是针对暖通空调系统不同应用场景的阀门选型示意图。

从上图可以看出，常规通过手动控制的暖通空调系统，若系统运行为定工况模式，即系统运行于设计工况，分支流量任意时刻均为其设计流量，也就是说系统只存在静态水力失调，此时可在分支管道处设置任意压差-流量特性的静态平衡阀。若系统运行为变工况定流量模式，主要是设备或分支通断造成的工况改变，但投运的设备或分支需要保持流量不变，即宏观上整个系统是变流量系统，但设备或管道分支仍近似定流量，系统同时存在静态水力失调和动态水力失调，解决的一种方法是在分支管道处设置阻力平方特性的静态平衡阀，并联分支管道是等比失调，可以实现有限的动态平衡；第二种方法是设置自力式流量平衡阀或自力式压差平衡阀，工况改变时通过自力式平衡阀的动作能确保分支流量恒定或压差恒定；第三种方法是设置自力式流量平衡阀加自力式压差平衡阀，对于要求比较高的系统，自力式流量平衡阀需要工作在一定的压差范围内并且满足一定的阀权度才能确保流量恒定，此时可以通过二者配合解决，但通常不建议采用此种方案，一是增加系统造价，二是增加系统动力消耗，通常的暖通空调系统并不需要很高的控制精度，确实需要时，应通过仔细计算选型确定。

对于通过自控手段控制的暖通空调系统，通过设置各种类型的电动阀同时解决静态和动态的水力失调。对于变工况定流量系统采用通断控制的电动开关阀，如电动二通阀、电动三通阀以及动态平衡电动开关阀，这里把设置电动二通阀和电动三通阀的系统均归类为变工况"定流量"系统类型，是为了与真正的主动调节的变流量系统区分，设置电动三通阀的系统能够实现系统流量和分支流量的相对恒定，实际上根据流体力学原理可知，系统总流量和分支流量在电动三通阀状态改变时都会有所变化的，只是变化幅度小而已。对于设置电动二通阀的系统，可以认为开启电动阀时，其流量接近恒定值，无论是电动二通阀还是电动三通阀，在运行的任意时刻可以认为总是存在动态水力失调，但通过阀门动作，从较长的时间尺度看其平均流量是满足需求值的，所以这种水力平衡可称为有限的水力平衡。

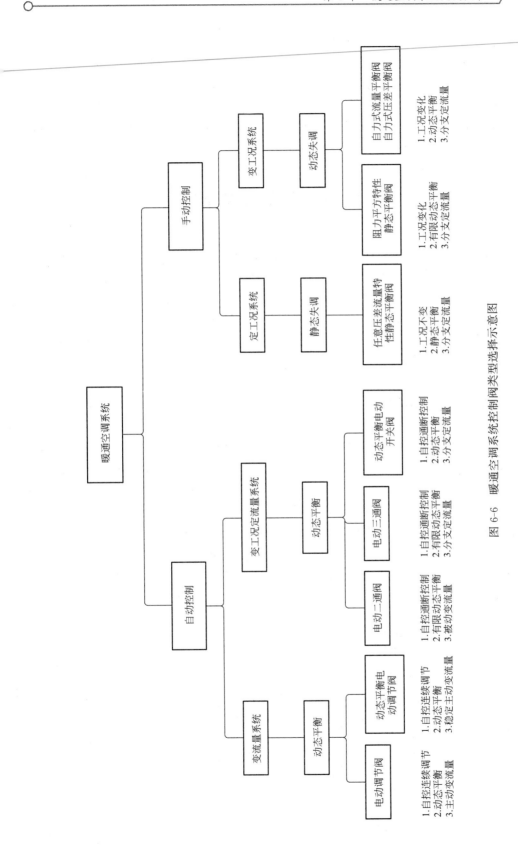

图 6-6　暖通空调系统控制阀类型选择示意图

对于动态平衡电动开关阀的系统能够实现真正的动态平衡，即各分支的流量在阀门开启时都是设定的流量值，但同样的原因当使用数量较多时应该考虑经济性问题。对于真正意义上的变流量系统，通过设置电动调节阀解决水力失调，当电动调节阀其阀权度合适且系统工况变化时，作用于调节阀的压差处在其合理工作范围内仅需设置电动调节阀，如果不满足调节阀使用条件，则可以使用动态平衡电动调节阀或者动态压差平衡阀与电动调节阀的组合，在系统中使用组合阀的前提是应仔细计算、充分论证。

6.3　调节阀的应用

无论是暖通空调的风系统还是水系统，随着负荷变化，通常流量也跟着改变，改变流量的方法有两种，一种是改变管路的阻力数，如改变开关阀门的通断状态，改变调节阀的开度，或改变设备、管道附件的结构，改变系统的流程等，都会导致管路系统总阻力数的变化，从而改变系统的流量；另一种方法则是利用变频器改变风机、水泵等动力设备的供电频率以改变电机转速，从而改变系统流量。这种流量可以调节的系统称之为变流量系统，其中最重要的调节流量的装置是调节阀和变频器。

6.3.1　调节阀概述

调节阀按照执行机构的驱动动力来源可以分为手动调节阀、自力式调节阀、气动调节阀、电动调节阀和液动调节阀；若按照阀体流量特性可以分为快开调节阀、线性调节阀、等百分比调节阀及抛物线型调节阀；按照阀体结构差别，包括有单座调节阀、双座调节阀、角式调节阀、蝶形调节阀、套筒调节阀、球形调节阀等。

暖通空调常用的是直通调节阀，直通调节阀分为单座调节阀和双座调节阀，单座调节阀如图 6-7 所示，只有一个阀座，所以其结构简单、工作可靠、造价低，且关闭状态下阀门泄漏量小，但在关闭状态下作用在阀座两侧的压差导致阀座的不平衡力大，执行机构所需要的驱动力要求更大，实际选型时要注意其开关阀压差。

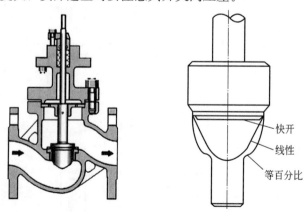

图 6-7　直通单座调节阀结构示意图

双座调节阀如图 6-8 所示，调节阀有两个阀座，能抵消执行机构上下表面的不平衡力，适用于工作压差较大的场合，但关闭状态下由于热胀冷缩导致阀门泄漏，且造价较高。

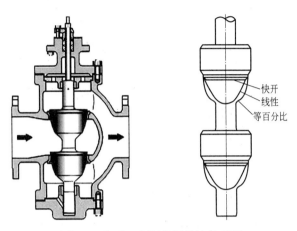

图 6-8　直通双座调节阀结构示意图

6.3.2　调节阀的流量特性

工程应用流量调节阀选型时最重要的是确定其流量特性，对于调节阀，阀芯的断面形状决定了阀门的流量特性，如图 6-9 所示。

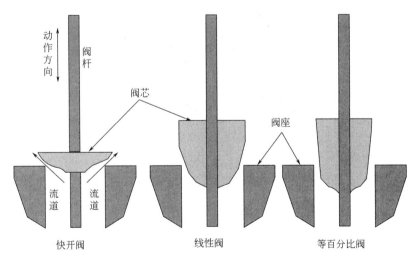

图 6-9　直通调节阀阀芯形状与流量特性

近几年，可调节球阀以其优秀的性价比大量地应用于工程实践，其调节原理同样是阀芯断面形状的设计，图 6-10 是断面为 V 形的球形调节阀结构原理示意图。

调节阀的流量特性取决于调节阀固有的流量特性，即保持流体温度和阀体两侧压差不变的情况下，阀门的流通能力与阀芯位置（或开度）之间的函数关系。调节阀流量特性一般包

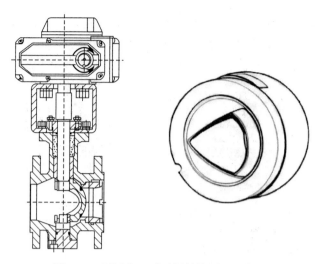

图 6-10　可调节 V 形球阀结构原理示意图

括线性、等百分比、快开、抛物线等几种特性，其对应的流量—开度曲线如图 6-11 所示。

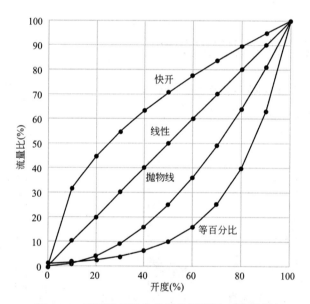

图 6-11　不同流量特性的调节阀流量-开度曲线

1. 线性流量特性

对于线性流量特性，流量与阀门开度为线性关系，其数学函数：

$$Q = K'Y \tag{6-23}$$

以相对全开时的流量比表示，则：

$$\overline{Q} = \frac{Q}{Q_{max}} = K' \frac{Y}{100} = KY \tag{6-24}$$

式中，Y——阀门开度％，取值 0～100；

Q——阀门开度 Y 对应的流量；

Q_{max}——阀门全开时的流量；

$\overline{Q}$——相对流量，阀门开度 Y 时对应的流量与阀门全开时流量的比值%；

K，K'——与阀门特性相关的常数。

很明显，无论调节阀当前开度多大，改变同样的开度所导致的流量变化是一样的。

2. 快开流量特性

调节阀的快开流量特性，流量与阀门开度的平方根为线性关系，具有该特性的调节阀在开度较小时，开度的微小改变会导致较大的流量变化，而随着调节阀开度越来越大时，同样的开度变化导致的流量变化越来越小，其数学函数：

$$\overline{Q} = KY^{1/2} \tag{6-25}$$

3. 等百分比流量特性

调节阀的等百分比流量特性是指在同样的开度变化，其相对于当前流量变化比例相同，也就是调节阀开度变化相同时，其流量变化比例不变，其数学函数：

$$\frac{\mathrm{d}Q}{Q} = K\,\mathrm{d}Y$$

即：

$$Q = e^{KY} \tag{6-26}$$

所以等百分比流量特性有时也称为对数特性或指数特性。

4. 抛物线流量特性

如果调节阀的流量变化与开度变化的平方成正比，这种流量特性称为抛物线特性，其数学函数：

$$Q = KY^2 \tag{6-27}$$

上述各种调节阀的流量特性指的是调节阀在确保作用压差一定的情况下固有的流量特性，也称之为调节阀的理想流量特性，而随着作用压差的改变，调节阀的实际流量特性将会偏离其理想流量特性，其实际工作时的流量特性就称为工作流量特性。当调节阀工作压差减小时，意味着调节阀全开时的流通能力也降低，等百分比特性有向抛物线特性、比例特性变化的趋势，而线性特性则有向快开特性变化的趋势。以线性特性的调节阀为例，假设其全开时的流量为 100，阀门开度以 0～100 表示，则常数 $K'=1$，额定工况下的工作压差为 0.1MPa，则：

$$Q_0 = Y$$

式中，Q_0——工作压差为 0.1MPa 时，阀门开度 Y 对应的流量。

根据流体力学，对于紊流状态下有：

$$\Delta P_0 = SQ_0^2$$

改变调节阀的作用压差为 ΔP，其流量变化以 Q 表示，则：

$$\Delta P = SQ^2$$

所以，同样开度下，变化后的流量：

$$Q = \sqrt{\frac{\Delta P}{\Delta P_0}} Q_0 = KQ_0$$

举例说明，当实际工作状态下压差分别为 0.4MPa 和 0.025MPa 时，即压差分别增大至 4 倍或减小至 1/4 时，流量计算数据如表 6-10 所示。

不同压差下调节阀实际流量对比（单位:%）　　　　　　　　　表 6-10

开度	10	20	30	40	50	60	70	80	90	100
流量比 1	10	20	30	40	50	60	70	80	90	100
流量比 2	5	10	15	20	25	30	35	40	45	50
流量比 3	20	40	60	80	100	120	140	160	180	200

其对应的流量特性曲线如图 6-12 所示。

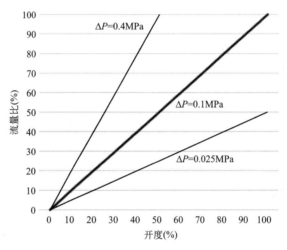

图 6-12　不同压差下线性调节阀流量变化

同样的方法，可以得出等百分比流量特性随着作用压差的变化趋势，如图 6-13 所示。

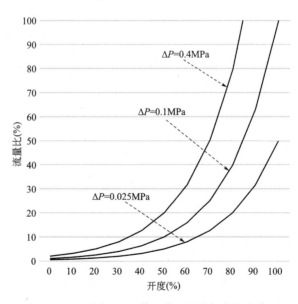

图 6-13　不同压差下等百分比调节阀流量变化

可以看出，调节阀改变作用压差时，其实际工作流量特性会偏离其理想流量特性，压差改变越大，其偏离理想流量特性越多，实际情况要远比这种情况复杂，一个原因是作用压差变化不是固定的，随着管路系统的调节、变动而不断变化，可能增大也可能减小；另一个原因则是随着调节阀流量的变化，其流动状态也会从层流状态向过渡状态、紊流状态变化，压差与流量的函数关系也会相应改变。

6.3.3　调节阀选择计算

1. 调节阀的相关参数

（1）流通能力：调节阀选型的关键参数之一，其定义为：当调节阀全开时，阀两端压差为 0.1MPa，流体密度为 $1g/cm^3$ 时，每小时流经调节阀的流量，也称流量系数，以 Cv 表示，单位为 t/h。

（2）阀权度：调节阀全开时，调节阀阀门的压力损失占该调节支路（包括阀门本身）总压力损失的百分比，通常用符号 S 表示，为无量纲数。

（3）可调比：也称调节阀的可调范围，就是调节阀所能控制的最大流量与最小流量之比，通常用符号 R 表示，为无量纲数。

2. 暖通空调系统调节阀应用场景

在暖通空调水系统中，用到调节阀的主要场景有两类：第一类应用场景是针对负载设备容量调节，在负载设备管道支路串联设置调节阀，目标是确保该支管在水力工况变化时的流量能满足负荷变化的需求；第二类应用场景是系统分支或负载设备并联设置调节阀，目标是在水力工况变化时确保调节阀两侧压差，即确保并联管路的流量满足最小流量的需求。

（1）串联调节阀阀权度的确定

以图 6-14 为例，调节阀串联设置在负载设备如换热器、表冷器等的支路，用以调节负载设备换热量。

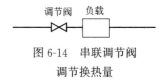

图 6-14　串联调节阀调节换热量

假设该分支设计工况下流量为 Q_0，作用于该支管的资用压差为 ΔP_0，且假设不同工况下资用压差保持不变，其中，作用于负载设备的压差为 ΔP_{L0}，作用于调节阀的压差为 ΔP_{V0}，则有下列关系：

$$\Delta P_0 = \Delta P_{V0} + \Delta P_{L0}$$

设定某工况下需求流量为 Q_X，其流量比 $\overline{Q}$：

$$\overline{Q} = \frac{Q_X}{Q_0}$$

该工况下，作用于负载设备的压差为 ΔP_L，作用于调节阀的压差为 ΔP_V，则：

$$\Delta P_0 = \Delta P_V + \Delta P_L$$

随着负载设备需求流量减小，调节阀开度减小，作用于调节阀的工作压力将逐渐增大，此时阀门实际通过的流量 Q_Y 要大于需求流量 Q_X。当将调节阀开度设置于调节阀理想流量特性下流量 Q_X 所对应的开度时，有：

$$\Delta P_V = \frac{\Delta P_{V0}}{Q_X^2} Q_Y^2$$

因为支管总的资用压差保持不变：

$$\Delta P_0 = \frac{\Delta P_{V0}}{Q_X^2} \times Q_Y^2 + \Delta P_{L0}\left(\frac{Q_Y}{Q_0}\right)^2$$

将 $Q_0 = Q_X / \overline{Q}$、$\Delta P_{L0} = \Delta P_0 - \Delta P_{V0}$ 代入上式，有：

$$\Delta P_0 = \frac{\Delta P_{V0}}{Q_X^2} \times Q_Y^2 + (\Delta P_0 - \Delta P_{V0})\left(\overline{Q} \times \frac{Q_Y}{Q_X}\right)^2$$

令实际通过的流量 Q_Y 和需求流量 Q_X 的比值为 m，即：

$$m = \frac{Q_Y}{Q_X}$$

且阀权度：

$$S = \frac{\Delta P_{V0}}{\Delta P_0}$$

代入上式，整理得：

$$m = \frac{1}{\sqrt{S + \overline{Q}^2 - S\overline{Q}^2}} \tag{6-28}$$

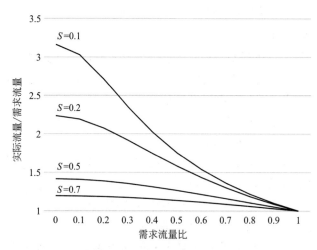

图 6-15 不同阀权度下实际流量与需求流量关系曲线

从上述的表达式和图 6-15 很容易看出，即使能够保障支路压差不变，调节阀两侧的实际压差也会随着负荷流量的变化而变化，流量越小时，特性畸变造成的流量偏差越大；同样的流量下，调节阀的阀权度越大，流量特性的畸变越小，从公式可以看出阀权度的取值范围是(0.0，1.0)，当阀权度无限接近 1.0 时，则任意开度下 $m = 1.0$，调节阀的工作流量特性就是其理想流量特性，但此时阻力将过大，不具有实际使用意义，通常暖通空调水系统使用调节阀进行冷热量调节时，可取阀权度的值为 0.3～0.7。

（2）并联调节阀压差设定值及测压点的确定

并联调节阀的典型应用通常针对如图 6-16 所示的冷冻水系统，当负载侧设置电动二通阀或电动调节阀调节负荷时，末端水系统为变流量系统，为确保冷水机组的最小流量满足设备本身的安全需求（通常应大于其额定流量的 40%），通常在分集水器之间（或供回水干管）设置旁通调节阀，下面进行具体分析。

假设按照常规方法，压差测量点选择如图所示的 A、B 两点，根据流体力学，对于整个管路系统：

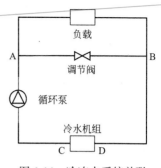

$$AQ^2 + BQ + C = \Delta P_{AB} + S_{CH}Q^2$$

式中，A、B、C——水泵扬程流量特性曲线的常系数；

$\quad\quad Q$——管路系统的总流量，m^3/h；

$\quad\quad \Delta P_{AB}$——管路 A、B 两点之间的压差，kPa；

$\quad\quad S_{CH}$——管路 A、B 两点之间冷水机组侧管路系统的阻力数。

图 6-16　冷冻水系统并联
调节阀示意图

对于负载侧对应的管路系统，有：

$$\Delta P_{AB} = S_L Q_L^2$$

式中，S_L——负载侧对应管路系统的阻力数；

$\quad\quad Q_L$——负载侧对应管路系统的流量，m^3/h。

设冷水机组需求的最小流量为 Q_{MIN}，当旁通调节阀全关，其所在支路的流量为零，此时负载侧流量 $Q_L = Q$，有：

$$(A - S_L - S_{CH})Q^2 + BQ + C = 0$$

$$(A - S_{CH})Q^2 + BQ + C - \Delta P_{AB} = 0$$

那么 A、B 两点对应的压差设定值为：

$$\Delta P_{AB} = (A - S_{CH})Q_{MIN}^2 + BQ_{MIN} + C$$

可求解得到此时对应的允许最小流量 Q_{MIN}：

$$Q_{MIN} = \frac{-B + \sqrt{B^2 - 4(A - S_{CH})(C - \Delta P_{AB})}}{2(A - S_{CH})}$$

负荷侧的流量继续降低，即 $Q_L < Q_{MIN}$ 时，旁通调节阀开始开启并逐渐增加开度，因为压差 ΔP_{AB}、阻力数 S_{CH} 保持不变，系统总流量也将保持不变：

$$Q = Q_{MIN}$$

而旁通调节阀实际流量为：

$$Q_V = Q - Q_L = Q_{MIN} - \sqrt{\frac{\Delta P_{AB}}{S_L}}$$

可以看出，随着负载侧流量逐渐减小，也即负载侧管道阻力数 S_L 逐渐加大，旁通调节阀实际流量逐渐增加，当负载侧全关时，负载阻力数 $S_L \to \infty$，此时 $Q_V = Q_{MIN}$。

冷水机组的台数多于一台时，且容量不一致的情况，应该分别计算不同机组开启时满足最低流量需求时的压差设定值，根据实际开启的冷水机组实时修改其压差设定值，若按容量最大的机组设定一固定压差值，应校核开启容量较小的冷水机组时通过的流量不超过其最大允许流量。

对于循环泵配置变频器的情况，计算方法完全一样，只是水泵扬程流量特性曲线的常系数应对应运行频率重新计算。

至于测压点，如图设置于 A、B 两点的情况，针对冷水机组侧没有发生阻力数 S_{CH} 改变的情况下是没有问题的，若管路部分阻力数改变，则可以将测压点设置于 C、D 两点。

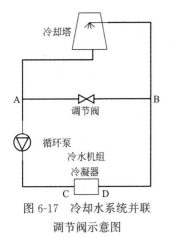

图 6-17　冷却水系统并联
调节阀示意图

从计算过程可以看到，流量调节过程中通过阀门自身调节能够保持阀两侧压差恒定，即阀权度为 1，无需计算确定。

并联调节阀的另一个典型应用是针对如图 6-17 所示的冷却水系统，当在过渡季节或冬季需要开启冷水机组时，由于室外空气焓值较低，在先开启冷却水泵的情况下，由于冷水机组尚未开启还没有产生冷凝热，经过冷却塔的热湿交换导致冷却水供水温度较低而无法开启冷水机组，此时可在冷却水供回水干管之间设置旁通电动调节阀，根据允许的最低冷却水供水温度调节旁通阀开度，下面进行具体分析。

首先分析 B、A 两点的压差变化，对于常用的开式冷却塔：

$$\Delta P_{BA} = S_{BO}Q_1^2 - S_{AO}Q_1^2 + \Delta H$$

式中，S_{BO}——冷却水回水管 B 点至喷嘴出口的管路系统阻力数；

$\quad\ S_{AO}$——冷却塔积水盘液面至冷却水供水管 A 点的管路系统阻力数；

$\quad\ Q_1$——通过冷却塔的冷却水流量，m^3/h；

$\quad\ \Delta H$——冷却塔回水管出水高度与积水盘液面高差造成的位置水头差，kPa。

$$AQ^2 + BQ + C = \Delta P_{BA} + S_{CH}Q^2$$

$$AQ^2 + BQ + C = (S_{BO} - S_{AO})Q_1^2 + \Delta H + S_{CH}Q^2$$

设通过冷却塔的流量与总流量的比例：

$$m = Q_1/Q$$

则：

$$[A - m^2(S_{BO} - S_{AO}) - S_{CH}]Q^2 + BQ + C - \Delta H = 0$$

令：

$$C_1 = A - S_{CH}$$
$$C_2 = S_{BO} - S_{AO}$$
$$C_3 = C - \Delta H$$

式中，C_1，C_2，C_3——计算常数；

可得：

$$Q = \frac{-B + \sqrt{B^2 - 4(C_1 - C_2 m^2)C_3}}{2(C_1 - C_2 m^2)}$$

根据热量平衡，则有：

$$Q \times t_h = Q_1 \times t_1 + Q_2 \times t_2$$

$$t_h = t_1 + \frac{Q_2}{Q} \times (t_2 - t_1)$$

式中，t_h——冷却水混合后的温度，即冷却水供水温度，℃；

$\quad\ t_1$——冷却塔出水温度，℃；

$\quad\ t_2$——冷却塔进水温度，℃。

3. 调节阀的选型计算

针对调节阀应用场景的不同，调节阀的选型及相关计算包括调节阀流量特性的选择、调节阀工作压差的确定、最小流量和最大流量的确定以及调节阀公称通径的计算。

（1）调节阀流量特性的确定

暖通空调的负载设备通常为换热器或等效换热器，当对其容量进行调节时，通常将调节阀安装于负载设备一次侧管道，通过调节流量达到调节换热量的目标，为保障调节效果，应根据调节阀—换热器的综合流量特性确定调节阀本身的流量特性，其目标就是保障控制回路调节通道的比例系数接近常数。

由前述可知，对于水—水换热器的流量特性，当二次侧流量保持恒定时，通过改变一次侧流量从而改变其换热量，此种情况下其热量—流量特性接近线性，所以理论上调节阀的理想流量特性选择线性特性即可。从前面分析可以看到，随着负荷变小，调节阀的实际工作压差逐渐变大，其实际工作特性向快开特性变化，所以可选择调节阀的理想流量特性为抛物线特性或等百分比特性，那么其实际工作特性更接近于线性，则调节阀加换热器的综合流量特性接近线性，能达到较好的控制效果。

对于空气—水换热器如空调机组的表冷器、加热器、风机盘管、散热器等，其热量—流量特性曲线有随着供回水温差减小有越来越明显上凸的趋势，所以调节阀的流量特性对于小温差系统如空调系统应首选等百分比特性，对于大温差系统可首选抛物线特性，以确保实际工作流量特性的下凹特性，从而使得调节阀加换热器的综合流量特性接近线性特性。

对于并联使用的调节阀，暖通空调系统常用的是冷冻水系统的压差旁通调节阀和冷却水系统的温度旁通调节阀。对于压差旁通调节阀，开启调节阀旁通流量后本身的工作压差保持恒定，不存在流量特性的畸变，因为控制目标是流量，所以首选流量特性为线性；对于冷却水系统的温度旁通调节阀，开启调节阀后实际作用于调节阀两侧的压差随着开度增加而减小，所以首选流量特性应是等百分比流量特性。

（2）计算最大流量 Q_{max} 和最小流量 Q_{min} 的确定

对于负载设备，根据系统设计参数及产品技术资料，很容易确定其额定流量 Q_0，通常其流量调节范围为 $10\%\sim110\%$，结合调节阀实际工作流量特性，可以按照下式取最小流量和最大流量：

$$Q_{max}=1.1Q_0，\ Q_{min}=0.05Q_0$$

此时调节阀可调比：

$$R=Q_{max}/Q_{min}=22$$

一般调节阀的推荐可调比应大于 30，当然可以继续降低最小流量，但从工程实际应用角度，流量范围对应的负荷调节范围大致为 $10\%\sim110\%$，已经能够满足常规应用了，只是调节阀的调节行程会变小。

（3）调节阀前后工作压差的确定

根据阀权度的物理意义，该值越大越好，但是阀权度越大导致系统阻力也越大。暖通空调系统调节阀推荐的阀权度为 $0.3\sim0.7$，但对于多个负载选择时，应根据水力计算确定，如图 6-18 所示。

如上图所示，应根据每个负载资用压差的大小确定调节阀不同的工作压差，对于最不利环路的负载而言，若也有通过调节流量来满足负荷变化的需求时，该支路也应设置调节阀，但其阀权度应尽可能小，有时为降低系统阻力，甚至可以使阀权度突破 0.3 的限制，

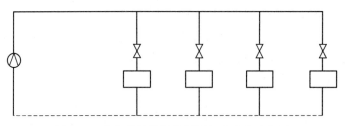

图 6-18　多负载情况调节阀阀权度确定示意图

对于近端负载因为富余压差大，则可以选择较大的阀权度，即使大于 0.7 也没问题，所以对于一个水系统的不同负载选择调节阀应仔细计算，根据实际需求确定合理的阀权度，进而确定调节阀工作压差，不能以同样规则选型。

（4）计算流量系数 C_V

根据介质类型、工作压差，结合厂商提供的技术资料，如计算公式或图表，计算调节阀最大流量 Q_{max} 和最小流量 Q_{min} 对应的 C_{max} 和 C_{min}。

（5）调节阀口径选择

根据 C_{max} 在厂商所提供的产品系列中确定调节阀口径，并使所选调节阀的 C_V 与其 C_{max} 最接近。

（6）调节阀校核

开度校核：一般要求最大计算流量调节阀开度不大于 90%，最小计算流量调节阀开度不小于 10%。调节阀实际可调比的校核：一般要求实际可调比不小于 10。

6.4　冷热源调节技术

暖通空调冷热源设备种类较多，其组合形式多种多样，随着加工制造技术、控制技术的发展，当前绝大多数的冷热源设备本身通过其控制系统和容量调节机构一般都具有较好的调节负载的能力。

6.4.1　单台冷热源设备的调节

暖通空调系统常用的冷源设备其核心部件是压缩机，根据容量大小一般可以分为使用涡旋压缩机的小型制冷机组，使用螺杆压缩机的中、小型螺杆制冷机组，使用离心压缩机的大型制冷机组以及吸收式制冷机组。

（1）小型涡旋式制冷机：调节容量的方法一种是变频控制转速，另一种是采用数码涡旋压缩机，利用动静涡盘的接触和脱离改变做功状态，实现任意比例的容量输出。

（2）中、小型的螺杆制冷机组：一般通过变频技术或滑阀调节实现螺杆制冷机的容量调节，变频控制是通过改变压缩机转速、调节滑阀是改变其排气量从而达到调节制冷机容量输出的要求。有些螺杆机还有多机头组合形式，增加了负荷调节的灵活性。

（3）大型离心式制冷机组：一般通过变频技术或入口导向阀调节实现离心式制冷机组的容量调节。变频控制是通过改变压缩机转速从而改变压缩比实现容量调节，而调节入口导向阀则是通过改变制冷工质流量来调节制冷机容量输出。有些螺杆机还有多机头组合形式，增加了负荷调节的灵活性。

（4）吸收式制冷机组：吸收式制冷机组一般采用溴化锂溶液，吸收式溴化锂机组利用蒸汽、烟气或其他余热等进行驱动，容量调节通常是通过调节热源的参数改变高压发生器的温度实现的，对于直燃型的溴化锂机组则是通过燃烧器的调节实现容量调节。

（5）燃气锅炉：燃气锅炉一般可以通过燃气量、送风量调节实现对燃烧风气比的调节，以改变燃烧状态实现对供热量的调节。

（6）空气源热泵机组：对于小型空气源热泵机组一般采用涡旋压缩机，通常不具备容量调节功能，可以通过启停或启停比控制其容量输出。

（7）热泵机组螺杆式、离心式：中、大型的热泵机组一般采用螺杆或离心式热泵机组，其调节容量的方式和前述单制冷机组的原理一样。

6.4.2　冷热源设备效率评价关键性能指标

1. 冷源设备效率评价指标

冷源设备主要是制冷机组，评价其性能的常用指标包括名义工况性能系数 COP、综合部分负荷性能系数 IPLV 以及综合制冷性能系数 SCOP。

COP（Coefficient of Performance）名义工况性能系数，是在规定工况下，机组以同一单位表示的制冷（热）量除以总输入电功率得出的比值。从 COP 的定义可以看出，这仅仅是一个对机组性能定性的指标参数，单独的 COP 数值越大代表该机组在规定的工况下同品牌、同系列产品中性能越好。

IPLV（Integrated Part Load Value）综合部分负荷性能系数，基于机组部分负荷时的性能系数值，按机组在各种负荷条件下的累积负荷百分比进行加权计算获得的表示空气调节用冷水机组部分负荷效率的单一数值，应按下式计算：

$$IPLV = 1.2\% \times A + 32.8\% \times B + 39.7\% \times C + 26.3\% \times D \qquad (6\text{-}29)$$

式中，A ——100%负荷时的性能系数，W/W，冷却水进水温度 30℃/冷凝器进气干球温度 35℃；

　　　B ——75%负荷时的性能系数，W/W，冷却水进水温度 26℃/冷凝器进气干球温度 31.5℃；

　　　C ——50%负荷时的性能系数，W/W，冷却水进水温度 23℃/冷凝器进气干球温度 28℃；

　　　D ——25%负荷时的性能系数，W/W，冷却水进水温度 19℃/冷凝器进气干球温度 24.5℃。

从实际应用角度看，与 COP 相比，IPLV 数值更能代表机组在实际使用中的性能，但仍不足以描述其在具体工程中的实际性能表现，主要有以下几方面的原因：

（1）不同的冷源工程其运行工况与 IPLV 的特定工况之间有差别；

（2）使用 IPLV 评价机组性能时，当地气象参数、建筑功能、作息时间及末端系统、设备的设计情况等条件各不相同，其全年制冷负荷变化规律也就大相径庭，与公式中使用的权重系数也就相差甚远；

（3）大多数建筑冷源系统的冷源设备数量不止一台，这就决定了建筑的负荷变化规律与冷源设备的负荷率变化是不一致的。

SCOP（System Coefficient of refrigeration Performance）电冷源综合制冷性能系数，设计工况下，电驱动的制冷系统的制冷量与制冷机、冷却水泵及冷却塔净输入能量之比，对多台冷水机组、冷却水泵和冷却塔组成的冷水系统，应将实际参与运行的所有设备的名义制冷量和耗电功率综合统计计算。该参数是对设计的冷源系统进行整体评价的性能参数，实际是对冷源系统设计合理性的一个约束条件，针对设计冷负荷机组、水泵、冷却塔等的容量、功率的整体配置进行了指标限定，代表了系统设计中设备配置的合理性，但与实际运行的能耗、效率等指标并无直接关系。

2. 热源设备效率评价指标

建筑热源系统的热泵机组其评价指标和制冷机组是类似的，而对于常用的燃气锅炉（包括真空机组）其效率评价指标比较简单，就是锅炉热效率，即锅炉利用的热量占燃料燃烧所能放出的全部热量的比例。热效率也是在特定的运行工况下的性能参数，不能代表实际运行中负荷变化下的真实效率。

6.4.3 冷热源设备运行调节的前提

在建筑冷热源系统中冷热源设备能耗占比最大，所以设计合理的冷热源设备包括其类型、数量等是基本条件，在保障建筑热湿环境要求的前提下，运行能耗最低就必须制定合理的运行调节策略，而全年负荷计算和能耗分析则是实现冷热源设备合理运行调节的前提。为分析方便，根据前述 IPLV 的定义修正为接近实际性能的综合部分负荷性能系数，称为实际综合部分负荷性能系数 AIPLV（Actual Integrated Part Load Value），可以用下式表示：

$$AIPLV = \sum_{i=1}^{10} COP_i \times r_i \tag{6-30}$$

式中，COP_i——部分负荷下机组的性能系数，W/W，i 代表设备的不同负荷率；

r_i——机组在部分负荷下运行时间的权重%。

同样根据前述 SCOP 的概念，重新拓展定义一个描述冷热源系统实际能耗的性能系数 SCAP（System Coefficient of Actual Performance），SCAP 是指全年运行实际工况下，冷热源系统的制冷量/制热量与冷热源设备、配套循环泵及辅助设备以同一单位表示的输入能量之比，可用以下公式表示：

$$SCAP = \frac{冷热源系统全年制冷量／制热量}{冷热源系统设备全年输入能量} \times 100\% \tag{6-31}$$

从上述定义可以看出，SCAP 与 SCOP 定义的最大区别就是将"设计工况"拓展到了全年运行工况，这更加接近系统实际的运行性能。该参数在设计阶段可以指导冷热源系统的设计，包括方案的经济技术比较和设备的选型指导，而在运行阶段则可以评价、检验冷热源系统的运行效果。

1. 建筑全年负荷计算

要计算冷热源系统全年制冷制热量就需要计算系统全年的冷热负荷，通常需要借助专业的能耗模拟计算软件。暖通专业常用的能耗模拟软件有 EnergyPlus、DeST、DOE-2、天正节能软件、EQUEST、TRNSYS、OpenStudio 等软件，其中天正节能软件和 DeST 软件是两款常用国产软件。天正节能软件是一款面向建筑节能设计、分析的专业软件。涵盖采暖地区（包括严寒和寒冷地区）、夏热冬冷、夏热冬暖等国内各类气候分区，既能进行建筑围护结构规定性指标的检查，又能进行全年 8760h 的动态能耗指标的计算，也能进行采暖地区耗煤量和耗电量计算，并与国家标准和地方标准进行一致性判定。清华大学建筑技术科学系环境与设备研究所开发的 DeST 是建筑环境及 HVAC 系统模拟的软件平台，该平台以十余年的科研成果为理论基础，将现代模拟技术和独特的模拟思想运用到建筑环境的模拟和 HVAC 系统的模拟中去，为建筑环境的相关研究和建筑环境的模拟预测、性能评估提供了方便实用可靠的软件工具，为 HVAC 系统的相关研究和系统的模拟预测、性能优化提供了一流的软件工具。

2. 冷热源系统全年能耗模拟

利用能耗模拟计算软件可以进行建筑全年 8760h 负荷计算，有些软件本身也提供了暖通空调系统的能耗模拟，但不同的系统其运行调节策略和软件本身设定的运行调节模式有所不同，计算结果不一定准确，建议针对具体工程设计的调节策略利用 Excel 工具进行能耗分析，更能接近项目实际情况，反应系统运行的真实能耗。以太原市某商业办公楼为例进行分析（与实际项目建筑功能、布局有所区别）。该建筑位于太原市，共六层，主要建筑功能为办公，建筑总面积为 26350m²，建筑总高度为 27.6m，作息时间按早 8：00 至晚 20：00 考虑。使用 DeST 软件对该建筑进行全年负荷计算，全年最大热负荷 1880.4kW，出现于 12 月 22 日早晨 8：00；最大冷负荷 1954.6kW，出现于 7 月 13 日下午 16：00。其全年冷热负荷趋势如图 6-19 所示。

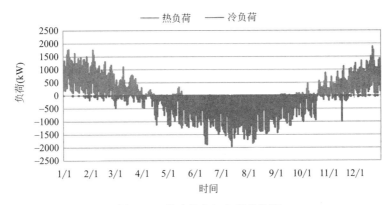

图 6-19　某建筑全年负荷趋势图

下面以制冷工况下负荷频次的统计为例进行分析，设该建筑制冷起止时间为 5 月 15 日至 9 月 15 日，共 124 天，每天供冷 14h，其负荷频次的统计如表 6-11 所示。

冷负荷频次统计表
表 6-11

系统负荷(%)	小时数	负荷时间权重(%)
<10	90	5.59
10~20	174	10.80
20~30	260	16.14
30~40	290	18.00
40~50	289	17.94
50~60	229	14.21
60~70	148	9.19
70~80	91	5.65
80~90	31	1.92
>90	9	0.56

3. 冷热源设备的全工况性能参数

若对冷热源设备进行良好的运行调节，需要掌握其全工况的性能参数，也就是不同负荷下的性能参数，这类参数应由产品生产商提供。虽然这些参数的测试是在特定工况下完成的，但在设计阶段可以满足设备选型、方案对比分析的需求，在后期运行阶段可以根据监控系统的监控数据进行校核、修正。

图 6-20 为某离心机组厂家提供的机组性能曲线图。

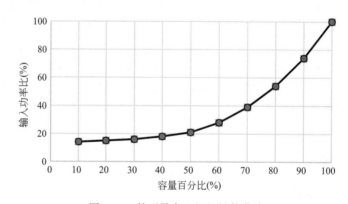

图 6-20 某型号离心机组性能曲线

根据机组的输入总功率以及制冷量可以转换为 COP—容量百分比性能曲线，如图 6-21 所示。

图 6-22 是某型号热源设备燃气真空机组的效率曲线。

6.4.4 冷源设备运行调节技术

1. 冷源设备数量选择

根据前述某离心机组的性能曲线可以明显看出，在不同的负荷率下制冷机组的 COP

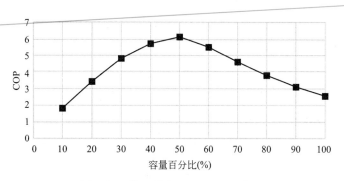

图 6-21　某型号离心机组 COP 曲线

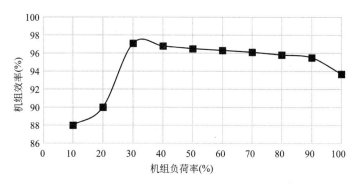

图 6-22　某型号燃气真空机组效率曲线

有着较大的差别，负荷率为 40%～60% 时是机组运行高效区，而在负荷较低或较高情况下其效率较低。首先分析一下机组数量与系统运行能效的关系，针对一个具体工程项目运行时，当只设计 1 台冷源设备时，只有一个特定的负荷区间（40%～60%）能够使冷源设备运行于高效工况，而当设计每增加 1 台机组，通过组合机组运行台数，就会增加一个高效运行区间，如表 6-12 所示。

不同冷源数量下的高效负荷区间　　　　　　　　　　　　　表 6-12

机组台数	高效负荷区间 1(%)	高效负荷区间 2(%)	高效负荷区间 3(%)	高效负荷区间 4(%)
1 台	40～60	—	—	—
2 台	40～60	20～30	—	—
3 台	40～60	26.6～40	13.3～20	—
4 台	40～60	30～45	20～30	10～15

从上表可以看出，当只选择 1 台冷源设备时，只有当系统负荷为 40%～60% 时，冷源设备工作于高效区；当选择 4 台冷源设备时，当系统负荷为 10%～60% 时，通过改变设备运行数量，都可以使冷源设备工作于高效区。但需要注意，并不是冷源设备数量越多越好，这会带来投资的增加，通常可以根据系统负荷频次统计数据决定选择的台数，结合并

联水泵工作特性，冷水机组台数可选择 2～4 台，这是基于运行高效的冷源设备数量确定方法，取决于系统负荷频次统计数据和单台设备的高效运行区间。

2. 冷源设备容量的配置

有些项目会根据计算负荷的变化规律及机组效率使用大小机配置的系统形式，有时候甚至仅仅是出于简单的设备"性价比"考虑，选择冷源设备的容量不一致。针对主流的"一机一塔一泵"的设计方法，设计的水泵、冷却塔等也出现了大小泵、大小塔并联的运行模式，这种设计有可能导致冷源设备间的水力失调、小泵单独运行时的过载以及维护较复杂等问题而得不偿失，鉴于当前主流的冷源设备相对以前其调节能力得到了很大程度的提高，加之以台数调节，均能很好的满足负荷调节需求，建议冷源设备均选择容量一致的设备型号，不仅简化设计、安装，也简化了监控系统的调节。

3. 冷水系统单台冷源设备的运行调节

前面已讨论过各种冷源设备的调节方式，实际上冷水系统中的冷源设备运行时，其制冷量的变化与其流量也有着直接的关系，对于制冷工况时的蒸发器，其制冷量：

$$Q = Gc(t_s - t_h)$$

式中，Q ——蒸发器的制冷量，kW；

G ——蒸发器的质量流量，kg/s；

c ——水的比热，J/（kg·℃）；

t_s ——冷水供水温度，℃；

t_r ——冷水回水温度，℃。

任意时刻蒸发器的制冷量与蒸发器水流量及供回水温差有关，针对不同情况蒸发器具有不同的调节特性：

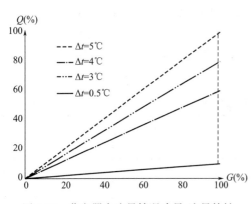

图 6-23　蒸发器定流量情况冷量-流量特性

（1）蒸发器侧定流量

对于蒸发器侧定流量的情况，蒸发器的制冷量与供回水温差成正比，如图 6-23 所示，图中有 4 条斜率不同的直线，当蒸发器制冷量达到 100% 时，其供回水温差达到设计值 5℃，随着负荷减小机组供水温度逐渐降低，此时机组根据供水温度偏差进行容量调节，始终保持供水温不变，则冷水回水温度降低，即在冷水流量保持不变的前提下，随着负荷减小，通过机组调节，冷水供水温度保持为设计值，而回水温度逐渐降低，也即冷水供回水温差减小。由图中可以看出，当系统负荷从 100% 降低至 10% 时，冷水供回水温度变化至 0.5℃。从自由度分析角度看，蒸发器所在的冷水系统其自由度为 2，而控制回路只有 1 个，即机组本身的供水温度控制回路，在这种控制模式下，控制系统不能控制系统的供冷量，冷水回水温度是由末端的热交换情况决定的，假设末端也没有合理的控制调节的手段，则回水温度会随着负荷的减小不断降低，室内温度也随之下降，供回水温差越小，代表冷负荷也越小，房间温度偏离设计值的情况也越严重。

（2）蒸发器侧变流量

对于蒸发器侧定流量的情况，为防止蒸发器侧变流量时其管束之间的严重水力失调可能导致管束结冰的风险，一般情况下机组厂家对变流量系统运行情况下要求蒸发器流量不能小于其额定流量的 40%。变流量情况下，蒸发器的供冷量与蒸发器流量及供回水温差都有关系，如图 6-24所示。

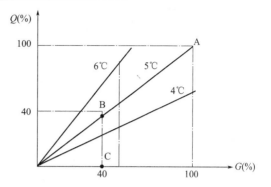

图 6-24　蒸发器变流量情况冷量-流量特性

针对上图的情况，冷水系统配置了 2个控制回路，一个是机组本身调节容量确保冷水供水温度的控制回路，另一个是循环泵变流量确保冷水回水温度的控制回路，这就满足自由度为 0 的条件，也即可以控制系统的供冷量。假设随着负荷变化优先保障供回水温差为设计温差，其调节过程状态变化如图中 A—B—C 所示，负荷从 100% 降至 50% 时，机组制冷量沿着 5℃ 的等温差线从 A 点变化至 B 点，若负荷降低至 40% 时，此时机组蒸发器流量已降至其额定流量的 40%，从机组安全角度出发流量已不能再降低了，此时机组制冷量沿着 40% 定流量线从 B 点变化至 C 点，和定流量系统一样，此时变流量控制回路已失去作用，其回水温度是由末端热交换的情况决定的，房间温度也将偏离设计值。从上图还可以看出，对于一个特定的冷负荷，通过供回水温差和循环流量的不同组合，可以有无数种方式实现，但冷水机组与末端设备同隶属于冷水系统，二者之间存在着耦合作用，需要综合考虑，这点将在后续章节中讨论。

4. 冷水系统多台冷源设备的运行调节

对于配置有多台冷源设备的冷水系统，按照专业规范的相关规定，冷水机组冷水分支管路应设置电动蝶阀，对于冷源设备相同的情况比较简单，开启不同台数的情况下，每台运行的冷水机组其流量基本是已知的，若针对每台机组的控制策略一致，则每台机组的制冷量保持一致；对于配置"大小机"的情况，若不同机组蒸发器侧的额定阻力相差较大，应设置静态水力平衡装置，才能确保变负荷、变台数的运行工况下流量能够等比例分配，在确定了各种工况下机组的流量分配情况后，其每台机组负荷调节规律和前述的单台机组调节规律保持一致。不同的是，对于一个确定的系统负荷，首先应确定启停台数策略，不同的运行台数组合可能都能满足制冷量的需求，但机组总的输入功率有较大的差别，在控制系统中应采用台数遍历的算法进行计算后确定，但最终确定的台数策略可能会出现运行负荷小而运行台数多的情况，此时还应综合考虑系统运行费用与设备投资回收、运行维护费用以及工况转换频率等因素，确保效益最大化。

示例：假设某工程配置有 4 台相同的冷水机组，其 COP 性能曲线如图 6-21 所示，当系统负荷为 25% 时，从运行费用角度考虑，用遍历法确定其最佳运行台数。

解：假设单台机组对应额定制冷量的输入功率为 N，列表遍历其不同运行台数时系统总的输入功率（表 6-13）：

冷源不同运行台数下输入功率   表 6-13

运行台数	单台机组 制冷量（%）	单台机组 COP	单台机组输 入功率（kW）	总输入 功率（kW）
1	100	1.83	N	N
2	50	6.12	$0.150N$	$0.300N$
3	33.3	5.12	$0.119N$	$0.357N$
4	25	4.13	$0.111N$	$0.444N$

从上表可以看出，当按照常规方式只开启 1 台时，其总输入功率为单台额定功率 N，而开启多台时，其总输入功率均低于运行 1 台时的功率，最佳运行工况是开启 2 台机组。需要注意的是，计算过程采用了厂家提供的技术参数，实际运行时运行工况可能不一致，但大体趋势是合理的，可以作为决策使用。按照此方法，对于整个制冷机运行情况，基于前述的逐时冷负荷频次统计结果均可以确定合理的台数运行策略，按照 10% 的负荷间隔进行确定，避免负荷变化导致频繁的工况转变，该值可以根据实际情况进行调整。

6.4.5 热源设备运行调节技术

1. 空气源热泵运行调节

当使用空气源热泵作为热源时，由于空气源热泵本身容量较小，一般项目配置数量较多，加之作为热源的空气品位较低，空气源热泵的热效率较水源热泵、土壤源热泵低。比较适合的应用场景是冬季气温较高的南方或北方地区仅需白天供热的商业建筑、负荷变化较大的宾馆类建筑，对于北方地区一般的居住建筑、24h 连续使用的商业建筑并不适合，主要原因是对于商业类建筑若使用集中供热，其热单价收费高，且以按面积收费方式为主，而配置灵活的空气源热泵可根据需求供热，大幅度降低运行费用，即建筑本身在室外温度较低的夜晚热负荷需求较小（避免空气源热泵长时间低效率运行）如商场类建筑夜晚供热量较小或酒店、宾馆类建筑入住率变化较大时，空气源热泵相对于其他供热形式才有可能具备一定的优势。同时建议北方地区使用空气源热泵时，末端系统尽可能设置地板辐射系统，且尽量减少敷设间距以降低系统供热的供水温度，若使用风机盘管类的送风式供热系统，为了避免吹冷风造成的不舒适感，必须保持一定的供水温度，结合末端的通断控制来保证热用户一段时间内的平均热量需求。但由于需求的给水温度较高导致空气源热泵的效率较低，而使用敷设间距较小的地板辐射系统既可以提高热泵的供水温度以提高热泵机组效率，也可以在温度较高的白天提高供热量而在温度较低的夜晚适当降低供热量，从而利用末端系统的热惰性来保证建筑本身的"平均温度"，实践证明这是北方地区降低空气源热泵能耗较好的策略。

综上所述，对于空气源热泵系统的能耗调节最基本的手段是设计合理的工艺系统，若系统设计不合理，仅靠自控手段进行调节其效果极其有限。针对空气源热泵的实际工程项目，其基本的调节策略应是"基于最大热效率的台数调节"，其控制原理的核心是根据一定的热负荷需求，首先尽可能降低供水温度；其次在室外温度较高的白天适当提高供热量，而在室外温度较低的夜间适当降低供热量；第三则是根据空气源热泵效率最高的工况点对应的负荷率确定其运行台数，即所有运行的热泵机组均工作于效率最高点。对于配置数量较多的系统，并不需要单台机组提供额外的先进的容量调节技术，使用台数调节已经足够满足系统调节的需求及品质。

2. 土壤源热泵、水源热泵运行调节

当使用土壤源热泵、水源热泵机组作为热源时，相对于空气源热泵其土壤或源水侧热源品位较高，机组本身的制热效率较高。与制冷工况不同，机组制热时其本身容量的调节以负荷侧（冷凝器侧）为主，通常以冷凝器出水温度为目标进行调节，而对于源水侧只监测其温度、流量等，超过设备本身安全需求时进行报警或停机保护，虽然控制的对象与制冷工况不同，但控制原理及策略完全相同，这里不再赘述。

3. 燃气锅炉的运行调节

燃气作为高品位的化石类燃料，一般不建议直接用作建筑供热的热源，可采用燃气发电多联供技术。燃气锅炉通常使用技术成熟的燃烧机结合燃气量调节、空气燃气混合比例调节及冷凝热回收技术，其热效率高、污染物排放少，在实际工程中仍有大量应用，据应用项目表明，降低供水温度、提高供回水温差及降低其负荷率时，其热效率都会适当提高。

利用控制技术调节燃气锅炉时，如果单台锅炉制热量大而台数较少（一般少于 2 台），可以选择具有配置调节性能优良燃烧机的燃气锅炉，能够根据负荷变化实时调节其供水温度和容量。

6.5　暖通空调末端调节技术

6.5.1　散热器运行调节技术

1. 供热系统运行调节原理

北方地区冬季利用热电联产、区域锅炉房集中供热是涉及民生的重要举措。集中供热末端系统一般采用散热器系统，当前采用地板辐射系统的比例也在迅速增加，在保障建筑室温的同时降低供热系统能耗是供热企业面临的重要任务。

根据室外气象参数的变化实时调节系统的供热量、末端散热器的散热量从而做到"按需供热"是供热系统运行调节的基础，而实现末端用户的动态水力平衡则是运行调节的前提。

供热运行调节的原理基于以下的热平衡方程：

建筑物耗热量（用户热负荷）＝系统供热量＝散热器散热量

$$Q_L = Q_s = Q_R$$

即：

$$K_B F_B(t_n - t_w) = Gc(t_g - t_h) = K_R F_R(t_p - t_n)^{1/(1+B)} \tag{6-32}$$

式中，Q_L、Q_s、Q_R——分别是用户热负荷、系统供热量、散热器散热量；

t_n、t_w、t_g、t_h、t_p——分别是室内温度、室外温度、散热器供水温度、散热器回水温度及散热器平均温度。

从上述基本关系出发，可以推导出散热器系统用户室内温度、供回水温度与循环流量之间的关系式，即供热系统运行调节的基本公式：

$$t_g(h) = t_n + \frac{1}{2}(t'_g + t'_n - 2t'_n)\left(\frac{t_n - t_w}{t'_n - t'_w}\right)^{1/(1+B)} \pm \frac{t'_g - t'_h}{2\overline{G}}\left(\frac{t_n - t_w}{t'_n - t'_w}\right) \tag{6-33}$$

式中，t'_n、t'_w、t'_g、t'_h——分别是室内设计温度、采暖设计室外温度、设计供水温度、设计回水温度；

B——散热器指数；

$\overline{G}$——循环泵相对流量。

需要注意，简单利用上述二式进行运行调节会导致室内温度远超设计值，原因就是设计的负荷指标及散热器面积指标通常都会大于实际值，所以实际调节的时候必须对上述公式进行修正，需要引入两个修正值：热指标偏大系数 m 和散热器安装面积偏大系数 L，则修正后的运行调节公式如下：

$$t_g(h) = t_n + \frac{1}{2}(t'_g + t'_h - 2t_n)\left(n\frac{t_n - t_w}{t_n - t'_w}\right)^{1/(1+B)} \pm \frac{Ln(t'_g - t'_h)}{2\overline{G}}\left(\frac{t_n - t_w}{t_n - t'_w}\right) \tag{6-34}$$

其中：

$$n = \frac{1}{mL}$$

利用自由度的理论可以看出，供热系统的过程变量包括 t_g、t_h、t_n、t_w、$\overline{G}$、m、L 共 7 个，实际上两个修正系数 m、L 是反映系统本身特性的常数，可以假设其初始值，然后根据运行情况进行修正即可。对于室外温度 t_w 而言，其值为传感器实时测量值，在调节的一段时间内可近似看作常数，则过程变量实际上只有 4 个即 t_g、t_h、t_n、$\overline{G}$，描述这些变量之间关系的运行调节公式有 2 个，所以该系统的自由度为 2，只要施加 2 个约束条件将自由度减为 0，则系统有唯一确定的解，也就能够保证末端房间的平均温度达到设定值。为实现按需供热，随着室外气温的变化，可在热源处进行供热系统供、回水温度、循环流量的集中运行调节。根据调节方式不同分为质调节、量调节及质量综合调节。当室外温度升高时，若保证循环流量不变，降低供水温度，称为质调节，相当于规定一个变量即循环流量为已知量，再设置一个供水温度控制回路从而使得系统自由度为 0；若保证供水温度不变，降低循环流量称为量调节，相当于规定一个变量即供水温度为已知量，再设置一个循环流量控制回路从而使得系统自由度为 0；若同时降低循环流量和供水温度称为质量综合调节，相当于设置一个供水温度控制回路、一个循环流量控制回路从而使得系统自由度为 0。质调节能保证用户热舒适度，但二次侧循环泵能耗依然较高；单独的量调节要求保证二次侧的供水温度不变，在室外温度较高时，循环流量急剧降低，会导致严重的水力和热力失调；而质量综合调节结合了二者优点，在保证用户热舒适度的同时，大幅度降低循环泵运行电耗，是供热系统运行调节的首选方式。

对上述运行调节的公式中，要确保在某一室外温度下室内温度达到要求值涉及 3 个变量即供水温度 t_g、回水温度 t_h 及循环流量比 $\overline{G}$。根据调节公式计算散热器供回水平均温度，有：

$$t_{\mathrm{p}}=\frac{t_{\mathrm{g}}+t_{\mathrm{R}}}{2}=t_{\mathrm{n}}+\frac{1}{2}(t_{\mathrm{g}}'+t_{\mathrm{h}}'-2t_{\mathrm{n}})\left(n\,\frac{t_{\mathrm{n}}-t_{\mathrm{w}}}{t_{\mathrm{n}}-t_{\mathrm{w}}'}\right)^{1/(1+B)} \tag{6-35}$$

上式说明针对任意的室外温度，室内温度是供回水平均温度的单值函数，与系统的循环流量无关，也即供回水温度取不同的量值，只要保证其平均温度为一特定值就能保证用户温度。散热器平均温度保持为一个固定值时，系统供热量也将是一个定值，随着流量降低，需要的供水温度更高、供回水温差更大，供水温度不可能超过热源供水温度上限，回水温度也不可能低于室内温度，而同时流量的降低也会导致水力失调加剧，所以实际上对循环流量的下限是有要求的。

针对目前集中供热系统末端设备缺乏有效调节装置的现状，在热源处实现质量综合调节是首要的选择。按照前述分析需要构建 2 个控制回路，关键的问题是如何确定其设定值，显然设定值与室外温度（或供热负荷）密切相关，需要进行相关计算才能确定，这就是室外温度补偿或气候补偿技术，需要明确以前常说的气候补偿主要是针对质调节的，也有专门的气候补偿器实现控制，但随着变频器的普及和变流量技术的发展，气候补偿原理应拓展至所有的运行调节方式。从运行调节的公式可以看出，只要先确定了循环流量的设定值就可以计算供（回）水温度的设定值了。从前面的分析可以看出，只要保证流量在一定范围内，任意流量下，只要供回水平均温度为一固定值就可以满足室内温度的要求值，但流量较小时水力失调导致的热力失调加剧，所以循环流量的设定值应以不存在热力失调为目标，以目前常用的双管系统为例，循环流量比应满足下式：

$$\overline{G}=\left(\frac{t_{\mathrm{g}}-t_{\mathrm{h}}}{t_{\mathrm{g}}'-t_{\mathrm{h}}'}\right)^{1/2}=\left(\frac{t_{\mathrm{n}}-t_{\mathrm{w}}}{t_{\mathrm{n}}'-t_{\mathrm{w}}'}\right)^{1/3} \tag{6-36}$$

将循环流量比的计算设定值代入运行调节公式就可以计算供水温度或回水温度的设定值了。

实际应用质量综合调节时，构建流量控制回路需要设置流量传感器。流量传感器本身造价高且对安装条件的要求也高，所以按照自由度理论，可将其更改为回水温度控制回路，使用供水温度控制回路和回水温度控制回路同样可以实现有效的质量综合调节。

2. 散热器的运行调节

上述的集中运行调节技术是在热源处对热媒参数进行集中调节，保障的目标其实是整个供热区域内房间的平均室温，调节公式中的热指标偏大系数 m 和散热器安装面积偏大系数 L 也是所有末端系统的一个均值，以及对管网及末端散热设备普遍缺少流量平衡、调节装置的情况，决定了实际集中运行调节时远不能达到理想状况，房间冷热不均导致不断提高循环流量和总供热量，造成能耗增加，解决这一问题的根本方法是在末端用户的热力入口处设置调节装置。目前可以用于末端调节的具有经济性和可操作性的技术主要有两类：使用电动二通阀的通断控制技术和使用可调节球阀的连续调节技术。由于市场上已大量出现小口径的可调节球阀且价格不断下降，并在控制精度要求较高的实际工程中大量应用，对于常规的建筑使用电动二通阀即可，若辅助以良好的控制算法和策略，同样可以达到较高的控制精度。

根据前述章节，空气—水换热器的动态特性可由图 6-25 表示。

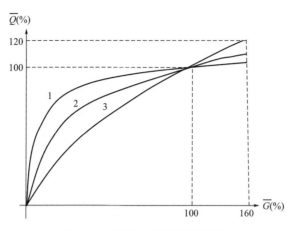

图 6-25　空气-水换热器动态特性

上图是散热器流量与散热量的关系曲线，横坐标$\overline{G}$是相对流量，纵坐标$\overline{Q}$是以设计温差下的散热量为准的相对散热量，曲线 1、2、3 分别是设计供回水温差为 10℃、20℃、30℃的特性曲线。可以看出：当减小相同比例的流量时，设计流量越大（设计供回水温差小）则减小的散热量越少；同样增大相同比例的流量时，设计流量越大则增加的散热量越少。了解散热器的特性对于解决水力失调以及采用控制技术实现按需供热具有极为重要的意义。对于常规的有较严重水力失调的供热系统，近端散热器远超其设计流量，而末端散热器远未达到其设计流量，导致室内温度有较大差别，此时唯一可行的方法是使用"大流量小温差"技术，即增大循环流量，此时近端与远端的散热器均会增加流量。但从上图可以看出，对于实际流量较小的远端散热器，其散热量随着流量增加以较大幅度增加，而对于实际流量较大的近端散热器，其散热量随着流量增加以较小幅度增加，实际上大流量会抑制近端散热，这就是其调节原理，只不过这是"无可奈何"的方法，会造成末端热用户的冷热不均并增加系统无谓的能耗。但只要在末端热用户设置通断阀或调节阀就会大大改善此种情况，不仅可以解决水力失调、热力失调，而且可以实现按需供热。

对于设置电动开关球阀的末端用户，可以实现对室温的通断控制。根据通断控制原理，室内温度的变化包括升温过程和降温过程，整个过程中室温呈周期性变化规律，通过合理的设定值和回差可以将室温控制在合理的范围内，实际应用此种方式进行控制时，还需要注意以下问题：

（1）水力平衡问题

整个末端系统处于一种平均时段内的"水力平衡"，即开启阀门的热用户之间并不存在"水力平衡"，但从一个时长看，通过阀门的通断控制使得热用户在该时段内的平均流量满足了需求，所以不再需要其他水力平衡装置。

（2）控制回路的构建

实现对室温控制可以在房间内合适位置室温传感器，在热力入口回水管道上设置电动二通阀，根据室温设定值与测量值的偏差控制电动阀通断，此种方法构建的控制回路需要考虑传感器的安装位置、测量的误差以及布线的问题。另一种方法是在热力入口供、回水管道上设置温度传感器，根据计算的回水温度设定值控制阀门通断，特别需要注意的是电动阀关闭时必须保证留有一个最小开度，确保能够测量房间的回水温度，这种方法的优点是根据供回水平均温度间接计算相应的室温，简化了安装、布线等问题，测量值也相对稳定可靠。

（3）控制优先权问题

对于末端房间的温度控制，控制的优先权应该属于用户，这样才能体现出"热"的商品属性。由末端用户根据自己的需求自主确定分时的室温设定值，从而确定用热量的大小，这应该是智慧化、精细化供热技术的一个发展目标，但实现的前提是实现热计量收费制度的建立，目前仍有大量的项目采用按面积收费或辅助部分热量计费的项目，实现全面热计量收费仍然面临供热价格机制、相关政策、相对行业垄断的现实问题并需要逐步解决。

实现该技术目标一种主流的做法是使用双向控制阀，即热用户房间内设置温控器可与控制阀通信实现对阀门的控制，同时监控平台也能通过通信方式控制阀门，实现了双向控制，只是基本上多数项目都是供热企业监控平台具有对阀门控制的优先权，这是基于硬件实现的方法。另外一种则是基于软件的方法实现，对于 B/S 架构的监控平台，只要适当地开放给用户一定的访问权限，由用户对室温设定值根据需求进行设定就可以实现，这种方法实现成本低、硬件实现简单、运行调节更加灵活，同时整个供热系统具备全运行周期对供热负荷进行准确预判的能力，更利于供热生产调度，这是一种单向控制技术，即热用户及供热企业都是基于监控平台实现对电动阀的控制。

对于设置电动调节球阀的末端用户，可以实现对室温的连续调节，只是室温的控制精度可以比通断控制更高。对于调节阀的特性应优先选用等百分比特性，其他的技术相关问题与通断控制阀基本类似。图 6-26 是利用电动调节阀进行调节的散热器动态特性。

上图中，横、纵坐标分别是循环流量、散热器散热量的绝对值，特性曲线 1、2、3 的设计供水温度 $t_{g1} > t_{g2} > t_{g3}$，虚线 A、B、C 则是等温差线，其温差 $\Delta t_B > \Delta t_A > \Delta t_C$，设散热器初始工况点为曲线 2 的 A 点，当负荷变小时，调节阀开度变小，此时若供水温度不变，工况点近似沿着曲线 2 变化至 B 点，流量降低而供回

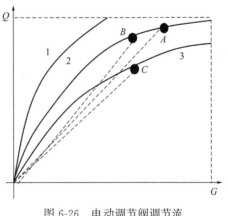

图 6-26　电动调节阀调节流量的散热器动态特性

水温差变大，若继续降低供水温度，则沿着等流量线向下变化至 C 点，供水温度降低，供回水温差变小。若同时降低供水温度和流量，其工况点实际上近似沿着直线 AC 变化，这就是针对末端热用户的质量综合调节。

3. 基于"虚拟站点"的运行调节技术

在热用户设置调节装置实现室内温度控制与在热源处实现的集中运行调节相比属于"局部"运行调节技术，其优点显而易见，能够彻底消除热用户之间的水力失调和热力失调，并且热用户可以实现自主调节，结合热量计费可以按需取热，实现主动节能，但这种

技术实施的问题是一次性投资大，对于旧有建筑还存在管道改造、线缆敷设的问题。针对这种现状，可以结合集中运行调节和局部运行调节各自的优点，采用基于"虚拟站点"的运行调节技术实现对供热系统的运行调节。

与常规热源如锅炉房、热力站相比，"虚拟站点"并无明显的构筑物，是由某限定范围内的管道、调节阀、传感器等虚拟而成的热源，其数量、位置可根据工程实际情况灵活确定，借助对"虚拟站点"的调节从而实现对整个供热系统的运行调节，是目前可行的一种技术方案。"虚拟站点"如图 6-27 所示。

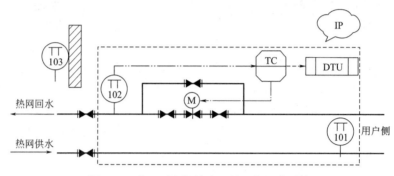

图 6-27　基于"虚拟站点"的运行调节系统

图中虚线包围的管道、阀门、控制仪表等就是"虚拟站点"，主要包括：电动调节阀、供回水温度传感器、室外温度传感器、虚拟站点控制器、数据远传通信装置 DTU 及管道其他附件组成。

最简单的"虚拟站点"只需要回水温度传感器、电动调节阀和带模拟量输出通道的DTU 构成，将实时回水温度上传至监控平台，并接受监控平台下发的调节阀开度调节指令，保证用户侧需要获取的热量。目前已有部分调节阀产品本身集成了具备远程通信功能的单片控制器，即一体化的电动调节阀，使得系统进一步简化。控制指令下发一般分两种情况，一种是由监控平台完成相应计算直接下发调节阀开度指令，另一种是仅下发回水温度的设定值，由现场控制器完成对电动调节阀的控制。较为复杂的"虚拟站点"则和常规热力站的控制模式一样，除了前一种情况的基本部件外，还设置有供水温度传感器和室外温度传感器，可就地实现完整的运行调节功能，即使与监控平台失去通信仍能够独立实现监控。可以看出，当该"虚拟站点"设置于末端热用户的热力入口处，就可以实现对所有热用户的运行调节；若设置于楼栋单元处，即可对该单元内的热用户实现平均调节。以此类推，"虚拟站点"可以设置于楼栋热力入口、管道分支等位置，设置的位置越接近末端热用户，其数量越多，成本也越高，但调节效果及节能效益也越好；相反设置的位置越接近热源处，其数量越少，成本也越低，但调节效果及节能效益也越差。实际工程中应综合考虑确定，这是当前供热系统节能改造时一种值得借鉴的方案。

6.5.2　风机盘管运行调节技术

1. 风机盘管运行调节原理

风机盘管和散热器相比，是一种强制对流换热的空气—水换热器，其调节换热量的方法可以在风侧进行变风量调节，也可以在水侧实现变水量调节，或者两种调节方式同时进行。

风机盘管运行调节原理如图 6-28 所示。曲线 1、2、3 分别是对应不同风量下风机盘管的特性曲线，虚线则是不同温差下的供冷（热）量即等温差线，当水侧流量不变时，随着负荷降低风量减小时，工况点沿着 A—B—C 变化，其换热量减小，供回水温差降低，如果风量控制使用的是常规的三速选择开关，则风量只有高、中、低 3 挡，对应图中的 3 条曲线，对于直流无刷风机盘管，可以实现无极调速的功能时，则每一个风量值对应 1 条特性曲线。

当风机盘管使用电动调节阀在水侧实现变流量调节时，若控制变量为回水温度且保持设定值不变，风机盘管工况点随着流量减小，沿着设计等温差线 AO 变化（供水温度由冷热源调节保持不变）；若控制变量为室内温度且保持设定值不变，风机盘管工况点随着流量减小，沿着曲线 1 变化。制冷工况下冷负荷减小，其盘管表面平均温度必须提高，则回水温度提高、供回水温差变大。制冷工况与此类似，若此时供水温度提高则风机盘管工况点沿着 B—C—D 变化，由图 6-29 可以看出，温差可能大于设计值也可能小于设计值，若降低流量和提高供水温度是同时进行的，则工况点近似以直线 AC 或 AD 变化，实际上可以看出，在不考虑相对湿度的前提下，制冷调节与前述供热的质量综合调节的原理是完全一致的。

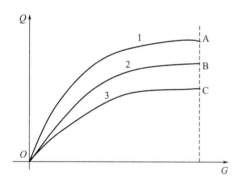

图 6-28　风侧调节的风机盘管特性

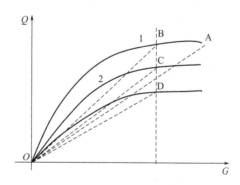

图 6-29　电动调节阀控制的风机盘管特性

在工程实践中，专业规范规定风机盘管"宜设置常闭式电动通断阀"，一般不需要设置电动调节阀。当风机盘管设置电动二通阀时，其设计工况下的特性曲线如图 6-30 曲线 1 所示，额定工况点为 A，实际运行时，当有其他的电动二通阀关闭时，开启的电动二通阀由于作用压差增大，其实际工况点流量超过设计流量，如图中所示 B 点，由于供水温度保持不变，其实际供冷量、供热量超过需求，所以房间温度也将低于或高于设计值，但其偏差超过设定值的回差时，电动二通阀管段房间温度又向室温下限设定值变化。

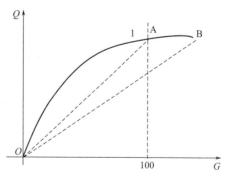

图 6-30　电动二通阀控制的风机盘管特性

2. 风机盘管运行调节实现

基于暖通空调系统智慧供能技术的发展需求，风机盘管应对水路系统设置电动二通阀进行通断控制，同时对风机进行分挡调速或无级调速，温控器应采用网络型温控器实现远程通信，对于温度控制精度要求较高的场合，可以在水路系统设置调节型电动球阀，有计费需求时可采用带有计费功能的网络型温控器，对于一般应用场景或控制要求不高时，可采用简单控制如三速开关或常规温控器实现室温控制。为确保实现有效控制，当配置电动阀时，在风机盘管进水管道上应设置过滤器并定期清洗，确保电动阀长时间可靠动作，这是实现末端控制的前提条件。

工程实践中推荐使用网络型温控器，目前网络型温控器一般采用 Modbus 协议或 LORA 协议，价格稍高，但其带来的好处显而易见：一是可以对房间实现远程监控；二是可以为更灵活的控制调节和深度节能提供保障。若有条件的话，可以结合门禁系统、红外感应技术、激光探测技术、智能摄像技术等实现更多功能需求。

6.5.3 新风机组运行调节技术

1. 新风机组运行调节原理

新风系统是为确保房间空气质量而设置的，新风负荷在建筑负荷中占比较大，尤其是对于人员数量较多的公共建筑如商场、写字楼等，其设计送风量是按照人员数量、新风标准确定的，而在实际运行过程中，人员数量波动较大时新风负荷变化也较大，所以设计控制系统时应充分考虑，同时应该注意新风量还有保证房间正压的作用，所以在调节新风量的同时还要考虑排风量的调节，保持房间一定的正压需求，典型的新风机组监控点位如图 6-31 所示。

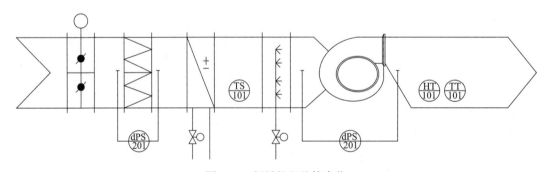

图 6-31 新风机组监控点位

常规新风机组应具备的典型监控功能如下：
(1) 实现远程和就地控制；
(2) 风机手动自动状态反馈、运行状态反馈及启停控制、故障报警；
(3) 实现风机与电动风阀的启停联锁；
(4) 监视过滤器两侧压差，超过设定值时自动报警；
(5) 盘管出口处设置防冻开关，在温度低于设定值时，报警并开大热水阀；

（6）根据送风状态点参数控制盘管电动调节阀开度；

（7）制热工况时根据送风状态点参数控制加湿器电动调节阀开度；

（8）在新风机组承担区域的典型位置设置空气质量传感器，实时测量房间空气质量并与设定值比较，调节新风量；

（9）在新风机组承担区域的典型位置设置空气压差传感器，实时测量与非空调区域的压差并与设定值比较，调节排风量。

2. 新风机组运行调节实现

对于新风机组送风状态点的确定，有几种不同的方式：一是处理至室内状态点的等焓线；二是处理至室内状态点等湿线的机器露点附近；三是处理至小于室内状态点等湿线；四是处理至室内状态点的等温线。看似简单的新风机组要实现良好的控制是需要综合考虑的，上述几种方法都是基于状态点的设计理念，即针对设计工况下的控制策略，但对于不同气候分区的建筑其气象参数有较大的差别，且在实际运行时，新风的状态点、室内热湿比线也是随时变化的，任何单一的控制策略都不可能实现较好的效果。图 6-32 是一个典型的风机盘管加独立新风的空调系统的 i-d 处理过程。

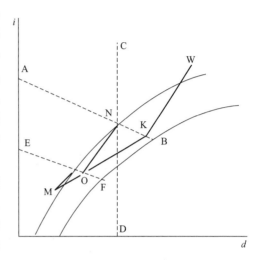

图 6-32　风机盘管加新风系统空气处理过程

上图中 W 是新风状态点，N 是室内状态点，O 是送风状态点，M、K 分别是风机盘管和新风机组的出风状态点。新风处理至 K 点（为简化分析，未考虑风机导致的温升）与风机盘管出风状态点 M 混合至送风状态点 O，对于这种类型的系统，其特征是：通常房间面积较小，人数也较少，所以新风量相对于系统的总送风量比例较低，即 O 点接近于 M 点，也就是说新风处理的状态点对于室内状态点影响较小；风机盘管水侧采用通断控制，在其运行时的热湿处理能力相对固定，即风机盘管处理的机器露点 M 的位置变化不大。

基于该系统的以上特征，采用根据新风状态点进行分区，并制定不同分区的控制策略：

（1）CNB 区：新风状态点 $d_W > d_N$、$i_W > i_N$，新风处于高温高湿状态，新风机组可以采用常规的减温减湿处理过程，控制盘管的电动调节阀将新风处理至送风状态点的等焓线 EF 或等湿线 CD，或处理至小于室内状态点的等湿线，这种控制模式，下需要根据新风出口处设置的温湿度传感器进行相应的空气状态参数计算，实际应用中可以简化控制模式，即盘管的电动调节阀全开，虽然会导致送风状态点偏离，但结合风机盘管的控制室温是可以得到保证的。因为该区新风的高温高湿状态，对于新风量应该根据空气质量传感器进行调节，以节省新风处理能耗，而加湿器应处于全关状态。

（2）ANC 区：新风状态点 $d_W < d_N$、$i_W > i_N$，新风处于高温低湿状态，新风机组盘

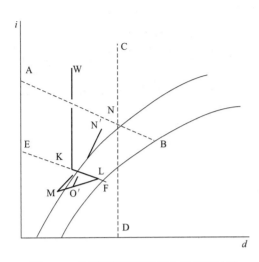

图 6-33　高温低湿新风系统空气处理过程

管可以采用等湿减温处理过程，根据出口的温度传感器控制盘管的电动调节阀，将新风处理至送风状态点的等焓线 EF 或等温线，同时根据出口的湿度传感器控制加湿器，处理至接近室内状态点的等湿线。这种控制模式下结合风机盘管的控制室温是可以得到保证的，室内的相对湿度可能会小于设计值（处理的温度低导致加湿量不大）。同样该区新风处于高温状态，对于新风量应该根据空气质量传感器进行调节，以节省新风处理能耗。处理过程如图 6-33 所示，盘管处理新风至设计送风状态点的等焓线 K，然后控制加湿器调节阀继续处理至相对湿度接近 90%，然后与风机盘管处理后的 M 点混合至送风点 O′，最终的室内状态点会偏离设计状态点，结合风机盘管控制最终温度相同但湿度偏小。实际应用中也可以不开启加湿器，适当降低室内设计相对湿度的标准即可。

（3）AND区：新风状态点 $d_W < d_N$、$i_W < i_N$，新风处于低温低湿状态，为了充分利用新风的低焓值，新风量应保持最大，设定相对湿度控制新风机组盘管调节阀，相对湿度设定值以不出现冷凝水为目标，加湿器可以关闭。

综上所述，对于风机盘管加独立新风的系统，大多数情况下，送至每个房间的新风量远小于风机盘管的送风量，对房间的状态点影响较小。实际应用中根据新风状态分区应采用不同的策略，而判断新风状态分区需要设置相应的传感器，或由上位平台统一测量然后通过通信方式将测量值发送至每一台新风机组控制器。对于大多数应用场景可进一步简化控制策略，即按室内状态点的等湿线分为左右两区，当新风位于等湿线右侧时，盘管电动调节阀开至最大进行减温减湿；当新风位于等湿线左侧时，调节盘管电动调节阀至某一目标相对湿度，对于人员数量变化不大或新风机组总风量较小时，新风量可不做调节。

上述策略均是制冷工况，制热工况相对而言较为简单，调节加热器电动调节阀开度，将新风处理至送风状态点的等温线上，然后调节加湿器电动调节阀开度，将新风处理至室内工况点设计等湿线位置，实际上是将新风直接处理至送风状态点。

6.5.4　空调机组运行调节技术

1. 空调机组运行调节原理

对于空间较大区域一般采用全空气系统，由空调机组对空气统一处理至送风状态点，典型的空调机组及其监控原理图如图 6-34 所示。

图 6-34 中，排风系统单独设置，空调机组包括过滤器、表冷器、加热器、加湿器、送风机，新风管道及回风管道分别设置电动调节阀。其典型的监控功能应包括：

（1）实现远程和就地控制；

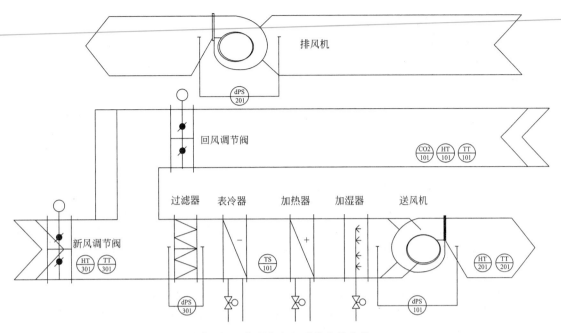

图 6-34　典型全空气系统监控点位

（2）风机手动自动状态反馈、运行状态反馈及启停控制、故障报警；

（3）监视过滤器两侧压差，超过设定值时自动报警；

（4）盘管出口处设置防冻开关，在温度低于设定值时，报警并开大热水阀；

（5）根据回风温度传感器处测量值控制回风管道电动调节阀开度；

（6）根据回风空气质量传感器测量值控制新风管道电动调节阀开度；

（7）根据送风点状态参数控制表冷器调节阀、加热器调节阀及加湿器调节阀的开度；

（8）根据新风管道及回风管道电动调节阀开度调节送风量，这两个调节阀的开度实际上就代表了对风量大小的需求；

（9）空调区设置空气压差传感器，根据设定值调节排风机风量。

2. 空调机组运行调节实现

如何根据送风点状态参数控制表冷器调节阀、加热器调节阀及加湿器调节阀的开度，也是基于混合状态点的分区控制策略，如图 6-35 所示。

图 6-35 中 S 点是设计送风状态点，AB 是送风状态点的等焓线，CD 是送风状态点的等湿线，EF 是送风状态点的等温线，根据上述监控功能（5）、（6）可以确定混合点 H，利用 AB 和 CD 两条线可以将混合状态点的位置划分为 4 个区域，针对混合状态点 H 所处不同区域制定不同的控制策略如下：

（1）ASC 区：根据送风的焓值控制表冷器

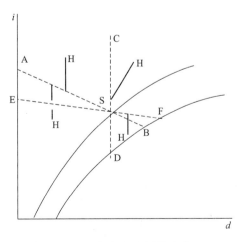

图 6-35　空调机组送风状态分区

电动调节阀开度，将混合空气处理至 AB 线上，然后根据送风状态点的温度（或相对湿度）测量值调节加湿器调节阀开度，继续处理至 S 点；

（2）ASD 区：根据送风的焓值控制加热器电动调节阀开度，将混合空气处理至 AB 线上，然后根据送风状态点的温度测量值（或相对湿度）调节加湿器调节阀开度，继续处理至 S 点；

（3）CSB 区：根据送风的焓值控制表冷器电动调节阀开度，将混合空气处理至 AB 线上，然后根据送风状态点的温度测量值（或相对湿度）调节加湿器调节阀开度，继续处理至 S 点，该区策略与 ASC 区是一致的，只是需要除湿处理；

（4）BSD 区：可以先根据送风的含湿量控制表冷器调节阀，将混合点冷却除湿至送风状态点的等湿线，然后根据送风的温度控制加热器调节阀，继续处理至送风状态点；这个区是制热工况，为减少加热器、冷却器全开导致的能量抵消，可以简化策略，即根据送风温度传感器测量值控制加热器电动调节阀开度，将混合空气处理至送风状态点的等温线上即可。

综上所述，对于使用空调机组的全空气系统，大多数情况下系统承担的空调区域面积较大，人数相对较多，系统的新风负荷是比较大的，应该采用变风量技术，类似于水系统，当风量变小时产生水力失调导致气流组织变差，理论上空调区内的温湿度偏差变大，实际上室内的二次气流及各种扰动的存在使得这种偏差不会太大，为系统节能的目的使用变风量技术是值得的，只是需要合理设置变风量的下限。当回风管道上的电动调节阀在控制回路作用下开度变小时，意味着系统负荷变小，所以实际工程中可以将其开度作为控制变量以控制风机变频，从而实现变流量技术，为了控制的稳定可以将该回路的控制时间适当加大。同样的目的，在制冷工况时尽量不开启加热器，制热工况时尽量不开启加湿器，即控制的目标首先确保送风温度满足要求，而对于送风湿度尽量接近其设计值即可，这种控制策略对于一般民用建筑是能够满足需要的。另外对于以回风参数作为控制变量的控制回路，由于控制对象是房间，其热容量较大，应采用合理的控制算法如模糊调节算法，也可以采用串级 PID 调节算法，即将对回风调节阀的控制指令输出转变为对送风温度设定值的修改，此时可以去掉回风管道的电动调节阀，进一步简化了设计。

6.6 本章小结

暖通空调自动化系统与工艺系统关系密切，只有掌握了暖通空调的工艺设备及系统的特性，才有可能达到良好的控制效果。关键的一些工艺设备其核心部件一般都包括换热器，研究换热器的静态特性和动态特性就是了解清楚流量与换热量之间的关系，从而为系统能量调节奠定理论基础。而系统的能量调节是以水力平衡为基础的，只有管网系统具备良好的水力平衡，才能充分发挥控制系统的调节作用，真正做到"按需功能"。本章对暖通空调常见的各种阀门的结构特点、工作原理、适用场合进行了说明，尤其对调节阀的特性及选择计算进行了详细分析；对于冷热源及多种末端设备的调节技术进行了深入研究，分析了调节的各种方式、原理及相关计算；将工艺设备、系统的特性和控制系统的方法、目标相结合，使得工艺系统能和控制系统能够有机结合。

第7章 暖通空调控制系统关键技术

传感器的功能是及时准确地探测被控制对象、过程的实际状态和量值，为控制器能产生相应的控制或保护动作提供最基本的信息。传感器根据输入信号类型通常分为数字量（开关量）型和模拟量型两种，分别采集状态、量值。

7.1 数字量（开关量）型传感器

暖通空调控制系统中常用到的数字量（开关量）型传感器包括一些电气元件类的开关，如继电器和交流接触器的触点、干簧管、选择开关、启停按钮、行程开关、接近开关以及编码器等，还包括用于检测工艺过程状态的开关类器件，如流量开关、压力开关、液位开关、压差开关、温度开关等。

7.1.1 数字量（开关量）型传感器的信号类型

数字量（开关量）型传感器其输入信号通常包括干接点、湿接点，以及 NPN 和 PNP 信号、脉冲信号等。

（1）干接点

干接点也称为无源开关，2 个接点之间无极性区分，可以互换接线，具有闭合和断开 2 种状态。常见的开关量输入器件大多是这种信号，如继电器触点、压差开关等。

（2）湿接点

湿接点也称为有源开关，2 个接点具有极性区分，不可互换，具有通电和断电 2 种状态。实际上干接点其中一个接点连接电源的一个极，则另一个接点和电源的另一极作为输入信号就变成了湿接点。

（3）PNP 信号

PNP 型传感器输出电路采用 PNP 三极管。

（4）NPN 信号

NPN 型传感器输出电路采用 NPN 三极管。

（5）脉冲信号

脉冲式数字量信号，其本质是开关量，如霍尔开关、干簧管等用于检测电机转速、水表流量时，需要计算单位时间内通断次数，这就变成了脉冲信号，所以控制器能够接受此类信号的开关量通道与常规通道是有区别的，必须确认控制器通道能否接受此信号，且检

167

测的最高频率能够满足。

7.1.2 数字量（开关量）型传感器与控制器的接口电路

（1）控制器接收端的漏型输入与源型输入

控制器接受数字量（开关量）信号的输入方式有漏型输入与源型输入的接线方式，通常开关量输入采用两线制，对于控制器来说，数字量或开关量通道有一接点连接至公共端COM，而另一接点端就是数字量或开关量的输入端，例如 X_0、X_1、X_2……公共端接电源正极还是接地就决定了其输入类型是漏型输入还是源型输入，也就决定了数字量或开关量两线制的接线方法。

如图 7-1 所示，当数字量或开关量的公共端接 +24V 时，直流电源从公共端子 COM 流入从输入端子 X_0 流出，则称为漏型输入，数字量或开关量接端子 X_0 与 GND；当数字量或开关量的公共端接地时，直流电源从输入端子 X_0 流入，从公共端流出，则称为源型输入，数字量或开关量接端子 X_0 与 24V。

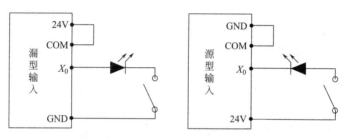

图 7-1　控制器漏型输入与源型输入数字量接线方式

（2）数字量（开关量）型传感器的干、湿接点与控制器的接线

控制领域中最常使用的数字量或开关量传感器的信号类型是干接点，由于是无源信号，所以具有接入方便灵活，传感器与控制器的电气联系单一、相互影响小，安全性好等优点，应该优先选用，其与控制器的接线如上图所示。

湿接点与控制器的接线原理如图 7-2 所示，开关检测状态，实际对外的接线端子是图中虚线框内的"等效开关"。对于数字量或开关量一端接地的传感器，通常应与控制器漏型输入的通道相连；对于数字量或开关量一端接电源正极的传感器，通常应与控制器源型输入的通道相连接。对于有些控制器，其接收通道可以通过硬件跳线或软件编程设置某一通道是漏型输入还是源型输入，带来一定的灵活性。

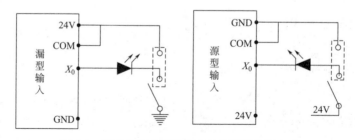

图 7-2　开关量传感器湿接点与控制器接线方式

（3）PNP、NPN 型数字量传感器与控制器的接线

某些数字量传感器例如接近开关其输出信号为三极管型，根据采用的三极管种类可以分为 PNP 型和 NPN 型传感器，一般都具有三个接线端子电源正 V+、电源负 GND 以及信号输出 OUT。

PNP 型传感器输出信号采用 PNP 型三极管，控制器接收端负载接至传感器信号输出端 OUT 与电源地 GND 之间，传感器测量回路检测到信号时，三极管导通，输出端 OUT 为高电平，则控制器负载电阻回路导通；传感器测量回路检测不到信号时，三极管截止，输出端 OUT 为低电平，则控制器负载电阻回路截止，接线原理如图 7-3 所示。

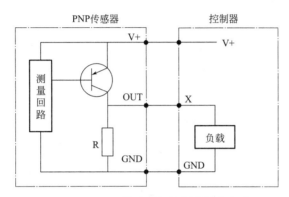

图 7-3 PNP 型传感器与控制器接线方式

NPN 型传感器输出信号采用 NPN 型三极管，控制器接收端负载接至传感器电源正极 V+ 与信号输出端 OUT 之间，传感器测量回路检测到信号时，三极管导通，输出端 OUT 为低电平，则控制器负载电阻回路导通；传感器测量回路检测不到信号时，三极管截止，输出端 OUT 为高电平，则控制器负载电阻回路截止，接线原理如图 7-4 所示。

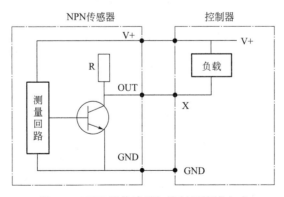

图 7-4 NPN 型传感器与控制器接线方式

（4）脉冲型数字量传感器与控制器的接线

远传水表、编码器等输出计数类脉冲信号，其接线与常规数字开关量信号类型类似，同样要区分输入信号是否有源以及是 PNP 型还是 NPN 型，具体接线原理不再赘述，可参照传感器及控制器的技术资料确认接线方式。

169

7.1.3 暖通空调系统常用数字量（开关量）型传感器

1. 流量开关

流量开关通过设置的流量检测元件检测通过流体的流速、流量或压差等，与设定的流量值比较，超限时产生开关量信号。根据检测原理的不同分为机械式和电子式。常用的一些流量开关如图7-5所示。

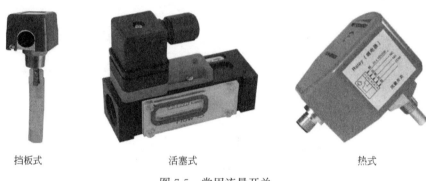

挡板式   活塞式   热式

图7-5 常用流量开关

机械式流量开关包括挡板式、压差式等。以挡板式流量开关为例，流量开关通过介质作用于挡板上，通过杠杆式机械结构触发微动开关产生通断信号。其特点是压力损失小、重复性好、抗污能力强、机械部分与电子部分安全隔离。通常附带长短不同的5种挡板，可根据管径和设定流量要求灵活选用。

活塞式流量开关通常是在流体通道设置内置永久磁铁的活塞式磁芯，当介质流量超限时，磁芯在介质作用下发生位移，触发干簧管类检测元件产生接通信号，当介质流量小于设定值时，磁芯在复位弹簧作用下复位，传感器输出断开信号。

电子式流量开关基于热式原理，以某种热式流量开关为例，在其密封的测量探头内设置两个电阻，其中一个被加热作为测量电阻，另一个未被加热作为基准电阻，当介质流动时，测量电阻上与流体进行热交换，从而其阻值被改变，利用其与基准电阻之间差值判断流速大小，电子式流量开关特点是机构紧凑阻力小、无活动部件、免维护、安装方便，一种型号适应多种管径测量。

各种流量开关典型参数如表7-1所示。

流量开关典型参数   表 7-1

参数	挡板式	活塞式	热式
介质	水、气、油	水	气液两用
介质温度	0~90℃	0~90℃	−20~80℃
管径	≥DN25	DN8~DN25	插入式
精度	±5%量程	±5%量程	±5%量程

参数	挡板式	活塞式	热式
输出信号	机械开关 SPDT	干簧管	PNP，NPN； 继电器； 4～20mA； SPDT
防护等级	IP33	IP65	IP67
适用场合	常规	小流量经济型	对输出信号有要求

流量开关在暖通空调系统中可检测空气或水是否流动以及流量的大小，其反馈信号可以判断动力设备如水泵、风机等运行状态，也可对一些关键设备如空调机组、燃气锅炉、制冷机组的流量是否满足要求进行判断，从而实现报警、联锁、互锁等安全控制要求。由于其价格低廉、工作可靠，可以满足以安全为目标的流量监测需求。其典型工程应用场景有：

（1）设置于水泵或风机出口管道，监视设备运行状态；

（2）设置于制冷机组冷凝器、蒸发器出水管道，监视设备允许最小流量；

（3）设置于燃气锅炉出水管道，监视设备允许最小流量；

（4）设置于管网最不利管道末端，监视循环流量满足最不利需求。

其工程选型设计应用需要注意的要点如下：

（1）选型设计时应明确介质条件，包括介质种类、流向、温度、压力等；

（2）明确仪表精度等级、时滞、设定范围等；

（3）明确安装条件要求，包括管道材质、管径、安装方式（垂直、水平）、连接方式（插入、螺纹）以及防护等级等；

（4）明确要求的输出信号类型，包括电压等级、触点容量、接点类型等。

2. 温度开关

温度开关是通过设置的温度检测元件检测对象的温度，与设定值比较，超限时产生开关量信号。根据检测原理的不同分为机械式和电子式。

机械式的温度开关包括膨胀式、双金属式等。

双金属式温度开关（图 7-6）的核心器件是热膨胀系数不同的两种金属叠压在一起的双金属片，将感应温度变化转换为金属形变，从而触发微动开关，当温度达到标称开关温度（NST）时触发开关量接通或断开，当温度达到复位开关温度（RST）时，开关会复位至初始状态。

直插式　　　　　　　　　片式

图 7-6　双金属式温度开关

毛细管温度开关采用带毛细管的温包式传感器，各种类型的毛细管温度开关外观如图 7-7 所示。

图 7-7　毛细管温度开关

电子式温度开关感温元件采用高精度的铂热电阻或其他热敏元件测量温度变化，结合其他电子元件、辅助电路等，实现温度测量和数字开关量输出。图 7-8 是电子式温度开关的外观图。

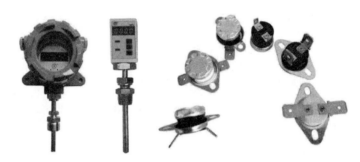

图 7-8　铂热电阻及热敏电子式温度开关

温度开关种类繁多，同一品牌又有多种型号，实际工程应用时，应根据监控目标、需求及安装条件进行合理选型，表 7-2 是常用温度开关的一些产品参数的示例。

温度开关典型参数　　　　　　　　　　　　　表 7-2

	双金属式	毛细管式	铂热电阻式
开关元件	微动开关	微动开关	电子开关
防护等级	IP67	IP65	IP65
环境温度	−40～125℃	−25～60℃	−50～300℃
毛细管长度	—	1.5m 可定制	—
温包材料	铜	铜	—
重复性误差	±5K	≤3%	—
输出方式	AC220V 6A(阻性)	AC220V 6A(阻性)	PNP SPST
标称开关温度	50～155℃	−30～280℃	—
复位开关温度	比标称值低 15～40℃	见表 7-3	—
设定值	出厂已设定	切换差不可调和切换差可调两种类型	20%～80%全量程

以某毛细管式温度开关的切换差可调型号为例，其温度设定值范围及切换差如表 7-3 所示。

表 7-3

毛细管温度开关设定范围及切换差

设定值调节范围(℃)	切换差不大于(℃)	最大允许温度(℃)	备注
−30~40	6.5	70	
10~75	4	95	
60~165	6	190	
160~280	8	320	

暖通空调系统温度开关通常用于需要限定温度范围的应用中，可用于监视设备和管道流体温度，当检测到温度过高或过低时，就会输出相应的开关量信号。其典型应用场景包括：

（1）防止温度过低应用：暖通空调系统会有部分管道或设备设置于室外，如冷却塔、空气源热泵机组等，还有一些设备与室外相通，如新风机组等，必须进行防冻监视。安装温度开关后，当达到设定值切换下限时，输出数字量或开关量信号，使得控制系统能够进行报警，或者下发防冻控制动作如开启加热器、关闭相应电动阀等。

（2）防止温度过高应用：对于有些设备，如电加热器、电热加湿器等，若设备温度过高可能导致设备损毁，还有如燃气锅炉排烟温度过高会导致相通效率下降，对于此类情况也需要设置温度开关进行监视、报警等。

3. 液位开关

液位开关通过液位检测元件检测对象的液位，与设定值比较，超限时产生开关量信号。根据检测原理的不同分为电缆浮球式、连杆式、音叉式、电极式等。

电缆浮球式液位开关，也称翻板式液位开关，根据液体浮力的原理设计而成。主要由浮漂体和重锤组成，其外观及原理如图 7-9 所示。浮漂体设置大容量微型开关，空腔内还有一个可自由活动的重球体，当浮漂体在液体浮力的作用下随液位的上升或下降到与水平呈一定角度时，浮漂体内的球体接通或断开微动开关，从而输出开（ON）或关（OFF）的信号。

高液位

低液位

图 7-9　翻板式液位开关

其他类型的液位开关如图 7-10 所示。

连杆式液位开关是在非导磁的导管内设置一个或多个磁簧开关固定在密闭空间，当内部中空且固定有环形磁钢的浮球在液体浮力的作用下沿导管接近磁簧开关时，磁簧开关在磁力的作用下改变触点状态。

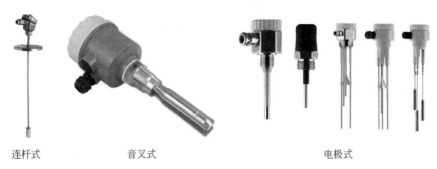

连杆式　　　　　　音叉式　　　　　　　　　　电极式

图 7-10　其他类型的液位开关

音叉式液位开关是通过安装在音叉基座上的一对压电晶体使音叉在一定共振频率下振动。当音叉液位开关的音叉与被测介质相接触时，音叉的频率和振幅将改变，音叉液位开关的这些变化由智能电路来进行检测，处理并将之转换为一个开关信号，属于电子式液位开关。

电极式液位开关是利用液体的导电特性来监测液位，测量部位可设置若干电极，电极接触到液体时导电而检出信号，将该信号放大、处理为一接点信号，根据测量需求可以设置不同的电极数量。

暖通空调系统中液位开关主要用以监视水箱、水槽、积水盘等的高低液位，从而实现对相关联设备的控制：低液位时开启进水阀补水、停止水泵或加热器运行；高液位时则开启水泵或加热器、关闭进水阀等。

4. 压力、压差开关

压力、压差开关根据测量原理的不同可分为机械式和电子式两种。

机械式压力、压差开关的基本工作原理是通过机械形变触发微动开关动作。当作用在感压元件（如膜片、波纹管、活塞等），导致其产生形变，超过设定值时触发微动开关，使电信号输出。图 7-11 是常用的压力开关、压差开关。

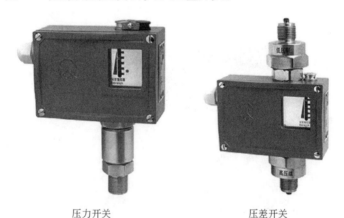

压力开关　　　　　　　　　　　压差开关

图 7-11　机械式压力开关和压差开关

电子式压力开关，一般采用高精度压力传感器及温度补偿技术进行测量，并输出继电器信号，有些压力开关结合先进的电子技术，甚至内置 MCU 和 AD 转换器，并有 LCD 或

LED 显示，能直接作为控制器使用。

　　暖通空调系统中由于监测的需要，在管道及设备进出口等都设置有压力传感器，所以使用到压力开关的场合很少，常规使用电接点压力表控制补水泵启停的场合可以使用压力开关代替；而差压开关可以用于风系统过滤器、水系统除污器的压差监视，超压时进行报警，提醒运行管理人员进行清洗、维护等，另外从流体力学的角度，对于阻力部件而言，差压与流量具备一定的函数关系，而差压开关相比于流量开关具有工作可靠、精度较高、设定方便等优点，所以很多使用流量开关的场合可以用差压开关来代替，例如反馈水泵、风机运行状态以及冷水机组流量监视测点都可以使用压差开关。

　　工程应用中使用压力开关或压差开关应注意：

　　(1) 根据工艺要求选择合适的测量范围，并尽量选择上下限可调的型号；

　　(2) 根据安装条件选择合适的接口方式及耐压等级和防护等级；

　　(3) 根据控制器接口类型选择合适的输出信号。

7.2　模拟量传感器

7.2.1　模拟量传感器的信号类型

　　模拟量传感器是将实际的连续变化的物理量如温度、湿度、压力转换为容易测量的各种电量如电阻、电容、电感、电压等的装置。由于传感器输出的电信号种类及接口新式多种多样且量程不统一，加之其大多数信号微弱，难以远距离可靠传输，所以实际测量时需要将传感器测量的非标准的电信号转换为标准的直流电信号，这种装置称之为变送器。过程控制中很多类型的传感器直接与变送器封装为一个整体，应优先选用。另外还有多参数一体化的变送器，可以将多个测量的物理量转换为标准信号，通过多个通道输出，例如温湿度一体化变送器、空气质量 CO_2 ＋VOC 一体化变送器等，实际上就是将多个传感器、变送器封装在一起的整体远程仪表。

　　国际电工委员会（IEC）过程控制系统用模拟信号标准采用 DC4～20mA（DC1～5V）信号制，即采用电流传输、电压接收的信号系统，仪表传输信号采用 DC4～20mA，联络信号采用 DC1～5V。我国采用同样的信号标准，《过程控制系统用模拟信号 第 1 部分：直流电流信号》GB/T 3369.1—2008 中规定工业过程测量和控制系统中系统元件之间传输信息所用的模拟直流电流信号首选为 4～20mA，其次是 0～20mA；《过程控制系统用模拟信号 第 2 部分：直流电压信号》GB/T 3369.2—2008 适用于工业过程测量和控制系统中系统元件之间传输信息所用的模拟直流电压信号包括：1～5V、0～5V、0～10V、－10～10V 4 种。并且明确"与 GB/T 3369.1—2008 所规定的模拟直流电流信号相反，本部分所规定的模拟直流电压信号不宜用作过长距离的传输"。

　　变送器输出电压信号时，受到接收负载端电阻的影响，电阻值大则传输导线压降小，测量精度高，但传输电流较小，抗干扰能力差，传输距离小；若电阻值小则传输导线压降大，导致测量精度低。变送器输出电流信号时，电流源内阻无穷大，相当于恒流源，抗干扰能力强，且传输导线电阻不影响测量精度，可靠传输距离可达数百米。

当变送器输出模拟直流电流信号 4～20mA 时，下限为 4mA，而 0mA 的值被保留为专用于信号电路故障或电源故障，带来应用上的灵活性，上限采用 20mA 则是基于经济性、安全性的综合考虑，经济性考虑了成本、功耗等因素，而安全性主要是基于防爆方面的考虑。

标准对变送器的电源电压做了相关规定，对于使用外部电源的任何变送系统部件，当电源电压在 20～30V（D.C.）之间变化时，应能正常工作。为了对系统元件特性的评估和比较，建议使用 24V（D.C.）的参考电源电压。

除了上述的模拟量信号外，也有将测量信号直接转换为数字信号的新型传感器，如 1-Wire（一线总线）协议信号、Modbus 协议信号、Hart 协议信号等，这些数字化的通信协议增强了信号传输的抗干扰能力，简化了数据接口，提高了控制系统的兼容性和灵活性，这种数字化的传感器应该是将来的发展趋势，囿于篇幅本书不作详细讨论，后文中会涉及一些具体应用。

7.2.2 模拟量传感器与控制器的接口电路

模拟量传感器输出信号有电压与电流区分，而不同控制器模拟信号采集电路也不尽相同，所以二者之间就有二线制、三线制与四线制等不同的接线方式，但只要从根本上掌握了控制器采集模拟信号的原理，就可以理解各种接线方式。

无论是何种类型的控制器，其模拟量输入模块是由 AD 转换模块完成信号采集、转换，通常其 AD 转换输入通道接受的均是电压信号，如果是电流信号则需通过负载电阻转换为电压。图 7-12 是直流电压信号的四线制示例，变送器输出的信号为双极性如－2.5～＋2.5V、－10～＋10V 时，控制器内的 AD 转换单元需要接收 V＋和 V-信号，再加上电源的正负极信号构成了四线制。

图 7-13 是直流电压信号的三线制示例，变送器输出的信号为单极性如 1～5V、0～10V 时，控制器内的 AD 转换单元只需要接收 V＋信号，再加上电源的正负极信号构成了三线制。

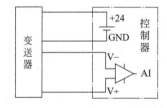

图 7-12 直流电压信号典型四线制接线

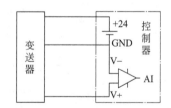

图 7-13 直流电压信号典型三线制接线

图 7-14 是直流电流信号的二线制示例，与直流电压信号不同，需要通过控制器接收端的负载电阻将电流信号 I＋转换为电压信号，由＋24V—变送器—负载电阻—GND 构成电流回路。

对于不同类型、不同品牌的控制器，其模拟量输入模块使用的 AD 转换器有所区别，能够接收的信号类型不同，其模拟前端信号处理电路也不同，但为了工程实际应用保障信号多样性、兼容性，通常会通过硬件跳线或短接等方式来适应过程通道的各类模拟信号，如图 7-15 所示，涉及的接线端子有电源＋24V 和电源 GND，模拟信号端子则有 V＋、V－和 I＋，依据前面所述基本接线方法，再结合传感器本身的技术说明则很容易理解，如输入单极性直流电压信号则在控制器端将信号 V－与 GND 短接，若输入直流电流信号，需要将信号 V＋与 I＋短接，同时将信号 V－与 GND 短接，图 7-15 是以某一品牌 PLC 的模拟量输入模块接线的等效电路示意图，要注意不同品牌控制器会有差别，还有一些控制器在其内部通过电路自动切换信号通道而不需要短接或跳线，则大大简化了接线方式。

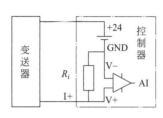 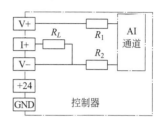

图 7-14　直流电流信号典型二线制接线　　　图 7-15　PLC 模拟量输入模块接线原理等效电路

7.2.3　暖通空调系统常用模拟量传感器

暖通空调系统常用的模拟量传感器有温湿度类传感器、压力压差类传感器、液位传感器、流量传感器、热量传感器以及空气质量传感器等。有些类型的传感器其输出信号是数字信号，因为属于连续信号类型，所以也在本章进行说明。

1. 温湿度类传感器

以测量物理量分类，温湿度类传感器分为温度传感器、湿度传感器和温湿度一体化传感器；按照传输信号可分为模拟信号传感器和数字信号传感器，其中数字信号类型的温湿度传感器遵循的通信协议包括 1-Wire、I2C、SPI、Modbus/RTU、MODBUS/TCP 等，有的甚至集成远传数据终端 DTU，可实现 1-Wire、RS485、以太网、Wi-Fi、NB-IoT、LORA 等的快速组网，从而实现数据的远距离传输，这类温湿度传感器也可称之为网络型温湿度传感器。

常规工程使用的温湿度传感器一般是模拟量信号（图 7-16），有的传感器带有就地数显功能，有的配置有以太网、Wi-Fi 等通信接口。

图 7-16　常用模拟量型温度传感器

图 7-17　一线总线数字温度传感器 DS18B20

DS18B20 是采用 1-Wire 总线的数字温度传感器（图 7-17），具有体积小、成本低廉、抗干扰能力强、精度高的特点。封装形式有管道式、螺纹式、磁铁吸附式，可应用于多种场合。测量温度范围为 -55～125℃，在 -10～80℃ 范围内精度为 ±0.5℃，可编程的分辨率为 9～12 位，温度转换为 12 位数字格式最大转换时间为 750ms。

SHT1X、SHT2X 和 SHT3X 系列芯片为瑞士 Sensirion 公司生产的具有 I2C 总线接口的单片全校准一体化数字式相对湿度和温度传感器。SHTxx 系列传感器（图 7-18）的校准系数预先存在 OTP 内存中。经校准的相对湿度和温度传感器与 A/D 转换器相连，可将转换后的数字温湿度值传送给二线 I2C 总线器件，从而将数字信号转换为符合 I2C 总线协议的串行数字信号。通常整体封装的传感器具有数字处理电路，一般通过 I2C 协议采集的温湿度数据最终通过 485 接口传输。

图 7-18　SHT 系列数字温度传感器

SHT11 性能参数如表 7-4 所示。

SHT11 数字温度传感器典型参数　　表 7-4

测量参数	量程	精度	分辨率	重复性	响应时间
温度	-40～123℃	±0.4℃	±0.01℃	±0.1℃	<30s
相对湿度	0～100%RH	±3%RH	±0.05%RH	±0.1%RH	<8s

SHT21 性能参数表如表 7-5 所示。

SHT21 数字温度传感器典型参数　　表 7-5

测量参数	量程	精度	分辨率	重复性	响应时间
温度	-40～125℃	±0.3℃	±0.01℃	±0.1℃	<30s
相对湿度	0～100%RH	±2%RH	±0.04%RH	±0.1%RH	<8s

2. 压力压差类传感器

压力压差类传感器通常根据测试压力类型可分为表压传感器、差压传感器和绝压传感器。根据测量原理的不同可分为扩散硅压阻式、陶瓷压阻式、薄膜压阻式、蓝宝石压阻式、电容式等。压阻式压力传感器主要利用压阻效应测量压力，压阻效应是导体或半导体材料在外界力的作用下产生机械变形时，其电阻值相应发生变化的现象。具有压阻效应的材料可以是硅电阻、陶瓷薄膜、硅-蓝宝石等，硅-蓝宝石压力传感器耐高温，一般测压的介质温度可达到 200℃，特殊结构可达到 450℃，可以测量高温蒸汽的压力。电容式压力传感器则是利用压力形变导致电容动极位置改变从而导致电容量改变的原理来测量。

扩散硅压力传感器是过程控制领域常用的压力传感器类型（图 7-19），根据实际用途的差别分为常规型、防水型、耐高温型、数显型、耐腐蚀型等。

图 7-19 扩散硅压力传感器

某型号扩散硅压力传感器的典型参数如表 7-6 所示。

扩散硅压力传感器典型参数	表 7-6
被测介质	液体、气体、真空、油等
精度等级	0.1%、0.25%（默认）
稳定性	0.1%FS
测量范围	−100kPa～+100kPa 区间任选
输出信号	4～20mA（默认）、0～10V、0～5V
电源电压	9～36VDC
通信输出	RS485、4～20mA＋HART
安装接口	M20 * 1.5（默认）、G1/4、G1/2 等
使用温度	−20～70℃

差压传感器分为风管差压型和水管差压型，如图 7-20 所示。

压力传感器是暖通空调系统中最常用的仪表之一，可测量空气、水的表压、绝对压力等，以此判断系统运行的状态，超限时可进行报警，有些场合则直接参与压力控制，补水泵恒压控制是最典型的一个应用场景。差压传感器一般可以用来进行房间内的压力控制，此时低压接口连通至

风管型

水管型

图 7-20 差压传感器

室外，也可和电动调节阀结合进行压差控制，如分集水器压差旁通控制。

3. 液位传感器

液位传感器根据测量原理可分为接触式和非接触式，接触式液位传感器主要包括静压投入式、浮球式、电磁感应式等，非接触式液位传感器主要包括雷达式和超声波式。静压投入式实际是压力传感器，只是将测量的压力值依据静压原理转换为液位值，浮球式、电磁感应式可参照前述液位开关的测量原理。非接触式液位传感器测量距离大，广泛应用于江河湖海以及水库等的液位测量。

4. 流量传感器

相较于前述的各种模拟量类型的传感器，流量传感器测量原理种类繁多，结构复杂。根据测量原理主要分为叶轮式、容积式、涡轮式、卡门涡街式、差压式、电磁式、超声波式、质量式、热效应式、玻耳帖式、变面积式、动量式、冲量式、流体振荡式等。测量气体流量常用的有差压式、卡门涡街式、热线式等，测量液体流量常用的有涡轮式、卡门涡街式、电磁式、超声波式等。常用的涡轮式、卡门涡街式、电磁式如图 7-21 所示。

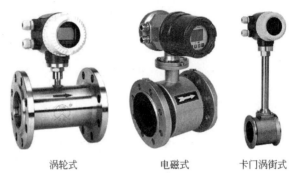

涡轮式　　　　　电磁式　　　　卡门涡街式

图 7-21　常用流量传感器

涡轮式流量传感器流道内设置的涡轮在流体作用下旋转，利用其转速与流速成比例的原理测量流速或流量；电磁流量传感器基于法拉第电磁感应定律的原理进行流量测量；卡门涡街式流量传感器是在流场中设置旋涡发生体，当流体流经旋涡发生体时，形成了交替变化的不对称旋涡，称为卡门涡街，单位时间内卡门涡街的数量与流体流速成正比，测量出涡街数量就可计算流量。

超声波式流量传感器分为湿式和外夹式，是通过声波发射器将超声波发射到被测流体中，通过声波接收器接收信号，经分析比较（如声速）转换为流量的电信号。其外观如图 7-22 所示。

图 7-22　湿式和外夹式超声波流量传感器

各种流量传感器的主要性能参数如表 7-7 所示。

流量传感器典型参数				表 7-7
参数	涡街式	涡轮式	电磁式	超声波式
精度等级(%)	±1.0,±1.5	±0.2,±0.5,±1.0	±0.5,±1.0	±0.15~±2.0
介质温度(℃)	−40~250	−20~120	−20~160	<200
输出信号	脉冲、4~20mA	脉冲、4~20mA	脉冲、4~20mA	脉冲、4~20mA
通信协议	Modbus、HART	Modbus、HART	Modbus、HART	Profibus、HART
防护等级	IP65	IP65	IP65	IP67
安装方式	螺纹、法兰	螺纹、法兰	螺纹、法兰	法兰或外夹
公称通径	DN25~DN300	DN4~DN200	DN10~DN200	据安装方式

5. 远传水表和冷热量表

(1) 远传水表

与流量传感器应用不同，远传水表用来以低成本实现对用水总量的测量。远传水表是普通机械水表加上信号采集、处理电子模块，通信协议一般支持 M-Bus 或 Modbus 协议，有些远传水表附加无线远程通信模块如 LORA 或 NB-IoT 模块以适应物联网需求。户用远传水表与大口径远传水表见图 7-23。

图 7-23 户用远传水表与大口径远传水表

(2) 热量表

热量表用以统计热量，其工作原理是通过一对温度传感器测量供回水温度，流量传感器测量通过流量，利用计算公式算出热量。温度传感器一般采用热电阻 Pt1000 配对，配对误差<0.1℃，按照流量计测量原理不同，热量表可分为机械式、电磁式和超声波式等，机械式热量表其流量传感器又可分为涡轮式、孔板式、涡街式等。热量表理论上是可以计算冷量的，但要注意测量冷量时对相关参数和计算方法的修正，这需要通过内置的软件完成，也即单用途的热量表不能直接测量冷量。户用热表与大口径热表见图 7-24。

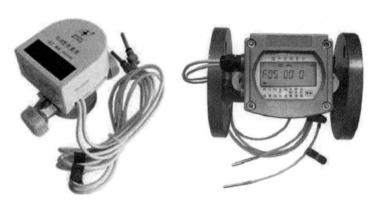

图 7-24　户用热表与大口径热表

7.3　暖通空调系统执行器

为达到控制目标，控制器对偏差数据进行处理计算后，得到控制指令或调节数据，需要下发至执行器执行相应的动作，从而改变被控对象的量值或状态，以完成控制、调节，执行器直接安装于工艺现场，工作条件严苛，需要确保其工作的可靠性。

执行器根据驱动能源可分为气动型、液压型及电动型，按动作类型可分为开关型和连续调节型，暖通空调控制系统中常用的执行器一般均为电动型。开关型的执行器主要完成对设备运行状态的改变以及流体的通断控制，包括继电器、接触器、电子开关、电磁阀、电动二通阀、电动三通阀等，连续调节型执行器主要完成对流体流量、换热器换热量、动力设备转速、设备容量等量值的连续改变，主要包括电动调节阀、变频器等。

7.3.1　继电器和接触器

继电器和交流接触器是电气控制系统中最常使用的电气元件（图 7-25），对于容量较大的功率设备如水泵、风机、冷水机组等实现启停控制，继电器和交流接触器基于电磁工作原理，由线圈和相应的触点动作机构组成，利用通电线圈产生的电磁力的吸合作用以及反向弹簧拉力的释放作用，实现触点的闭合和分断。通常继电器是应用于控制回路的电气元件，适合对远距离交流、直流小容量设备进行控制、保护及信号转换，而接触器则是应用于主电路的电气元件，接通或断开功率较大的负载，二者主要区别如下：

（1）应用场景不同：常规继电器主要应用于控制电路进行信号监视、传递以及转换等，除此之外结合不同的输入信号，还有速度继电器、液位继电器、时间继电器、过电流继电器、欠压继电器等，实现一些特定的监视、控制功能，而接触器则应用于主电路进行功率传递，主要实现功率设备的通断控制。

（2）触点数量、容量与种类不同：继电器既有单个触点的，也有设置成组触点或多组触点的，其触点的容量一般小于 5A，接触器的触点分主触点和若干辅助触点，其触点的容量从几安到几百安，对于容量较大的接触器，还设置有灭弧罩。

（3）线圈驱动电源不同：继电器线圈可以使用直流电和交流电，通常使用 DC12V、DC24V 和 AC220V 电源，而接触器线圈通常使用 AC220V 和 AC380V 电源。一般小功率设备使用继电器，较大功率设备则使用接触器实现设备启停控制。二者都是基于电磁原理，控制线圈通过电流，从而产生电磁场，在磁场力作用下使得相应触点接通或断开，这样就可以用较小能量控制大功率的设备。

图 7-25　继电器和交流接触器

7.3.2　电磁阀

电磁阀是控制系统中用来控制流体的流动方向、通断的开关量执行器。电磁阀由电磁组件和不同流道组合的阀体组成，其中电磁组件包括线圈、固定铁芯以及动铁芯，阀体部分包括滑阀芯、滑阀套及弹簧机构等。当线圈接通时，动铁芯在电磁力的作用下动作，导致滑阀芯相应改变其位置，流体的流通通道发生改变，达到改变流体方向的目的。当线圈断电时，在弹簧机构的作用下产生复位作用，回复至初始位置。

电磁阀的分类方法很多，根据滑阀芯位置及流体通道数量，可以分为二位二通电磁阀、二位三通电磁阀、二位四通电磁阀、三位四通电磁阀等；按照工作原理可分为铸铁电磁阀、黄铜电磁阀、不锈钢电磁阀以及塑料电磁阀等；根据材质可分为直动式电磁阀、分步直动式电磁阀以及先导式电磁阀等；按照适用介质分为蒸汽电磁阀、水电磁阀、空气电磁阀、燃气电磁阀、油电磁阀、制冷剂电磁阀等；根据开关工作时间要求可以分为常开型、常闭型及持续通电型；根据线圈工作电源可以分为直流电磁阀和交流电磁阀。

图 7-26 中分别是黄铜丝接蒸汽电磁阀、不锈钢法兰连接水电磁阀和二位三通电磁阀。电磁阀 "位" 和 "通" 是换向阀的基本概念，简单说，滑阀芯动作时有几个停留位置点，称为几 "位"，而阀体上有几个流体接口则称之为几 "通"，图 7-27 是一进二出二位三通电磁阀的工作原理图，阀体上有三个接口分别是进口 P、出口 A 和出口 B，电磁阀的滑阀芯有两个位置，线圈断电时位置如左图所示，流体由接口 P 流进从接口 A 流出，线圈通电时滑阀芯移动至右图所示的位置，此时流体由接口 P 流进从接口 B 流出，其他多位多通电磁阀工作原理类似，为达到更多的换向，有的多位电磁阀具有多个线圈。

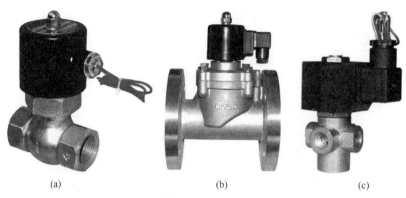

图 7-26　常用电磁阀

（a）黄铜丝接蒸汽电磁阀；（b）不锈钢法兰连接水电磁阀；（c）二位三通电磁阀

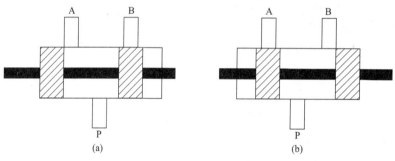

图 7-27　二位三通电磁阀工作原理

（a）线圈断电；（b）线圈通电

电磁阀工作原理简单、可靠，但实际工程应用选型时，也要综合考虑多种因素合理选择，工程应用选型电磁阀的 5 个主要因素为：

（1）性能要求，包括换向通道数量、持续工作时间等；

（2）流体介质参数，包括介质类型、介质温度、流量等；

（3）工作压力参数，包括公称压力、动作压差；

（4）电气条件，包括线圈电源类型、电压等级等；

（5）安装条件，包括管道直径、连接方式、防水等级、防爆要求等。

电磁阀种类很多，在暖通空调系统中应用较多的是二位二通阀，其他的并不多见，但即使是二通电磁阀在系统中应用时也要慎重，最主要的原因是电磁阀基于电磁原理其通断的时间很短，开关阀瞬间完成，所以造成管道流体动量变化大，容易造成水锤、汽锤等现象，对管道或设备等可能造成损坏，可以用电机驱动的电动二通阀代替。

7.3.3　电机驱动类的开关阀

与电磁阀不同，电机驱动类的开关阀采用电机驱动开关阀的时间较长，且过程平稳连续，与不同构造的阀体结合，可以实现对流体不同功能的控制，是过程控制领域中大量使用的一类执行器。暖通空调水系统常用的电动阀主要包括电动二通阀、电动三通阀、动态平衡电动二通阀等，根据阀体的不同，可区分为电动闸阀、电动球阀、电动蝶阀等，风系统包括电动开关阀、电动排烟阀等。

在暖通空调系统中，小口径（≤$DN25$）的电动二通阀、电动三通阀一般用于风机盘管、散热器等的负荷控制，确保在一个时间段内满足负荷的需求（保障"平均负荷"）。由于这类开关阀控制简单、动作可靠、造价低，对于末端设备数量较大而控制精度不需太高时，相对于电动调节阀具有极佳的性价比，应本着"应设尽设"的原则，为确保其工作可靠及使用寿命，在管道安装时，其上游方向必须安装合适目数的过滤器，工程实际应用中出现的问题很多是过滤效果不好造成的。对于选择电动二通阀还是电动三通阀的问题，应根据具体项目实际情况确定，对于末端变流量系统应选择电动二通阀，对于定流量系统则应选择电动三通阀，但要注意的是，对于设置电动三通阀的系统要做到真正的定流量，要考虑末端设备与三通阀旁通管道的水力平衡，这对于风机盘管本身阻力较大的情况尤其重要。鉴于节能需求，目前"变流量"是主流技术，所以一般选择电动二通阀。而对于大口径的电动二通阀、电动三通阀一般用于管道流体的流向切换或通断，电动阀中由于电动蝶阀的阀体厚度小，所以被大量使用。大口径电动三通阀较少使用，大口径电动二通阀，可以实现工况转换或流体与设备启停的连锁控制，例如安装于分水器或集水器的分支管道可实现按时间排程的分区控制，设置于并联的多台设备的分支管道上，则可以随着设备启停通断相应水流。特别需要注意的是通断设备或分支管道的水流，只需要在供水支管或回水支管安装一只电动阀即可，通常安装于回水管道，因为供热时回水管道温度低更有利于阀门可靠工作，若在供回水管同时安装电动二通阀，不仅会造成投资的浪费，增加控制系统的复杂程度，而且同时分支的两只电动阀全部关闭时，还会造成分支系统的水力隔绝，隔绝时间较长可能会导致压力变化较大，产生不必要的风险。

工程应用选型可参照前述电磁阀的选择，不同的是，要注意根据工作压差选择合适的驱动电机的功率参数。

7.3.4　电动调节阀

电动调节阀与手动调节阀功能相同，只是驱动方式为由电动执行机构驱动，其阀体的流量特性和手动调节阀一样，一般包括线性、抛物线特性和等百分比特性三种，其工作电源通常包括 DC24V、AC24V、AC220V 等，一般可接受标准的模拟电信号作为输入指令，并可以标准的模拟电信号反馈其开度位置。

电动调节阀工程应用时，需要注意以下事项：

（1）确定电动调节阀的工程应用条件

电动调节阀的工程应用条件包括介质类型、介质温度与压力、调节阀工作压差以及电源电压等级、输入输出型号类型等，确保电动调节阀技术参数满足其应用条件。

（2）确定阀体类型

暖通空调系统应用电动调节阀控制系统流量、压力或温度时，应根据控制精度要求，按照可调节电动蝶阀、可调节电动球阀、单座直通电动调节阀、双座直通电动调节阀的顺序确定阀体类型。

（3）计算阀体口径

电动调节阀口径的计算方法与手动调节阀一样，可参照前述手动调节阀的相关计算方法。

（4）安装要求

为确保电动调节阀能够长时间可靠运行，应尽量将其安装于温度较低的管道上，例如供热系统的回水管道，并参照产品本身技术资料确定其安装方向、角度的具体要求，另外在无法确保水质的情况下，应在其进口处设置过滤器，并设置旁通管道，保障调节阀故障时能正常运行。

7.4　水泵与变频器联合应用及加减泵技术

7.4.1　变频器概述

变流量技术是暖通空调系统的主流技术，而变频器则是实现变流量的关键设备。变频器（Variable Frequency Drive，简称：VFD），也称为变频驱动器，通过改变交流电动机的工作频率实现对其转速、转矩的调节。变频器一般是"交—直—交"的工作原理：利用整流器将工频交流电通过"斩波"转变为直流电，再利用逆变器将直流电逆变为改变频率的交流电，通常利用电容、电感构成的平波回路吸收电压脉动；还有一类变频器基于"交—交"的工作原理，即直接把工频交流电转换为频率改变的交流电，也称为直接式变频器。

变频器按照工作原理的不同通常可以分为 V/F 控制变频器（VVVF 控制）、转差频率控制变频器（SF 控制）和矢量控制变频器（VC 控制）三大类。对于暖通空调领域的水泵、风机类的三相异步电动机，通常使用 VVVF 控制类型的"交—直—交"变频器，实现变频调速节能。要强调的是，变频器不仅可以节能，而且可以克服电机启动电流大的问题从而实现软启动，利用变频器内部的滤波电容减少无功损耗补偿功率因素，通过其完善的保护功能实现电机的过载以及过流、过压等保护功能，真正做到一机多能，应在工程中推广使用。

7.4.2　水泵、风机的变频控制原理

暖通空调系统中动力设备主要是泵与风机，属于主要耗能设备，如何利用变频器实现合理高效的变流量技术，在降低水泵风机本身能耗的同时，促进燃气锅炉、冷水机组等冷热源设备的深度节能则是关键，目前工程应用中仍然存在一些误区，下面以水泵的变频调速为例进行说明。

根据变频器工作原理，当改变电动机频率时，水泵转速与频率成比例关系：

$$\frac{n_1}{n_2}=\frac{U_1}{U_2}=\frac{f_1}{f_2} \tag{7-1}$$

依据水泵相似率，则有：

$$\frac{G_1}{G_2}=\frac{f_1}{f_2}, \ \frac{H_1}{H_2}=\left(\frac{f_1}{f_2}\right)^2, \ \frac{N_1}{N_2}=\left(\frac{f_1}{f_2}\right)^3 \tag{7-2}$$

式中，f_1，f_2——变频器对应频率，Hz；

U_1，U_2——频率 f_1、f_2 对应输出电压，V；

n_1，n_2——频率 f_1、f_2 对应转速，r/min；

G_1，G_2——频率 f_1、f_2 对应流量，kg/s；

H_1，H_2——频率 f_1、f_2 对应扬程，kPa；

N_1，N_2——频率 f_1、f_2 对应功率，kW。

7.4.3　水泵变频工况性能曲线

1. 水泵工作点确定

要理解水泵变频控制技术，首先要掌握其分析方法，这就需要理解利用管路性能曲线与水泵性能曲线确定工作点的方法。通常选择水泵时，应使其额定工作点处于水泵工作高效区，表 7-8 为某型号单级离心泵性能参数表。

某型号离心泵性能参数 表 7-8

型号	工况点	流量(m^3/h)	扬程(m)	转速(r/min)	电机功率(kW)
100/160-15/2	1	0	38	2960	15
	2	70	36.5		
	3	100	32		
	4	120	24		

如上表所示，工况点 2、3、4 是水泵样本资料提供的数据，这是该水泵的高效区，应该使水泵额定工况接近点 3 的数据，这样即使水力计算有偏差，也能尽量使工作点处于高效区，所以利用这三对数据可用一元二次方程拟合出水泵的性能曲线：

$$H = AQ^2 + BQ + C \tag{7-3}$$

式中，H——水泵扬程，mH_2O；

Q——水泵流量，m^3/h；

A、B、C——水泵拟合曲线常系数。

上表中工况点 1 的数据是水泵零流量时对应的扬程，其实这个扬程就是上述拟合公式中的常系数 C，但利用高效区的三对数据拟合出的 C 与之偏差较大，即拟合公式对于工作点位于高效区时误差较小，而工作点偏离时误差则较大，此时可利用工况点 1、3、4 进行拟合，则拟合后的公式其适应性较强，整体计算误差较小。

对于管路性能曲线，依据流体力学，有：

$$\Delta P = SQ^2 \tag{7-4}$$

式中，ΔP——管路系统阻力，mH_2O；

S——管路系统阻力数。

当管路系统本身没有任何改变时，管路系统的阻力数 S 保持不变，假设系统额定流量为 $100m^3$/h，其阻力为 $32mH_2O$，则此工况下的 $S=0.0032$，依据上述水泵性能曲线和管路性能曲线的两个公式联立求解即可得到水泵工作点。系统在实际运行时，当管路系统的调节阀改变开度、管路分支断开或联通时，管路的阻力数也随之改变。

187

2. 水泵并联时的性能曲线

两台完全一样的水泵并联后的性能曲线如图 7-28 所示，曲线 1 是单台水泵工频下的性能曲线，只要将曲线 1 对应工况点的流量乘以 2，扬程保持不变，即可得到并联后的工况点，将得到的这些工况点连接起来就是两台泵的性能曲线 2，对于多台泵的并联方法类似。这种相同参数水泵并联工作时，每台泵的作用完全一样，称为完全并联。

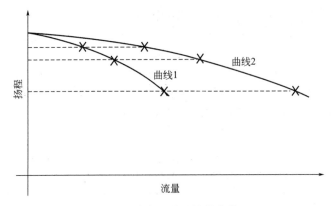

图 7-28　水泵并联性能曲线

对于水泵并联的情况，依据单台水泵性能曲线的拟合方程，很容易得到 N 台水泵并联后的拟合方程表达式：

$$H = A\left(\frac{Q}{N}\right)^2 + B\frac{Q}{N} + C \tag{7-5}$$

对于大小泵并联，若大泵和小泵在工作范围内其扬程没有重合的情况，即大泵的最小扬程大于小泵的最大扬程，则大小泵并联工作时，实际上只有大泵在提供流量而小泵不能提供流量，只是将机械能转化为热能损失掉，如图 7-29 所示。

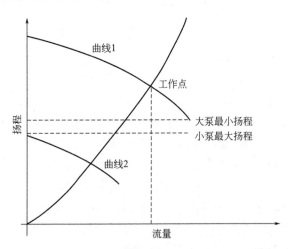

图 7-29　大小泵完全不能并联

由图中可以看到，大泵的性能曲线为曲线 1，小泵的性能曲线为曲线 2，实际工作点只是大泵提供流量，这种并联方式称为完全不能并联。

若大小泵并联工作，在有效流量范围内其扬程有重复的部分，此时水泵并联的工作点还取决于管路性能曲线，如图 7-30 所示。

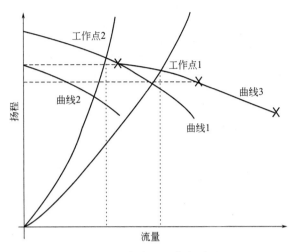

图 7-30　大小泵不完全并联

由上图可知，大泵的性能曲线为曲线 1，小泵的性能曲线为曲线 2，其并联后的性能曲线是像鸟翅一样的复合曲线 3。当管路性能曲线与并联性能曲线的工作点处于"鸟翅"右半部分时，如图中的工作点 1，大小泵都有流量贡献；而当管路阻力较大水泵实际工作点处于"鸟翅"左半部分时，如图中的工作点 2，只是大泵提供流量，这种并联方式称为不完全并联。

3. 水泵变频工况下的性能曲线

根据单台水泵在工频下的性能曲线 1，当改变其工作频率时，依据水泵相似率可以得到曲线 1 上任意一个状态点流量、扬程参数对应新频率下的参数，将这些计算参数对应的点连接起来就是任意变频工况下水泵的性能曲线，如图 7-31 所示。

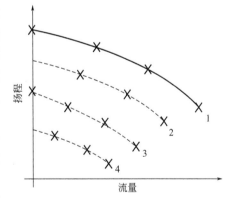

图 7-31　水泵变频工况下的性能曲线

同样，根据工频下单台水泵性能曲线的拟合方程，利用水泵相似率很容易得到任意频率下单台水泵性能曲线的拟合方程表达式：

设工频下某水泵的工况点为 Q_0、H_0，任意频率 f 对应的水泵流量、扬程为 Q、H，则有：

$$H_0 = \frac{H}{f^2}, \ Q_0 = \frac{Q}{f}$$

所以代入水泵工频下的性能曲线拟合公式，有：

$$\frac{H}{f^2} = A\left(\frac{Q}{f}\right)^2 + B\frac{Q}{f} + C \tag{7-6}$$

化简得到任意频率下水泵性能曲线的理论拟合公式：

189

$$H = AQ^2 + B\overline{f}Q + C\overline{f}^2 = A'Q^2 + B'Q + C' \tag{7-7}$$

式中，　　$\overline{f}$——工作频率与工频 50Hz 的比值 $\overline{f}=f/50$；

A'、B'、C'——某一工作频率下的水泵性能曲线拟合公式系数，其满足：$A'=A$、$B'=B$ $\overline{f}$、$C'=C\overline{f}^2$。

由图 7-31 可以看出，当水泵配置变频器后，水泵的工作点可以是从原点至工频性能曲线两端点之间的一个扇形区域，而未配置变频器的水泵智能沿着工频下的性能曲线移动，所以配置变频器大大拓展了水泵的工作区间，同时也带来了应用上的复杂性。

7.4.4　水泵的变频控制技术

1. 并联水泵总流量变化规律

根据前述示例水泵参数，根据工作点 1、3、4 的数据计算可得其拟合性能曲线的常系数为：$A=-1.818\times10^{-3}$，$B=0.1218$，$C=38$，所以该水泵性能曲线表达式：

$$H = -1.818\times10^{-3} \times Q^2 + 0.1218Q + 38$$

水泵实际工作点可由下式确定：

$$-1.818\times10^{-3} \times \left(\frac{Q}{N}\right)^2 + 0.1218\frac{Q}{N} + 38 = SQ^2$$

下面以 4 种设计条件示例说明水泵在工频下投运不同台数的流量变化规律。假设管网的设计流量分别是 $100\,\mathrm{m^3/h}$、$200\,\mathrm{m^3/h}$、$300\,\mathrm{m^3/h}$ 和 $400\,\mathrm{m^3/h}$，其管网阻力均为 32m H_2O，按照暖通空调水泵选型方法，选择上述的示例水泵并按照不同台数配置，分别设置 1 用 1 备、2 用 1 备、3 用 1 备、4 用 0 备，经计算可得 4 种设计条件下管道的阻力数分别 0.0032、0.0008、0.00036 和 0.0002，代入上式即可得到开启不同台数水泵时的水泵流量变化规律，如表 7-9 所示。

水泵不同运行台数下的流量（单位：$\mathrm{m^3/h}$）　　　　　表 7-9

投运 \ 流量	1 用 1 备		2 用 1 备		3 用 1 备		4 用 0 备	
	总计	单台	总计	单台	总计	单台	总计	单台
1	100.0	100.0	146.0	146.0	163.2	163.2	170.7	170.7
2	110.6	55.3	200.0	100.0	257.3	128.7	291.9	146.0
3			216.1	72.0	299.9	100.0	362.1	120.7
4					318.7	79.7	400.0	100.0

从上表可以明显看出，只有在额定工况下，每台泵提供额定流量，当超过额定流量时，增加水泵投运台数而增加的流量并不大，因为水泵并不能为增加的流量提供额外的扬程，而随着水泵相比额定运行工况减少投运水泵台数时，减小的流量并不能成比例变化，导致水泵"超流量"而过载。额定设计工况的水泵台数越多而实际开启的水泵台数越少时，这种超流量现象更加严重，如果没有完善的电机保护功能，甚至会导致水泵电机烧毁。若水泵没有配置变频器，就必须通过调节阀节流达到限制水泵流量以防止其过载的目的。

2. 水泵的极限频率

由前述可知，变频器功能强大，能够解决工程应用中的很多问题。在阐述变频控制技术之前可首先了解"极限频率"的概念。

极限频率是指当前处于工作状态的水泵，无论是其单独运行还是与其他水泵联合运行，水泵变频器所能允许的最大工作频率，即当水泵运行频率超过其当前运行情形下的极限频率时，水泵以及变频器就会发生过载，通过变频器的自我保护机制就会导致故障报警甚至停机。下面分析不同情况下水泵极限频率的计算方法。

（1）水泵选型过大时的极限频率

通常情况下，由于水力计算不准确或其他情况导致水泵扬程过大，即实际管道的阻力数小于计算工况下的管道阻力数，当开启水泵时，如果运行频率较高就会导致超流量运行。下面以示例说明这种情况下极限频率的计算方法。

示例：某空调水系统，水泵采用一用一备，其额定参数如前述示例水泵：额定流量为 $100 \mathrm{m}^3/\mathrm{h}$；额定扬程为 $32 \mathrm{m} \mathrm{H}_2\mathrm{O}$；实际管网运行流量为 $100 \mathrm{m}^3/\mathrm{h}$ 时，其实际阻力为 $24 \mathrm{m} \mathrm{H}_2\mathrm{O}$。计算该水泵极限频率：

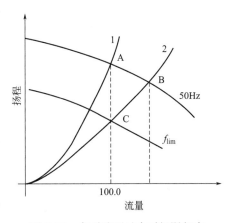

图 7-32　水泵选型过大时极限频率

解：如图 7-32 所示，计算工况下管路性能曲线为曲线 1，与 50Hz 下水泵性能曲线交点 A 为工作点，流量为 $100 \mathrm{m}^3/\mathrm{h}$，扬程为 $32 \mathrm{m} \mathrm{H}_2\mathrm{O}$。而实际运行时，由于管网阻力数偏小，其性能曲线由曲线 1 变为曲线 2，实际工作点为 B，要想使水泵工作于额定流量，则工作点应为 C，此时计算出通过 C 点的变频后水泵性能曲线的频率即为极限频率。

管网实际的阻力数：

$$S = \Delta P / Q^2 = 0.0028$$

根据管网性能曲线和水泵性能曲线，其工频状态下工作点满足：

$$-1.818 \times 10^{-3} \times Q^2 + 0.1218 Q + 38 = 0.0028 Q^2$$

可求得，工频状态下的流量为：

$$Q = 110.4 \mathrm{m}^3/\mathrm{h}$$

也可计算出此时水泵的扬程为 $34.1 \mathrm{m} \mathrm{H}_2\mathrm{O}$，若使水泵运行时不超过其额定流量，其极限频率：

$$\frac{f_{\lim}}{50} = \frac{100}{110.4}$$

式中，$f_{\lim}$ —— 水泵运行极限频率，Hz。

可计算 $f_{\lim} = 45.3 \mathrm{Hz}$，即水泵运行时其极限频率为 45.3Hz，当达到该频率时水泵达到其额定流量，超过此频率水泵会超流量，不仅会导致能耗增加，也会增加其他设备的超流量风险，超过变频器的额定功率则会停机保护，这种"意外"停机可能会引发进一步的风险如冷水机组的急停以及冬季设备、管路等的冻结风险。

（2）水泵完全并联时的极限频率

当多台相同的水泵并联，而实际运行时只开启部分水泵时，若水泵运行频率过高也会导致超流量问题，如表 7-10 所示，以水泵 4 用 0 备设计条件为例，在工频 50Hz 下分别开启 1 台、2 台、3 台和 4 台的情况下，其单台水泵的流量分别为 170.7m³/h、146.0m³/h、120.7m³/h 和 100.0m³/h，则根据要求的额定流量很容易求得：

$$f_{lim1} = 29.4Hz, \quad f_{lim2} = 34.2Hz, \quad f_{lim3} = 41.4Hz, \quad f_{lim4} = 50Hz$$

式中，f_{lim1}、f_{lim2}、f_{lim3}、f_{lim4}——水泵分别开启 1 台、2 台、3 台和 4 台情况下运行极限频率，Hz。

从上述计算结果可以看到，当水泵实际运行数量越少时，其极限频率也越低，利用变频器可以解决部分水泵运行过载的问题，而无需阀门节流。需要说明的是计算的水泵极限频率和设计条件下的水泵台数、水泵参数以及管网阻力数等因素都有关系，计算数值也各不相同，表 7-10 是针对前述水泵不同配置情况下的极限频率。

水泵不同配置下的极限频率 表 7-10

投运＼流量	1用1备		2用1备		3用1备		4用0备	
	单台流量（m³/h）	极限频率（Hz）	单台流量（m³/h）	极限频率（Hz）	单台流量（m³/h）	极限频率（Hz）	单台流量（m³/h）	极限频率（Hz）
1	100.0	50.0	146.0	34.2	163.2	30.6	170.7	29.4
2			100.0	50.0	128.7	38.9	146.0	34.2
3					100.0	50.0	120.7	41.4
4							100.0	50.0

（3）扬程相同流量不同的大小泵并联时的极限频率

实际工程中经常会有设计工况下水泵的扬程相同而流量不同的大小泵并联，如图 7-33 所示，实线 1 和实线 2 分别是大泵和小泵在工频下的性能曲线，两台泵同时工作时，其联合工作点为 A，此时每台水泵的流量均为其额定流量，扬程也为其额定扬程系统。当只有大泵工作时其工频下的工作点为 B，只有小泵工作时其工频下的工作点为 C，可以看到单独工作的大泵或小泵均会超流量，计算出这两种情况下的水泵流量，利用水泵相似率可以分别求出大小泵各自的极限频率。虚线 4 和虚线 5 则分别是大小泵极限频率下的性能曲线，D 点和 E 点则是各自对应的变频后的工作点，计算过程和前述方法一样。从图中可以明显看出，小泵的流量与总流量的比例越小也即大小泵流量相差越大时，小泵的极限频率也越低，虽然变频可以实现小泵的防过载，但实际工程中当小泵单独工作时，系统的总流量过小，若末端设备没有有效的调节手段，会造成更加严重的水力失调，所以当需要选择大小泵时需要慎重考虑。

（4）扬程流量不同的大小泵并联时的极限频率

设计工况下水泵的流量和扬程都不同的大小泵并联时，在工频情况下二者并联运行会出现不完全并联和不能并联的情况，实际运行时，为更好地使大小泵联合工作，首先需要计算大泵的频率极限，如图 7-33、图 7-34 所示。

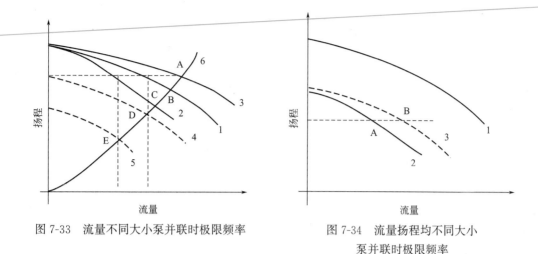

图 7-33　流量不同大小泵并联时极限频率　　　图 7-34　流量扬程均不同大小泵并联时极限频率

上图中实线 1 和实线 2 分别是大泵和小泵在工频下的性能曲线，A 点是小泵的额定工况点，虚线 3 是大泵变频至某一频率时的性能曲线，在该频率下，大泵工频下的额定工况点变化至 B 点，且 A 点和 B 点对应的扬程一样，计算出此时曲线 3 对应的频率即为大泵的极限频率，下面以示例进行说明。

示例：某系统 1 台大泵与 1 台小泵并联，大泵的额定工况参数：流量为 $100\text{m}^3/\text{h}$，扬程为 $32\text{mH}_2\text{O}$；小泵的额定工况参数：流量为 $50\text{m}^3/\text{h}$，扬程为 $20\text{mH}_2\text{O}$。计算大小泵并联运行时的极限频率。

解：根据大泵变频后的扬程，可以根据水泵相似率计算此时对应的频率，

$$\frac{f_{\lim}}{50}=\frac{\sqrt{20}}{\sqrt{32}}$$

计算得到 $f_{\lim}=39.5\text{Hz}$，这就是大泵与小泵联合工作时大泵的极限频率，若大泵的运行频率超过此数值，基本上小泵不能提供有效流量，或者提供非常小的流量（此种情况是因为大泵与小泵还有扬程重合的部分，即使小泵能提供流量其工作点也已远离其高效点）。更复杂的情况是，还必须考虑此时管道的阻力数，看其联合工作点是否超流量，本例可以计算出这种理想情况下对应的总流量为 $100\times39.5/50+50=129\text{m}^3/\text{h}$，若超过此流量，可按前述方法进行大小泵极限频率的修正。

（5）水泵运行频率下限的确定

上面分析了各种运行条件下水泵极限频率的确定，这是水泵运行频率的上限，超过该值就会导致水泵超流量、过载甚至停机。随着负荷需求下降可以降低运行频率，但频率降低到一定程度，电压脉动变得更加明显，这对水泵和变频器都是不利的，另外有些水泵的降温风扇是和泵轴直连的，也会导致散热效果变差，而且对暖通空调系统而言，太小的流量会导致冷热源设备风险的增加和水力失调的加剧，综合多种因素，对于水泵最低频率，控制在其最大流量的 50% 即可，所以水泵运行频率下限一般设置为其极限频率的一半。

3. 水泵的同步变频

"同步变频"指的是多台水泵并联运行时，任意工况下均保持水泵实际扬程一致的技

193

术。同步变频的关键是扬程同步而不是频率同步。对于完全相同的水泵并联情况很简单，由于其并联运行时极限频率均一样，所以只要任意时刻各台水泵变频器保持频率一致即可实现同步变频；而对于扬程不同的大小泵并联，要实现同步变频必须保证各台泵频率的等比例变化，以上例所示，小泵极限频率为50Hz，大泵的极限频率为39.5Hz，当需要的流量变化至极限流量的80%时，小泵需变频至40Hz，而大泵需变频至31.6Hz，只有按照极限频率等比例变化，才能确保大小泵提供同样的扬程，防止出现不完全并联或不能并联的情况。

4. 水泵变频控制技术

暖通空调系统的实际工程应用变频器实现变流量技术，需要充分掌握水泵、变频器联合工作的特性，才能充分发挥变频器的作用，但如果应用变频技术不合理则可能导致潜在的风险，下面将水泵变频控制工程应用技术要点进行总结。

(1) 水泵台数

当暖通空调系统水泵并联使用时，水泵之间存在能量的互相抵消，导致并联水泵运行总流量下降，并联台数越多，这种趋势越严重；随着水泵并联台数增加，单台水泵流量与总流量的比例减小，当实际需要开启水泵数量逐渐减少时，其极限频率也逐渐降低，水泵及变频器的运行条件将会变差，所以水泵并联使用的台数一般不要超过4台，当系统总流量确实较大时，可以用划分系统的形式尽量避免。

(2) 大小泵配置

从前面的分析可以看出，无论是流量不同还是扬程不同的大小泵，并联使用都会带来额外的问题，使得变流量技术更加复杂。通常大小泵配置是根据负荷变化规律以及冷热源设备的配置而确定的，以及基于"一机一塔一泵"常规设计方法。由于当前冷热源设备都有较强的负载调节能力，所以尽量配置容量相同的冷热源设备，若确实需要配置不同容量的冷热源设备，对于水泵也可以独立配置为相同的水泵，即水泵台数、流量与冷热源设备并没有对应关系，这样使得变流量技术更加简单、有效。

(3) 变频器配置

对于暖通空调系统，若借助变频器实现变流量调节，合理的配置方式是变频器与水泵一一对应，所谓的"一拖多"变频应用技术会造成工频泵与变频泵并联运行的情况，这会导致不完全并联甚至不能并联的情况出现，使变频运行的泵可能会做无用功而浪费能源，此种应用情况下，变频器只是起了个"软启动"的作用，调节工况的能力非常有限，所以要满足良好的调节能力应为每台水泵配置变频器，而且当前变频器的价格相比应用之初已经大幅度下降。对于备用泵也建议配置单独的变频器，虽然备用泵可以和其他水泵通过电气互锁共用一台变频器，但大大降低了水泵的备用性，当公用的变频器出现故障时会导致使用此变频器驱动的水泵均无法正常运行，必须现场改变变频控制柜配线才可能满足系统需求。

(4) 利用变频器实现加减泵技术

对于并联台数较少的系统，因负荷变化导致的流量变化较小时，可以简单地利用同步变频技术实现变流量，即任意时刻并联水泵全部投入运行，就像一台泵一样，变流量控制也简单可靠。水泵并联台数较多、负荷变化较大时，则可以采用基于极限频率的加减泵技术，随着流量需求变化改变运行台数。为防止水泵过载、变频器停机等问题的出现，应该对水泵各种运行条件下的极限频率仔细分析计算，必要时可以现场测试、验证，对于前面4 台泵并联的示例，其基于极限频率的加减泵过程如图 7-35 所示。

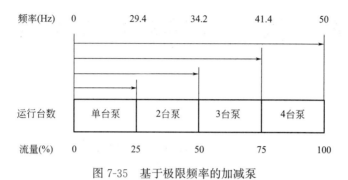

图 7-35　基于极限频率的加减泵

（5）水泵变频控制技术其他注意事项

利用变频器可以实现水泵的软启动，但要注意合理设置变频器加减速时间；变频器是功率器件，通常配置变频器的功率不能小于水泵电机功率；变频器运行时过压、过流、缺相等故障出现时，会停机保护，控制系统必须考虑对此种情况出现时的安全应急保护。

7.5　本章小结

本章主要内容是暖通空调控制系统涉及的传感器、执行器的基本知识和工程应用的一些要点。对于常见的传感器和执行器的类型、工作原理、接线方式及工程选型要点作了介绍，重点讲述了变频器控制下的变流量技术。变频器作为暖通空调控制领域当中最重要的一种执行器，在变流量技术中起着至关重要的作用，只有掌握变频器控制下的水泵工作特性，在实际控制中才能制定良好的变流量控制策略，从而保障加减机、加减泵策略的有效运行，确保系统运行安全可靠的同时，大幅度降低系统运行能耗，可以说变频控制技术是整个控制系统的核心技术。

第8章 计算机控制系统

8.1 计算机控制器

单片计算机（Single-Chip Microcomputer）简称单片机，是一种集成电路芯片，其采用超大规模集成电路技术把具有数据处理能力的中央处理器（包括运算器、控制器）和常用外设单元如存储器、总线、I/O 接口、中断系统等集成到一块硅片上，构成一个小而完善的微型计算机系统。应用目标、领域不同的单片机还会根据需求集成扩展为音视频驱动、AD 及 DA 转换等功能单元。在工业控制领域单片机被广泛应用，所以又称为单片微控制器。

目前主流的单片机根据数据总线宽度分为 8 位、16 位、32 位，其数据处理速度越来越快，图 8-1 是 ST 公司生产的广泛应用于工业控制领域的 32 位单片机 STM32F407ZET6 的外观，采用 LQFP100 封装，其外形尺寸为 14mm×14mm。

图 8-1　STM32F407ZET6
单片机外观图

STM32F407XX 系列是基于 Cortex-M4 核心的 32 位 CPU，工作频率高达 168MHz，支持单精度的浮点单元（FPU），支持所有单精度数据处理指令和数据类型。具有高速嵌入式存储器（高达 1Mbytes 的 Flash 存储器和 192Kbytes 的 SRAM），高达 4 千字节的备份 SRAM，以及与 2 个 APB 总线、3 个 AHB 总线和 1 个 32 位多层 AHB 总线矩阵相连的增强 I/O 和外围设备，并且提供了三通道 12 位 ADC、两通道 DAC、1 个低能耗 RTC、12 路通用 16 位定时器和 2 路通用 32 位定时器以及真正的随机数发生器，还具有标准的通信接口。

基于单片机核心，通过外围电子元器件扩展存储器、通信模块、过程通道接口模块等，经过电路原理图设计、PCB 板布线设计等单片机等开发过程，以满足某种过程控制需求，就是通常所说的单片机控制器。因为单片机基于微型计算机的架构，外围电路主要是基于数字电路，有别于基于模拟电路的模拟控制器，所以统称为计算机控制器。计算机控制器根据其架构可以分为整体式和模块式，整体式控制器结构简单、资源相对固定，一般用于某一特定领域的简单控制；模块式控制器通过各种功能模块的灵活组合，可以适应各种复杂控制需求，通常可以针对各个领域实施控制。

在计算机控制器范畴中有一种被工业控制领域中大量使用的通用型控制器——PLC。

PLC（Programmable Logic Controller）称为可编程逻辑控制器，实际上 PLC 就是一种专用于工业控制的单片机控制器，其典型特征是"可编程"。采用可编程的存储器，可以使用标准化的编程语言编程，如利用顺序功能图（SFC）、梯形图（LD）、功能模块图（FBD）图形化的语言或者语句表（IL）、结构文本（ST）等文本类语言进行监控程序的开发，仿真调试后下载至内部存储器，用于控制设备或生产过程。尤其是图形化的编程模式大大降低了控制系统开发和应用的难度，得到了广泛应用。

与一般性的单片控制器相比，其特点是：

（1）编程简单，无需比较专业的计算机相关软硬件基础，开发速度快，容易调试、维护；

（2）采用模块式架构，能灵活配置适应系统控制需求；

（3）可靠性高，PLC 采用专门的可靠性和抗干扰设计，大量工程实践已充分证明了其可靠性和极强的抗干扰能力，可以可靠工作于工业现场。

（4）设计、安装及调试的工作量小、周期短，维护方便。

自从 20 世纪 60 年代末 PLC 诞生，到 70 年代微处理器开始出现并应用于 PLC，起初它是微处理器技术与继电器控制相结合的产物，其主要功能就是根据逻辑条件进行顺序控制、时序控制以及对大量开关量、脉冲量等离散量的采集监视。80 年代至 90 年代是 PLC 极速发展的 20 年，数据处理速度不断提高的同时，其模拟量处理能力、通信能力也得到大幅度提高，并逐渐进入过程控制领域与 DCS 系统并存，20 世纪末结合现代工业技术发展的需求，PLC 向大型化发展，出现了许多大型 PLC，性能不断提高、功能不断加强、网络通信能力也大大提高，各种规模的 PLC 已不再局限于逻辑控制，原则上可应用于各种领域的监控。

单片机控制器同 PLC 的区别在于，PLC 体系结构相对封闭，各厂家的软硬件体系互不兼容，需要特定的编程软件和编程语言，但产品成熟，运行稳定可靠，有较强的通用性；而单片机控制器使用单片机结合各种外围功能器件，可以开发各种系统，使用更加灵活，可以在专门的应用领域实现有针对性的控制需求，但其开发需要对单片机、大量外围器件及编程语言有相当程度的掌握才能完成。单片机控制器的种类多种多样，如家电控制类的洗衣机控制器、家用空调控制器等，以及工业领域的 PID 调节器、温度控制器等。

计算机控制器除了上述的单片机控制器、PLC 外，还有与通用 PC 非常接近的工业控制计算机（IPC）和嵌入式计算机（EPC），只是它们采用的元器件通常都是工业品级的，稳定性好、抗干扰能力强，更适应环境恶劣的工业控制现场。

8.2　计算机控制系统

计算机控制系统是利用计算机实现对工业过程数据进行监视、测量、控制、报警、存储、分析处理等功能而构成的系统，具有实时性强、可靠性高、易维护的特点。这里的计算机泛指各种类型的数字计算机，包括单片机控制器、PLC 及 IPC、EPC 等。计算机控制系统主要是由计算机控制器、现场传感器、执行器及被控对象组成，其他还包括必要的人机界面、通信装置等。

计算机控制系统根据其功能及控制目标大致分为以下几类：

（1）数据采集系统（DAS）

数据采集系统（Data Acquisition System）只进行数据的采集以及数据分析和处理，按照需求进行显示、报警等，并不直接参与控制。

（2）直接数字控制系统（DDC）

直接数字控制系统（Direct Digital Control）利用仪表监测过程变量，直接传送到现场计算机控制器，通过计算机控制器对数据的处理运算，给出相应的控制信号，直接将指令输出到执行器，使被控变量达到要求的设定值。这种系统由计算机直接承担控制任务，要求实时性好、可靠性高和适应性强。

（3）监督计算机控制系统（SCC）

监督计算机控制系统（Supervisory Computer Control）属于两级控制，上位监督计算机根据生产过程的工况和被控对象数学模型，进行优化分析并计算设定值，下发至下位机DDC执行。上位监督计算机系统承担高级控制与管理任务，要求数据处理性能强，一般采用性能较强的通用PC。

（4）分布式控制系统（DCS）

分布式控制系统（Distributed Control System），也称为集散控制系统，其典型特征是控制分散、信息集中，采用分级架构，现场DDC控制器将其监控信息统一上传至上位机进行数据集中显示、存储和分析处理，而上位机工程师工作站可以对下位DDC的设定值、控制策略等进行修改。

（5）现场总线控制系统（FCS）

现场总线控制系统（Fieldbus Control System），是分布式控制系统的发展方向，通过数字化的现场总线解决了控制器之间、控制器与现场仪表、智能模块之间通信互联的问题。现场总线是连接工业现场仪表和控制装置之间的全数字化、双向、多站点的串行通信网络。

8.3 嵌入式单片机控制器 HVAC EASY-V 硬件开发

8.3.1 概述

暖通空调系统无论是冷热源系统还是末端系统，系统种类多种多样，监控功能需求也不尽相同，可以使用主流的PLC构建其监控系统，虽然PLC可以使用标准化、图形化的编程语言，大大降低了PLC控制系统的开发门槛，但单片机控制器以其灵活的、有针对性的软、硬件底层开发，针对一些特殊或专有的应用需求仍然具备极大的优势。这里以作者开发的暖通空调专用智能控制器HVAC EASY-V为例进行介绍，旨在让相关技术人员了解单片控制器的开发流程、使用的开发工具，以及控制器软硬件的知识，抛砖引玉，从而掌握控制器硬件的底层电路原理、接口方法，加深对控制系统的理解，更好地完成监控系统的设计。

单片控制器的开发主要包括以下流程：产品需求分析、硬件功能设计、样机硬件开发、控制软件开发、样机测试、产品定型。下面对单片控制器开发的关键点进行简单说明。

8.3.2　需求分析

1. 控制器使用场景

HVAC EASY-V 单片机智能控制器应用于暖通空调领域各种系统的监控，尤其是针对复杂冷热源系统的有效监控。控制器基于自组态技术，利用"1-4-2-3-8-N"的理论体系，可以实现对控制系统的标准化的组态，并能够实现控制器的快速组网，以满足暖通空调系统基于云平台的智慧用能技术，其监控体系整体架构如图 8-2 所示。

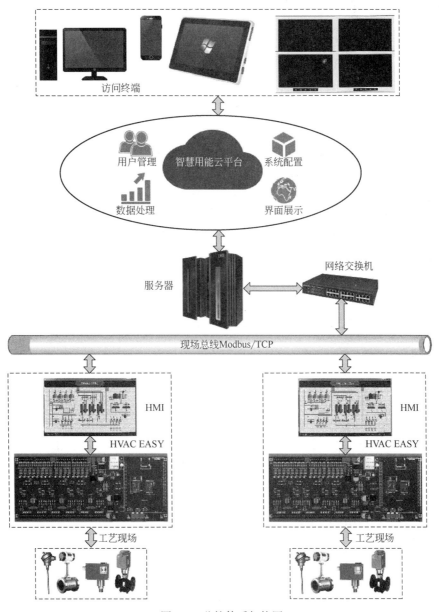

图 8-2　监控体系架构图

2. 控制器功能需求

根据控制器应用场景，HVAC EASY-V 控制器主要应用于暖通空调系统的监控。在满足数据、指令处理速度的前提下，实现系统的监视、测量、控制、报警及数据的存储等基本功能，并结合当前网络通信需求实现远程通信，通过人机界面结合自组态技术，实现暖通空调监控系统的快速组态、标准化部署。

首先明确 HVAC EASY-V 控制器属于常规单片控制器，但开发过程借鉴了可编程控制器的相关标准和大量芯片厂商提供的技术资料。

HVAC EASY-V 控制器硬件主要功能需求如下：

（1）核心微处理器应具有 32 位数据处理能力，工作频率≥100MHz，整数运算能力达到 200MDMIPS 以上，具备浮点运算处理能力；

（2）控制器整体机构采用模块式架构，具备一定的扩展能力；

（3）具备 32 路以上经过光电隔离的数字量输入通道；

（4）具备 32 路以上经过光电隔离的数字量输出通道；

（5）具备 16 路以上兼容各种工业标准直流电压、电流信号的模拟量输入通道；

（6）具备 4 路以上兼容各种工业标准直流电压、电流信号的模拟量输出通道；

（7）具备至少 1 路 RS232 接口，支持标准串行通信协议；

（8）具备至少 2 路 RS485 接口，支持标准的主/从 Modbus/RTU 通信协议；

（9）具备至少 1 路 ERTHNET 接口，支持标准 TCP/IP 通信协议；

（10）具备至少 256MbitNAND FLASH 存储器，满足本地数据存储需求。

以上功能需求可分为 4 类：基本需求、通信需求、监控需求、存储需求。如图 8-3 所示。

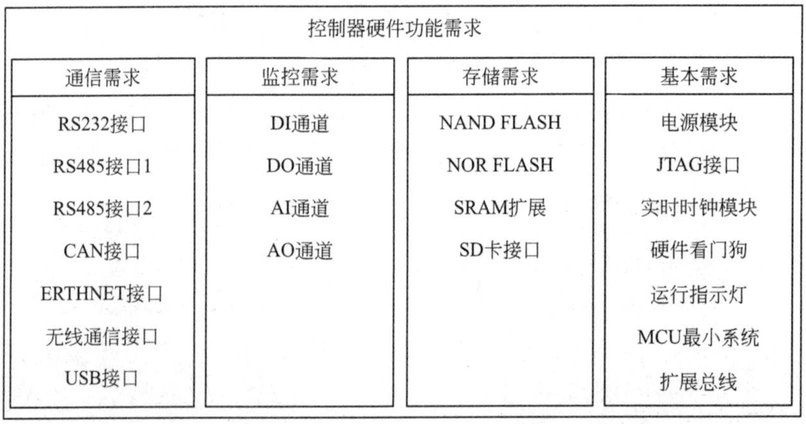

控制器硬件功能需求			
通信需求	监控需求	存储需求	基本需求
RS232接口	DI通道	NAND FLASH	电源模块
RS485接口1	DO通道	NOR FLASH	JTAG接口
RS485接口2	AI通道	SRAM扩展	实时时钟模块
CAN接口	AO通道	SD卡接口	硬件看门狗
ERTHNET接口			运行指示灯
无线通信接口			MCU最小系统
USB接口			扩展总线

图 8-3　控制器硬件功能需求

8.3.3　控制器架构设计

基于前述控制器硬件功能需求分析，确定 HVAC EASY-V 控制器的模块式架构如图 8-4 所示，共包括 4 种电路板：核心板、扩展底板、开关量扩展板及模拟量扩展板。

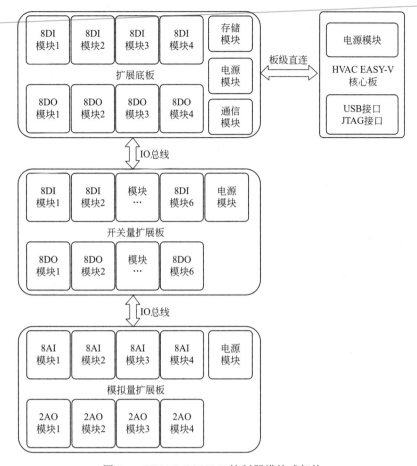

图 8-4　HVAC EASY-V 控制器模块式架构

8.3.4　控制器核心元器件选型

借鉴可编程控制器设备要求的相关标准，参考一些厂家提供的开发板原理图，基于硬件功能需求对控制器核心的元器件进行了选型，下面对其主要性能参数、功能特点作一简单描述：

1. 微处理器

意法半导体的 STM32F407 系列可以面向需要在小至 10mm×10mm 的封装内实现高集成度、高性能、嵌入式存储器和外设的医疗、工业与消费类应用，能够提供工作频率为 168MHz 的 Cortex™-M4 内核（具有浮点单元）的性能。在 168MHz 频率下，从 Flash 存储器执行时，STM32F407 单片机能够提供 210DMIPS/566CoreMark 性能，并且利用意法半导体的 ART 加速器实现了 FLASH 零等待状态，DSP 指令和浮点单元扩大了产品的应用范围。

HVAC EASY-V 控制器选用的具体型号为互联网型 STM32F407ZET6，其核心外设主要包括：

（1）具有符合 IEEE 1588 v2 标准要求的以太网 MAC10/100 机接口；

（2）2 个 USB OTG（其中一个支持 HS）；

（3）专用音频 PLL 和 2 个全双工 I^{2}S；

（4）通信接口多达 15 个（包括 6 个速度高达 11.25MB/s 的 USART、3 个速度高达 45MB/s 的 SPI、3 个 I^{2}C、2 个 CAN 和 1 个 SDIO）；

（5）具备 2 个 12 位 DAC、3 个速度为 2.4MSPS 或 7.2MSPS（交错模式）的 12 位 ADC；

（6）频率高达 168MHz 的 16 和 32 位定时器，数量多达 17 个；

（7）可以利用支持 Compact Flash、SRAM、PSRAM、NOR 和 NAND 存储器的灵活静态存储器控制器轻松扩展存储容量；

（8）基于模拟电子技术的真随机数发生器；

（9）整合了加密 HASH 处理器，为 AES 128、192、256、3DES 和 HASH（MD5、SHA-1）实现了硬件加速；

（10）具有 512KB Flash 和 192KB SRAM，采用尺寸为 14mm×14mm 的 LQFP100 封装形式。

2. 存储器扩展芯片

NAND 存储器容量范围从 128Mbits 到 1Gbits，可在 1.8V 或 3V 电源下工作，根据设备的总线宽度是 x8 还是 x16，页面大小为 528bytes（512＋16 个备用）或 264words（256＋8 个备用），地址线在与 8 位或 16 位数据输入/输出信号多路复用，大大减少接口管脚数量，并可兼容存储密度不同的器件。每个数据块可编程和擦除超过 100000 个周期。写保护引脚可用于针对程序和擦除操作提供硬件保护。该芯片具有就绪/忙信号可用于识别程序/擦除/读取（P/E/R）控制器当前是否处于活动状态。

控制器选用意法半导体的 NAND512-A 作为数据存储器扩展，其主要功能特性：

（1）高达 512Mbits 的内存阵列，大容量存储的经济高效解决方案；

（2）NAND 接口支持 x8 或 x16 总线宽度，多路复用地址/数据，所有密度的引脚兼容；

（3）3V 器件支持电压 2.7～3.6V，1.8V 器件支持电压 1.7～1.95V；

（4）页面读写时间：随机存取 12μs（最大），顺序存取 50ns（最小），页面编程时间 200μs（典型值）；

（5）快速块擦除，块擦除时间仅 2ms（典型）；

（6）数据完整性：100000 个编程/擦除周期，10 年数据保留期；

（7）其他：状态寄存器、支持电子签名等；

（8）器件有多种封装，选用 TSOP48。

其逻辑功能框图如图 8-5 所示。

3. 模数（A/D）转换器

虽然 STM32F407 本身具备 DAC 和 ADC，但其通道数量、精度等不能满足过程控制需求，控制器选用了专用的模数转换器和数模转换器。

模数转换器选用德州仪器的 8 通道串行接口 ADS8688，是基于 16 位逐次逼近（SAR）

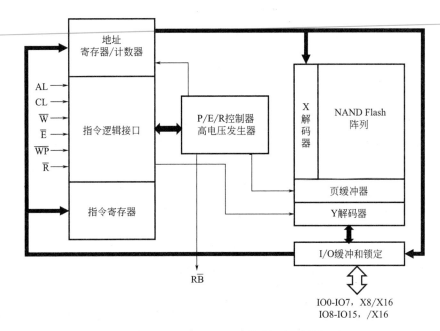

图 8-5 NAND512-Flash 存储器逻辑功能框图

型模数转换器，吞吐量高达 500-kSPS。ADS8688 提供了简单的 SPI 兼容的串行接口并支持多个设备的菊花链接，数字电源的工作电压支持 1.65～5.25V，可以与各种电压等级的主控制器接口直接连接。

ADS8688 的主要功能特点：

（1）集成模拟前端的 16 位模数转换器；

（2）具备自动和手动扫描模式的 8 通道多路复用开关；

（3）每个通道可单独编程设置输入量程：双极性包括±10.24V、±5.12V、±2.56V，单极性包括 10.24V 和 5.12V；

（4）5V 模拟供电，支持 1.65～5V 的 I/O 电压；

（5）恒定 1MΩ 的输入阻抗；

（6）高达±20V 的过电压保护；

（7）片载 4.096V 低温漂移基准参考电压；

（8）优秀的性能：吞吐量高达 500-kSPS，DNL±0.5LSB，INL±0.75LSB，SNR92dB，THD-102dB，65mW 低功耗；

（9）支持菊花链的 SPI 兼容接口；

（10）工业温度范围：−40～125℃；

（11）多路复用器可直连模拟量输入信号；

（12）采用 TSSOP-38 封装（9.7mm×4.4mm）。

其功能框图如图 8-6 所示。

4. 数模（D/A）转换器

数模转换器选用德州仪器的双通道串行接口 DAC8760，该 DA 转换器是低成本、高精度、全集成 16 位数模转换器，设计用于满足工业过程控制应用的要求。软件编程设定输

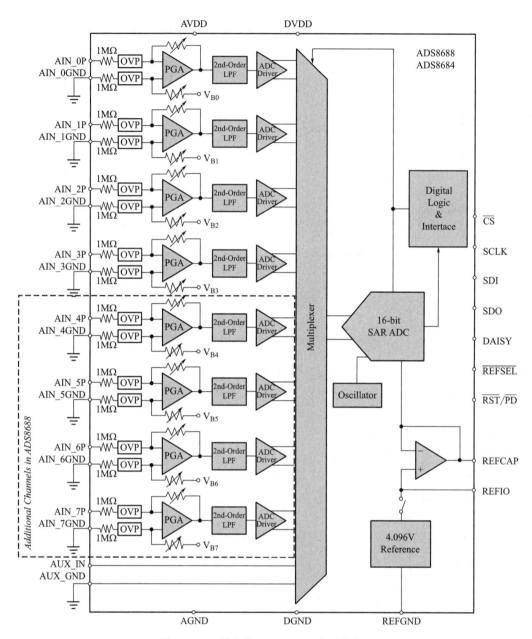

图 8-6 AD 转换器 ADS8688 逻辑功能框图

出量程为 4～20mA、0～20mA 或 0～24mA 的电流信号或者 0～5V、0～10V、±5V、±10V 的电压信号，可超出量程范围 10％，其功能特性：

（1）总未调节误差 TUE：±0.1％最大 FSR；

（2）微分非线性 DNL：±1LSB；

（3）同步电压和电流输出；

（4）片载 5V 内部基准电压（10ppm/℃）；

（5）4.6V 内部电源输出；可靠性特性：循环冗余码 CRC 校验和看门狗定时器、过热报警、开路报警、短接电流限制；

（6）工作温度：$-40\sim125℃$；

（7）VQFN-40 超薄四方扁平无引线封装和散热薄型 HTSSOP-24 封装可选。

其功能框图如图 8-7 所示。

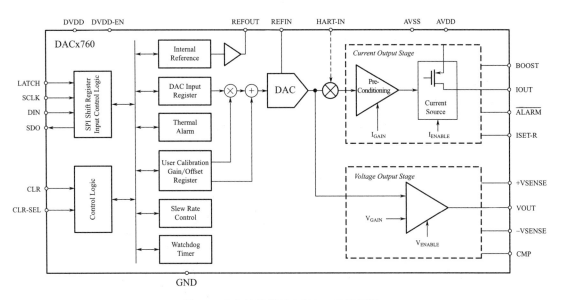

图 8-7　DA 转换器 DAC8760 功能框图

厂商提供的单个通道的接口原理图如图 8-8 所示。

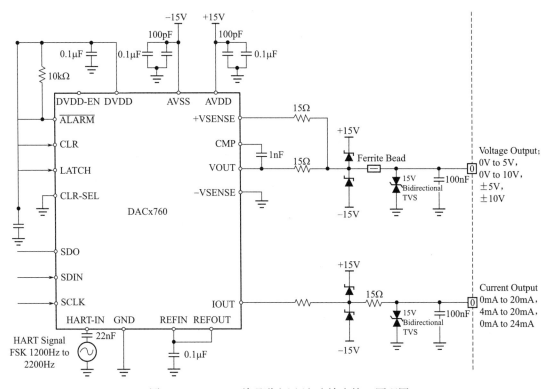

图 8-8　DAC8760 单通道电压/电流输出接口原理图

5. 并联负载 8 位移位寄存器

SN74LV165A 是兼容 2～5.5V 电源的并联负载 8 位移位寄存器，控制器利用该芯片实现开关量输入信号采集，其主要功能特点为：

（1）兼容 2～5.5V 电压；

（2）在所有端口支持混合模式电压操作；

（3）支持部分断电模式，关断电路切断输出防止断电时破坏性的电流回流；

（4）按 JESD 17 标准，闩锁效应性能超过 250mA；

（5）ESD 保护超过 JESD 22 标准。

使用 SN74LV165A 的开关量采集简易原理如图 8-9 所示。

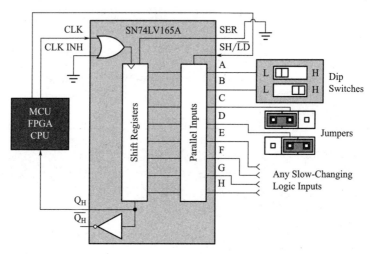

图 8-9　移位寄存器 SN74LV165A 接口原理图

6. 低侧驱动器

DRV8804 提供了一个具有过流保护的 4 通道低侧驱动器，它具有内置的用来钳制由电感负载生成的关闭瞬态的二极管，可用于驱动单极步进电机、直流电机、继电器、螺线管或者其他负载。控制器利用该芯片实现开关量输出控制，其主要功能特点为：

（1）4 通道受保护低侧驱动器：4 个具有过流保护的 MOSFET，集成感应钳位二极管；

（2）每通道最大驱动电流（25℃时）为 1.5A（单通道开启时）/800mA（4 通道开启时）；

（3）运行电源电压范围：8.2～60V；

（4）提供一个含串行数据输出的串行接口，此接口可被菊花链到多重器件以使用一个串行接口对这些器件进行控制；

（5）内置的关断功能可提供过流保护、短路保护、欠压闭锁和过热保护，具体故障可以由故障输出引脚来指示；

（6）采用 20 引脚耐热增强型 SOIC 封装和 16 引脚 HTSSOP 封装。

DRV8804 的简化原理图如图 8-10 所示。

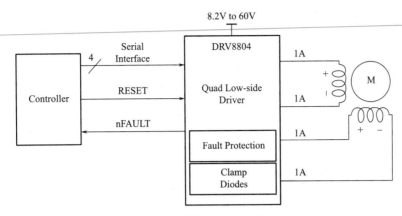

图 8-10　低侧驱动器 DRV8804 接口原理图

7. 以太网物理层收发器

Microchip 技术公司的 LAN8720A 是采用全面的 flexPWR® 技术的单芯片以太网物理层收发器（PHY），灵活的电源管理架构，1.6～3.6V 的可变 I/O 电压范围 LVCMOS，集成 1.2V 稳压器。其主要功能特点：

（1）高性能 10/100 以太网收发器：符合 IEEE802.3/802.3u（快速以太网），符合 ISO 802-3/IEEE 802.3（10BASE-T），支持环回模式、自动协商、自动极性检测和校正、链路状态变化唤醒检测、供应商特定寄存器功能、支持低引脚数的 RMII 接口；

（2）电源和 I/O：各种低功耗模式、集成上电复位电路、两个状态 LED 输出、闩锁性能超过 150mA 符合 EIA/JESD78 II 类、可在 3.3V 单电源供电下使用；

（3）可使用低成本的 25MHz 晶振；

（4）带有 RMII 的 24 引脚 QFN/SQFN 无铅 RoHS 兼容型封装；

（5）提供商业级温度范围（0～85℃）和工业级温度范围版本（−40～85℃）。

采用 RMII 模式使用 25MHz 晶振的电路原理图如图 8-11 所示。

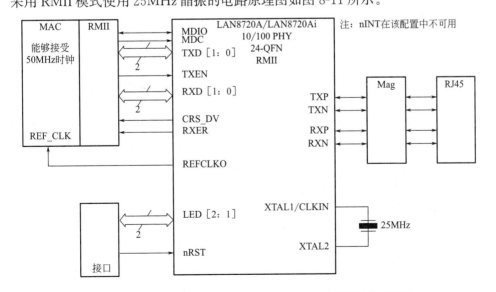

图 8-11　以太网物理层收发器 LAN8720A RMII 模式接口原理图

8. 其他芯片

控制器除了上述一些关键芯片外，还使用了其他一些常用芯片。

（1）IO 扩展芯片

NXP 半导体公司的 PCF8574/74A 具有 I^2C 总线的通用 I/O 扩展芯片，具有 8 个准双向端口，I^2C 总线接口通信速率为 100kHz，可由 3 个管脚指定 I^2C 地址并且可输出 2.5～6V 的中断信号。系统主机可通过单个寄存器从端口读取状态或输出状态到端口，操作温度范围 -40～85℃，可提供 DIP16、SO16 或 SSOP20 封装形式。图 8-12 是利用该芯片进行 IO 扩展应用的示意原理图。

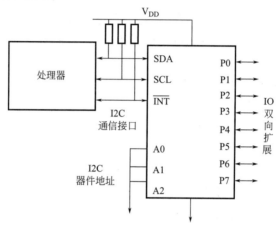

图 8-12   I2C 接口的 PCF8674IO 扩展接口原理图

（2）RS232 收发器芯片

Maxim 公司的 RS232 接口芯片 MAX3232，具有 2 路接收器和 2 路驱动器，能够同时实现 2 路 RS232 数据收发，采用专有低压差发送器输出级，利用双电荷泵在 3.0～5.5V 电源供电时能够实现真正的 RS-232 性能，器件仅需 4 个 0.1μF 的外部小尺寸电荷泵电容，MAX3232 确保在 120Kbps 数据速率下同时保持 RS-232 输出电平。

（3）RS485/422 收发器芯片

Maxim 公司的 RS485 接口芯片 MAX485，可以实现最高 2.5Mbps 的传输速率。采用单一电源 +5V 工作，额定电流为 300μA，采用半双工通信方式，将 TTL 电平转换为 RS485 电平。MAX485 芯片之间实现数据收发的原理简图如图 8-13 所示。

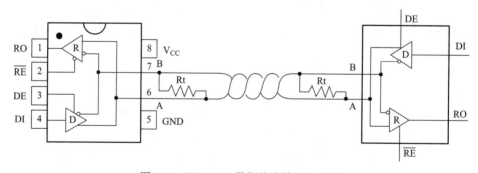

图 8-13   MAX485 数据收发接口原理图

8.3.5　控制器电路板设计

Altium Designer 软件是 Altium 公司推出的一体化的电子产品开发、PCB 布线设计软件，将原理图设计、电路仿真、PCB 绘制编辑、拓扑逻辑自动布线、信号完整性分析和设计输出等技术整合，为用户提供整体设计解决方案，提高设计产品的质量。

1. 核心电路板设计

控制器核心板 STM32F407ZET6 系统原理图如图 8-14 至图 8-20 所示。

2. 扩展底板设计

HVAC EASY 控制器的扩展底板功能模块框图如图 8-21 所示。

控制器底板通过两组 2X20DIP 排针与核心板相连接，扩展了存储功能单元、通信功能单元和基本的数字量 IO 单元，并通过扩展总线接口与开关量扩展板、模拟量扩展板相连接，拓展过程通道数量。

存储功能单元扩展了 NAND FLASH 和 NOR FLASH 模块，分别用于数据存储器和程序存储器的扩展，其原理图如图 8-22 至图 8-24 所示。

通信功能单元扩展了 RS232 接口、ERTHNET 网络接口、主从 RS485 接口、工业 CAN 接口电路，其原理图如图 8-25 至图 8-27 所示。

基本的数字量 IO 单元扩展了 32 路开关量输入通道和 32 路开关量输出通道。其中开关量输入采集模块使用两片 SN74LV165AD 采用菊花链技术级联，其原理图如图 8-28 所示。

图 8-29 是两路开关量输入通道的信号隔离采集的电路原理图，使用了 TI 公司的 ISO1211，该器件是隔离式 24~60V 数字输入接收器，符合 IEC 61131-2 1 类、2 类和 3 类特性标准。不同于具有分立式、不精确电流限制电路的传统光耦合器解决方案，ISO121x 系列器件提供具有精确电流限制的简单低功耗解决方案，可实现紧凑型和高密度 I/O 模块的设计，这些器件不需要现场侧电源，可配置为拉电流或灌电流输入。

图 8-30 是 8 路开关量输出模块电路原理图，采用两片 DRV8804 级联输出 8 路开关量信号。

图 8-31 是 8 通道开关量输出的信号指示及端子接口原理图。

控制器底板 PCB 布线图和 3D 视图如图 8-32、图 8-33 所示。

3. 模拟量 IO 扩展板设计

为保障 HVAC EASY 控制器的模拟量处理能力，设计的模拟量扩展板具备 32 路 16 位模拟量输入通道和 8 路模拟量输入通道，通过扩展数据总线与扩展底板或其他扩展板使用 SCSI20 通信线缆连接。

模拟量输入信号采集模块通过使用 4 片 ADS8688 构建 32 路 AI 通道，ADS8688 的接口电路参照厂商技术资料，其电路原理如图 8-34 所示。

图 8-35 是以 2 路 AI 通道为例的模拟输入前端调理和保护电路，为实现软件编程设置输入信号类型是电流型或电压型，在测量电流环回路中设置了东芝半导体生产的光耦器件 TLP3223，通过控制发光二极管电路通断进行电压、电流信号的切换，电路原理如图 8-35 所示。

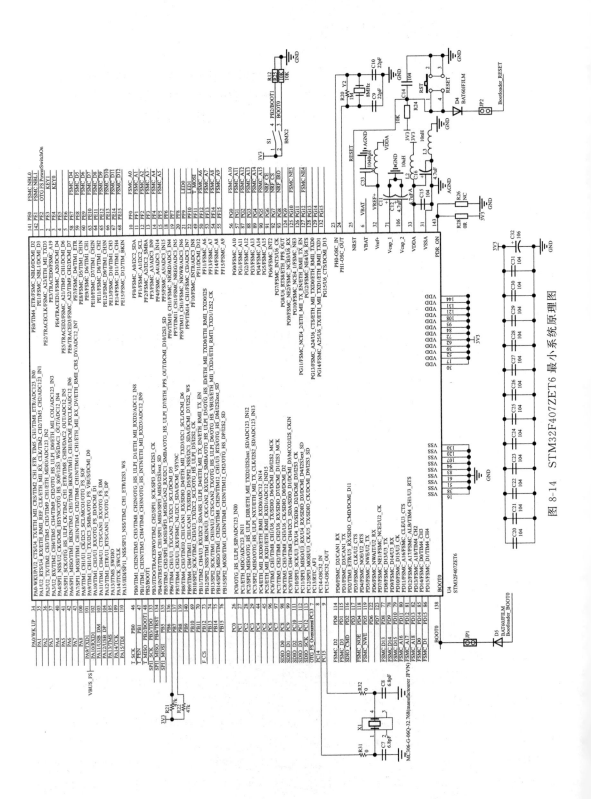

图 8-14 STM32F407ZET6 最小系统原理图

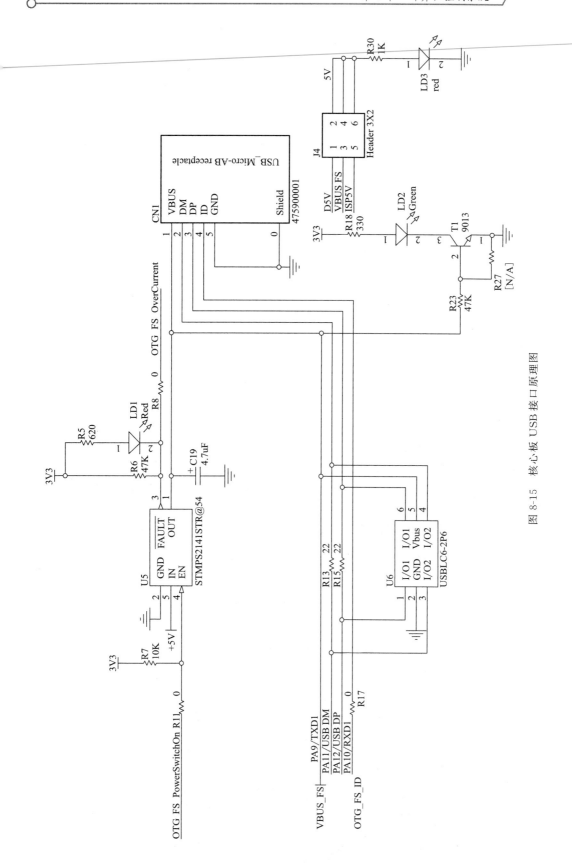

图 8-15 核心板 USB 接口原理图

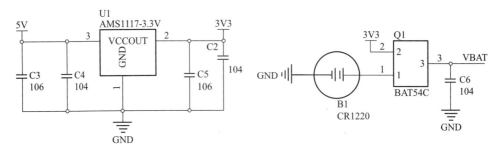

图 8-16　核心板稳压供电及实时时钟后备电池原理图

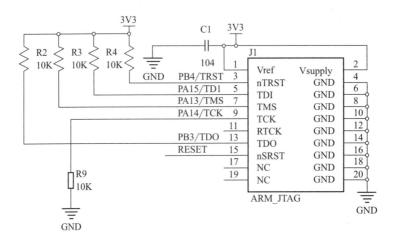

图 8-17　核心板 JTAG/SWD 调试接口原理图

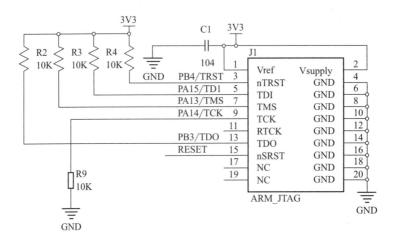

图 8-18　核心板 RAM 扩展模块接口原理图

PE1		1	2		PE0
PE3		3	4		PE2
PE5		5	6		PE4
PC13		7	8		PE6
PF1		9	10		PF0
PF3		11	12		PF2
PF5		13	14		PF4
PF7		15	16		PF6
PF8		17	18		PF8
PC0		19	20		RESET
PC2		21	22		PC1
PA0/WK_UP		23	24		PC3
PA2		25	26		PA1
PA4		27	28		PA3
PA6		29	30		PA5
PC4		31	32		PA7
PB0		33	34		PC5
PB2/BOOT1		35	36		PB1
PF12		37	38		PF11
PF14		39	40		PF13
PG0		41	42		PF15
PE7		43	44		PG1
PE9		45	46		PE8
PE11		47	48		PE10
PE13		49	50		PE12
PE15		51	52		PE14
PB11		53	54		PE10
		55	56		Bootloader_BOOT0
		57	58		
		59	60		Bootloader RESET

GND　　　D5V　　IO_30X2

PB9		1	2		PB8
PB7		3	4		PB6
PB5		5	6		PB4/TRST
PB3/TDO		7	8		PG15
PG14		9	10		PG13
PG12		11	12		PG11
PG10		13	14		PG9
PD7		15	16		PD6
PD5		17	18		PD4
PD3		19	20		PD2
PD1		21	22		PD0
PC12		23	24		PC11
PC10		25	26		PA15/TDI
PA14/TCK		27	28		PA13/TMS
PA12/USB DP		29	30		PA11/USB DM
PA10/RXD1		31	32		PA9/TXD1
PA8		33	34		PG9
PC8		35	36		PG7
PC6		37	38		PG8
PG7		39	40		PG6
PG5		41	42		PG4
PG3		43	44		PG2
PD15		45	46		PD14
PD13		47	48		PD12
PD11		49	50		PD10
PD9		51	52		PD8
PB15		53	54		PB14
PB13		55	56		PB12
		57	58		
		59	60		GND

D5V　　IO_30X2

图 8-19　核心板 IO 插座接口原理图

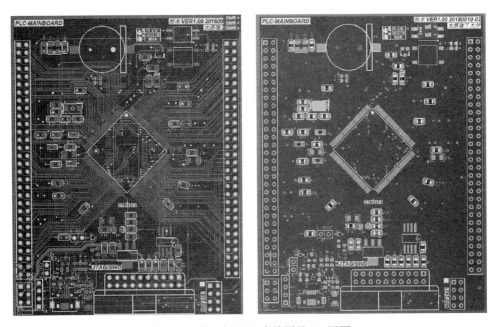

图 8-20　核心板 PCB 布线图及 3D 视图

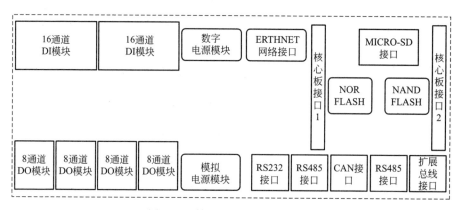

图 8-21　扩展底板功能模块框图

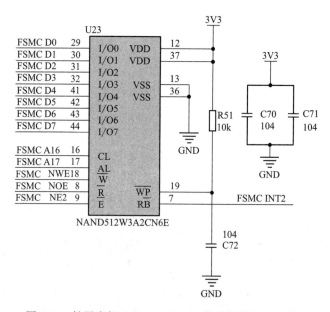

图 8-22　扩展底板 NAND FALSH 扩展模块接口原理图

　　为控制触发上图所示光耦，采用了 TI 公司的 TCA6408A 芯片，该芯片是具有中断输出、复位和配置寄存器的 8 位 I2C/SMBus I/O 扩展器，可以同时控制 8 路 AI 通道 TLP3123 的触发，实现任意通道模拟量电压、电流信号的切换。图 8-36 是针对 1 片 ADS8688 的 I/O 扩展器 TCA6408A 接口电路原理图。

　　模拟量输出信号模块通过使用 4 片 DAC8760 构建 8 路 AO 通道，DAC8760 的接口电路参照厂家技术资料，其双通道模拟信号输出的电路原理如图 8-37 所示。

　　完成布线的模拟量扩展板其最终 PCB 布线 3D 视图如图 8-38 所示。

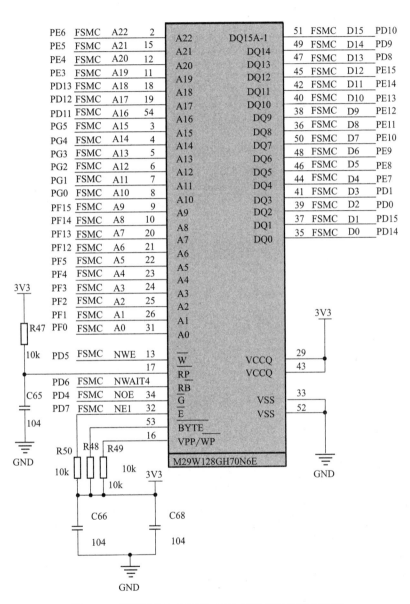

图 8-23 扩展底板 NOR FLASH 扩展模块接口原理图

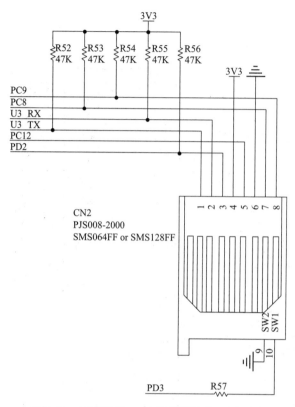

图 8-24　扩展底板 SD 卡扩展模块接口原理图

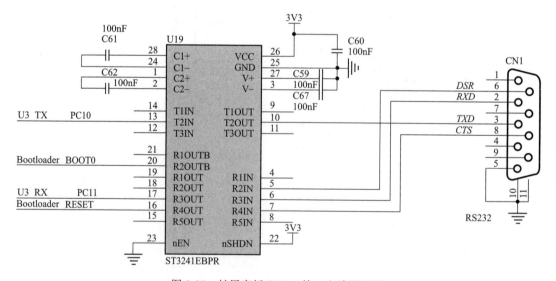

图 8-25　扩展底板 RS232 接口电路原理图

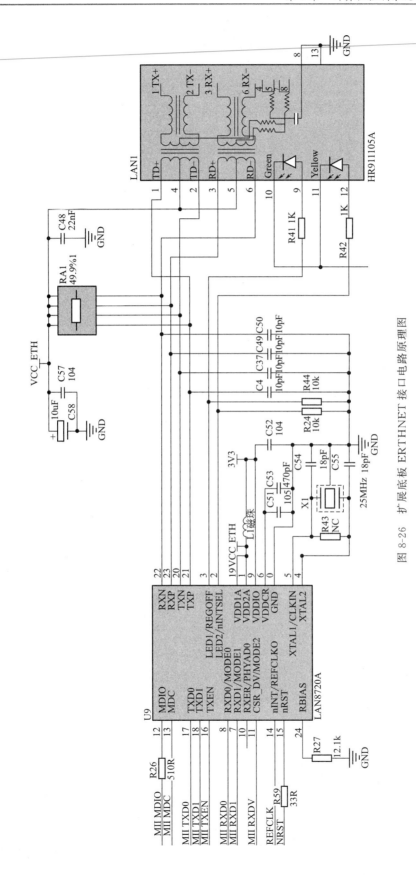

图 8-26　扩展底板 ERTHNET 接口电路原理图

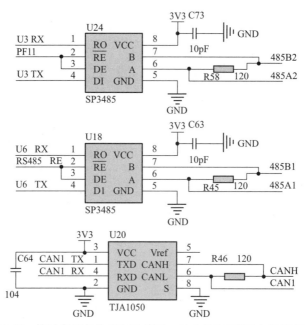

图 8-27　扩展底板主从 RS485 接口、工业 CAN 接口电路原理图

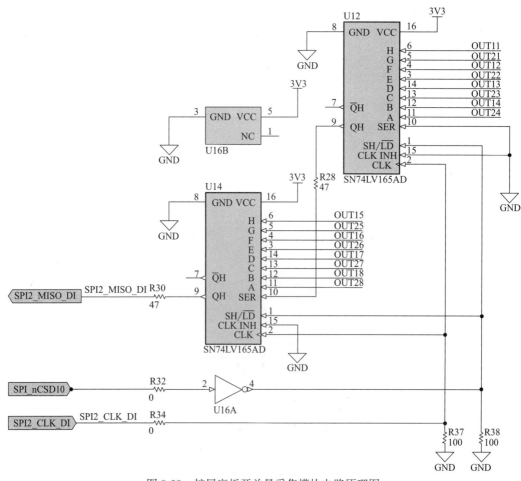

图 8-28　扩展底板开关量采集模块电路原理图

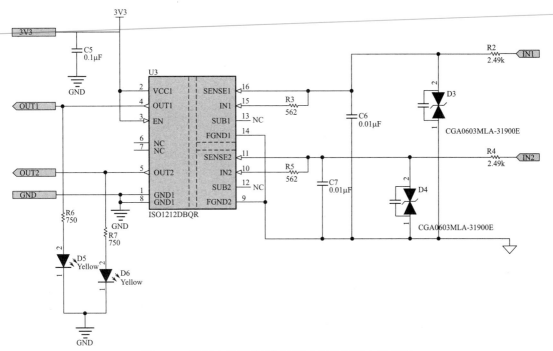

图 8-29 扩展底板开关量隔离输入接收通道电路原理

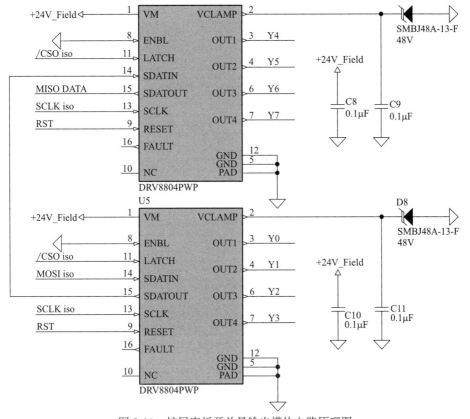

图 8-30 扩展底板开关量输出模块电路原理图

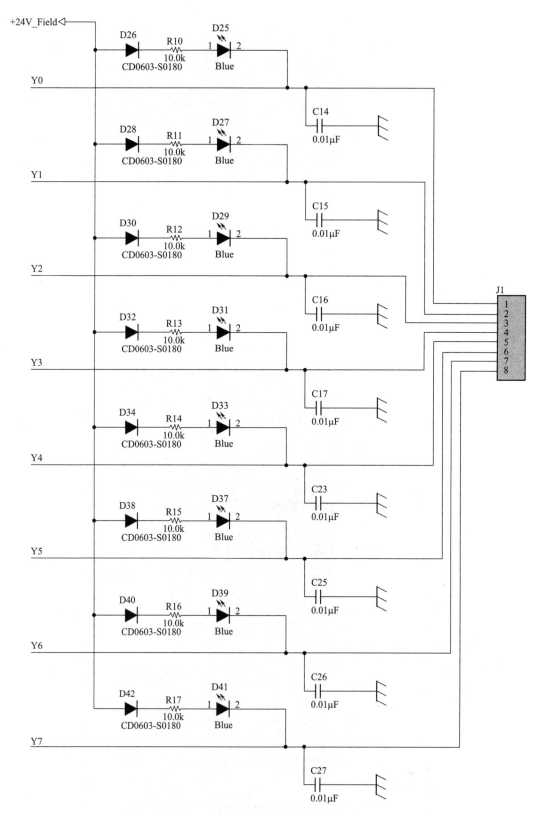

图 8-31　扩展底板开关量输出模块信号指示及端子接口原理图

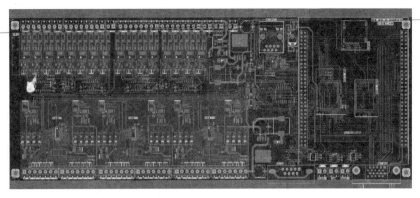

图 8-32　扩展底板 PCB 布线图

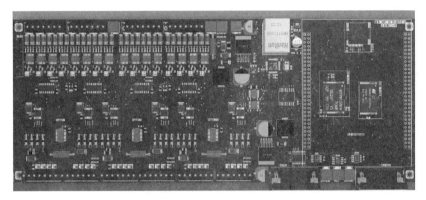

图 8-33　扩展底板 PCB3D 视图

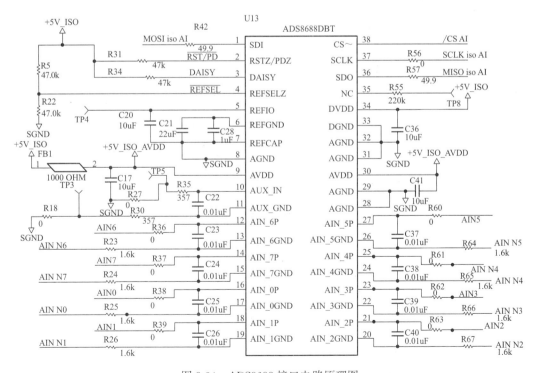

图 8-34　ADS8688 接口电路原理图

221

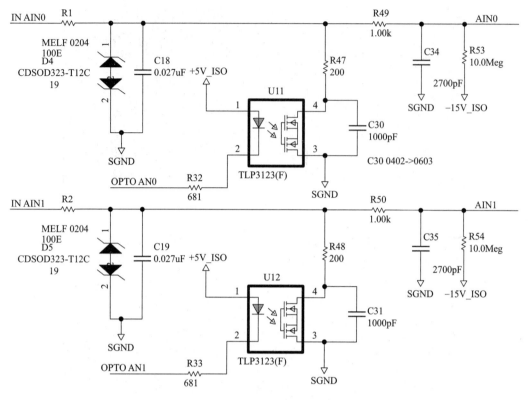

图 8-35 模拟量信号前端接口电路原理图

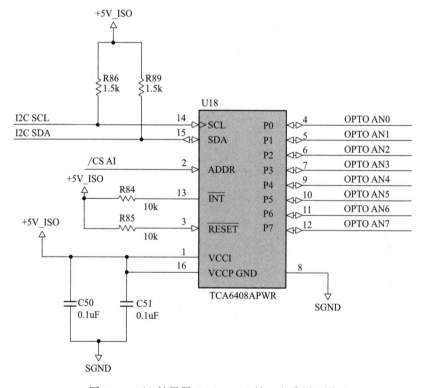

图 8-36 I/O 扩展器 TCA6408A 接口电路原理图

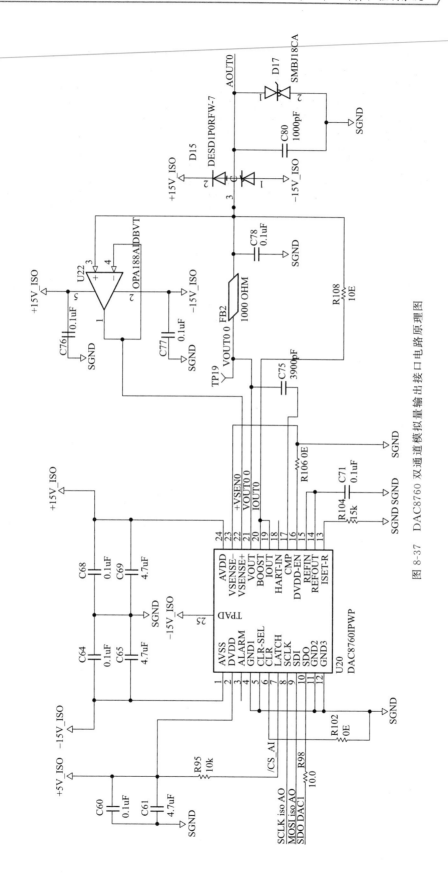

图 8-37 DAC8760 双通道模拟量输出接口电路原理图

图 8-38　模拟量扩展板 PCB 布线 3D 视图

8.4　嵌入式单片机控制器 HVAC EASY-V 控制软件开发

8.4.1　概述

HVAC EASY-V 控制器的软件采用 ARM 公司的 Keil uVision MDK C 语言平台进行开发，并利用 ULINK2 型 JTAG 仿真器进行仿真、调试，基于 uC/OS-Ⅲ操作系统的控制器软件的核心控制模块主要包括核心调度模块、硬件系统模块、数据采集模块、控制数据输出模块、存储功能模块、数据通信功能模块及辅助功能模块等，如图 8-39 所示。

控制软件的核心是在全功能硬件驱动开发的基础之上对 uC/OS-Ⅲ操作系统、Free Modbus 通信协议以及 LWIP 通信协议栈的移植，并且整个软件架构采用了有别于常规控制系统的自组态技术。

8.4.2　uC/OS-Ⅲ操作系统的移植

uC/OS-Ⅲ操作系统是目前广泛应用的一种实时操作系统，实时操作系统（Real-Time Operating System，RTOS）是指计算机系统当有事件发生时，能够在规定的时间范围内进行响应和处理，并对所有的实时任务进行合理调度、协调运行，其关键特征是实时性和高可靠性，是一种以应用为中心、以计算机技术为基础，软、硬件可裁剪，并对其功能、可靠性、成本、体积、功耗等有严格要求的专用计算机系统。典型的实时操作系统有WinCE、RT-Thread、uC/OS、uClinux、QNX 等。

uC/OS-Ⅲ是一个可升级、可固化且基于优先级的实时内核，实时内核是一个能管理 MPU、MCU、DSP 时间和资源的软件，而任务（也叫作线程）是一段简单的程序，运行时完全地占用 CPU，在单 CPU 中，任何时候只有 1 个任务被执行。内核的责任是管理任务，也做多任务处理，多任务处理的作用是协调和切换多个任务依次占用 CPU。多任务处理能够最大化 CPU 功能，就像是多个 CPU 在运行，多任务处理有利于处理模块化的应

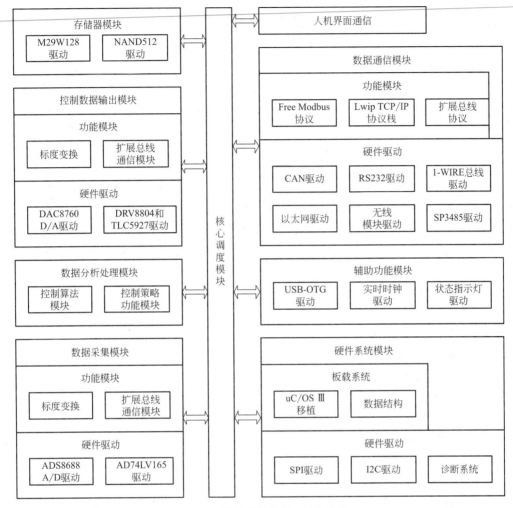

图 8-39　控制器软件核心功能模块

用。uC/OS-Ⅲ是一种抢占式内核，这意味着 uC/OS-Ⅲ总是执行最重要的就绪任务。其功能特点如下：

（1）对任务的个数无限制；

（2）是一种第三代的系统内核，支持实时内核所需要的大部分功能，例如资源管理、同步、任务间的通信等；

（3）提供的特色功能，包括完备的运行时间测量性能、直接发送信号或者消息到任务、任务可以同时等待多个内核对象等；

（4）前后台系统：简单的小型系统设计一般是基于前后台的或者无限循环的系统，包含一个无限循环的模块实现需要的操作（后台）和中断处理程序实现异步事件（前台），前台也叫作中断级，后台也叫作任务级。

（5）强大的多任务处理能力。

根据 HVAC EASY 控制器的硬件对 uC/OS-Ⅲ实时内核进行移植，大大提高了控制系统的实时性和可靠性，能够对各种任务灵活调度，协调运行。

225

8.4.3　Free Modbus 通信协议的移植

Modbus 协议是工业控制领域的一个标准协议，应用非常广泛，无论是下行与仪表、传感器及执行器接口，还是上行进行数据的远传和接收指令，都有着极为广泛的应用。控制器设计了 2 通道 RS485 接口，一个通道采用主机模式，对于连接的各种支持 Modbus 协议的设备进行数据轮询；另一个通道采用从机模式，与上位平台进行通信并接受上位平台指令，为保证控制系统通信的可靠性及灵活性，控制软件对 FreeModbus 协议进行了移植。

FreeModbus 是专门针对嵌入式系统的流行 Modbus 协议的实现，Modbus 是自动化领域中流行的通信协议，Modbus 通信协议栈包括两层：定义数据模型和功能的 Modbus 应用协议和网络层。当前版本的 FreeModbus 支持 Modbus 应用协议 v1.1a 的实现，支持串行链路上的 RTU/ASCII 传输模式和基于 TCP/IP 实现的 Modbus TCP。目前版本的 FreeModbus 支持如下的功能码：

（1）读输入寄存器（0x04）；

（2）读保持寄存器（0x03）；

（3）写单个寄存器（0x06）；

（4）写多个寄存器（0x10）；

（5）读/写多个寄存器（0x17）；

（6）读取线圈状态（0x01）；

（7）写单个线圈（0x05）；

（8）写多个线圈（0x0F）；

（9）读输入状态（0x02）；

（10）报告从机标识（0x11）。

FreeModbus 的实现基于完全兼容标准的最新标准，利用状态机实现 Modbus RTU/ASCII 帧的接收和发送，由硬件抽象层的回调函数驱动，这使得很容易移植到一个新平台，如果一个数据帧收发完成时，它被传递到 Modbus 应用层检视数据，并且在应用层可通过钩子函数添加新的 Modbus 功能。

8.4.4　LwIP 通信协议的移植

LwIP 是小型开源 IP 协议，有无操作系统的支持都可以运行。LwIP 实现的重点是在保持 TCP 协议主要功能的基础上进行裁剪以减少对 RAM 的占用，它只需十几 KB 的 RAM 和 40K 左右的 ROM 就可以运行，这使 LwIP 协议栈适合在嵌入式系统中使用，其主要功能特性如下：

（1）支持多网络接口下的 IP 转发；

（2）支持 ICMP 协议；

（3）包括扩展的 UDP 协议；

（4）包括阻塞控制、RTT 估算、快速恢复和快速转发的 TC 协议；

（5）提供专门的内部回调接口（Raw API），用于提高应用程序性能；

（6）多线程情况下使用可选择的 Berkeley 接口 API；

（7）在最新的版本中支持 PPP；

（8）新版本中增加了的 IP 分片的支持；

（9）支持 DHCP 协议，动态分配 IP 地址。

8.4.5　控制软件的多任务调度

控制器软件基于自组态技术采用多任务运行机制，主要包括四大功能任务：通信任务、自组态任务、过程通道监控任务及 HVAC 系统监控任务，如图 8-40 所示。

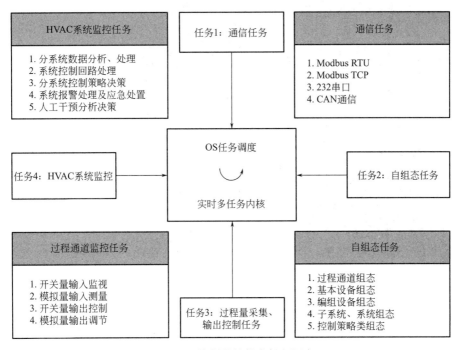

图 8-40　控制器软件多任务调度

（1）通信任务，主要包括通过串口通信中断、定时器中断等，实现控制系统的通信，包括露点冷却系统控制器与现场支持通信协议的其他控制器、智能仪表间的通信、控制器与触摸屏的通信、控制器与上位监控平台的数据通信。

（2）自组态任务，是控制器软件的一个重要功能，对露点冷却系统的工艺设备、自控系统传感器执行器以及控制策略、控制算法等进行组态。

（3）过程通道监控任务，通过控制器的过程输入通道实现开关量输入信号的监测、模拟量传感器的测量，通过过程输出通道实现对现场开关量执行器的控制和模拟量类型执行器的调节输出。

（4）HVAC 系统监控任务，针对完成组态的暖通空调各个子系统的实时数据、计算数据等进行分析、处理，实现对各子系统控制回路的计算、处理，并根据子系统的控制策略进行决策，对设备状态的改变及测量数据超越阈值时进行报警处理，并根据报警等级进行应急处置，对人工干预指令如启停机、改变设定值、状态切换等进行分析决策。

8.4.6　计算机控制柜

控制柜柜体采用标准机柜，其外观及内部结构示意图如图 8-41 所示。控制柜外形尺寸为：1700mm×600mm×400mm，带有透明钢化玻璃防护门，控制器主板、模拟量扩展板及开关量扩展板设计外形尺寸均为 272mm×107mm，所以通过 107mm 的 PCB 模组架可以实现导轨安装，在控制柜内部除控制器电路板外，还包括＋24V 开关电源、断路器、保险及接线端子排等，柜门上则安装有触摸屏、运行指示灯、选择开关等。

断路器及开关电源

核心板及底板

模拟量扩展板

开关量扩展板

接线端子排

图 8-41　控制柜样机的外观与内部结构示意图

8.5　本章小结

本章以作者开发的 HVAC EASY 控制器为例，较详细地介绍了控制器的架构、电路原理，作为暖通空调控制系统实践的相关技术人员，了解、掌握一些计算机控制器底层的电路原理是很有必要的，对于准备开发一些专用控制器的技术人员也具有一定的参考意义，掌握这些知识有助于深入了解构建控制系统所需要的计算机控制器的工作原理。

第9章 计算机控制系统网络通信技术

9.1 物联网

9.1.1 概述

国家标准《物联网　术语》GB/T 33745—2017 中，物联网（IoT，internet of things）是通过感知设备，按照约定协议，连接物、人、系统和信息资源，实现对物理和虚拟世界的信息进行处理并作出反应的智能服务系统。这里的"物"即物理实体，是指能够被物联网感知但不依赖物联网感知而存在的实体。

该标准中明确定义物联网服务是按照物联网服务提供商配置或用户定制的规则，通过自动地采集、传输和处理数据而提供的服务；而物联网应用则是物联网在具体场景中的使用实例，向用户提供物联网服务的集合，如智能家居、智能电网、智慧医疗等。

物联网的历史并不长，最早的概念是中国 1999 年提出的"传感网"，2005 年国际电信联盟发布《ITU 互联网报告 2005：物联网》正式提出物联网的概念，经过近 20 年的发展，物联网技术蓬勃发展，覆盖至近乎所有领域、所有行业，如智能家居、智能建筑、智慧社区、智能水务、智慧医疗、智慧交通、智慧农业、智能制造、智慧物流、智慧城市等，几乎渗透到生产、生活的方方面面，为各种新技术、新产品的发展提供了前所未有的机遇，这也是暖通空调领域技术人员需要掌握相关物联网技术的原因，而暖通空调领域近年来智慧供热、智慧空调、能源管控技术的长足发展正是依托了物联网技术提供的基础和保障。

物联网与互联网之间是一种相互依存的关系，物联网的基础是互联网，是互联网的延伸，是一种建立在互联网基础上的服务和应用，真正实现了万物互联。同时二者之间有一定的区别，互联网是为人与人之间交流沟通、传递信息提供服务的平台，而物联网是为人与物、物与物、人与环境、物与环境之间提供信息交换的平台。一个典型的物联网架构如图 9-1 所示，包含 4 层架构：感知层、传输层、平台层和应用层。

物联网平台层是核心架构，通常是将物联网平台软件部署于"云端"，称为"云平台"。云平台的系统架构主要包含四大组件：设备接入、设备管理、规则引擎、安全认证及权限管理，其中设备接入负责设备通信协议的解析并管理设备的连接；设备管理包含设备注册、设备编辑、设备调试、生命周期管理、设备检视、设备运维等，根据应用领域不同其设备管理内容也有所差别；规则引擎的主要作用是把物联网平台数据进行处理，用户可通过 SQL 的形式编写规则，对消息数据进行筛选、变形、转发，根据不同需求将数据

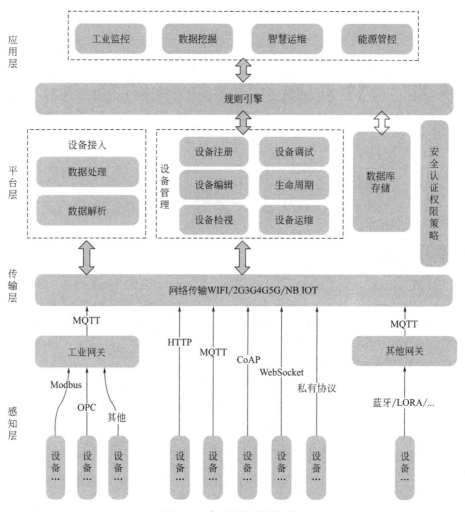

图 9-1 典型的物联网架构

转发至不同的数据目的地，如消息发布、时序数据库、大数据分析、机器学习等；安全认证及权限策略则是对接入设备的认证管理，一般包括设备级和产品级认证。

物联网感知层、传输层则负责信息采集、传输，信息采集的技术在物联网领域中多种多样，涉及传感器、智能仪器仪表、条码和二维码、RFID 射频技术、ZigBee 自组网、蓝牙等，而信息传输包括近场通信技术、无线传输技术、有线传输技术等，感知层是实现物联网全面感知万物互联的关键技术。

物联网应用层其核心功能是进行信息处理，通过对感知层采集的数据进行计算、处理，与行业应用场景相融合，从而实现对物理实体的实时控制、运维管理、能源管控和智能决策等，满足智慧建筑、智慧农业、智慧能源等物联网的应用需求。

9.1.2 物联网传输、通信协议

物联网协议可以分为传输协议和通信协议两类，传输协议负责子网内设备间的组网及通信；通信协议则是运行在传统互联网 TCP/IP 协议之上的设备通信协议，负责设备通过互联网进行数据交换及通信。

LORA，Wi-Fi，蓝牙，ZigBee，NB-IoT，4G/5G 等属于物理数据链路层协议，都需要专用的硬件实现；而 MQTT、COAP、HTTP 都是应用层协议，一般都是为接入物联网平台服务的，是依托于前述物理层的。其中 NB-IoT，4G/5G 可以直连平台层，而其他的都需要专用网关进行协议转发才可以传输至平台层。

涉及物联网通信协议的种类很多，这里只是将最常见的一种物理层传输协议 NB-IoT 和应用层 MQTT 协议作概念性的介绍。

移动物联网产业联盟 MIoTA 标准《面向行业 NB-IoT 终端设计与业务模型规范》中对于 NB-IoT 定义如下：窄带物联网，英文全称：Narrow Band Internet of Things。NB-IoT 是基于 3GPP 演进的通用陆地无线接入（E-UTRA）技术，使用 180KHz 的载波传输带宽，支持低功耗设备在广域网的蜂窝数据链接。NB-IoT 网络由移动运营商提供，包括运营商基站及核心网设备等，提供终端/用户接入管理、安全管理、数据路由、移动性管理、PSM/eDRX 状态管理等功能。

NB-IoT 具备广覆盖、大容量、低功耗和低成本的特点，被广泛应用于多种行业、领域。

MQTT（Message Queuing Telemetry Transport）即消息队列遥测传输，是 IBM 开发的一个即时通信协议，该协议支持所有平台，是一种几乎可以把所有联网设备和外界进行连接的通信协议。

MQTT 协议是为大量计算能力有限，且工作在低带宽、不可靠的网络的远程传感器和控制设备通信而设计的协议，它具有以下主要特性：

（1）使用发布/订阅消息模式，提供一对多的消息发布，解除应用程序耦合；

（2）对负载内容屏蔽的消息传输；

（3）使用 TCP/IP 提供网络连接；

（4）包括 3 种消息发布服务质量："至多一次""至少一次"和"只有一次"，可供用户在消息发布到达要求和重复次数方面进行平衡，适用于不同情况的消息发布要求；

（5）小规模传输，网络开销很小，大大降低网络流量需求；

（6）使用 Last Will 和 Testament 特性通知相关客户端异常中断的机制。

9.2　现场总线和工业互联网

目前的计算机监控系统与物联网系统相比，其架构相对简单，一般分为 3 层：现场设备层、监控层和管理层。目前大量的集散式控制系统底层监控仍然采用模拟量信号进行数据传输，或由于不同厂商的体系不同，难以实现广域的信息交换，其必然趋势是向现场总线系统方向发展，同时导致计算机监控系统与物联网系统交叉、融合发展。可以看到国内的很多物联网平台具备组态功能，可以轻松实现工业系统的自动化监控管理，而丰富的物联网产品线也开始应用于传统的自动化监控系统，使得二者的界线开始模糊。

国际电工委员会 IEC61158 对现场总线的定义：安装在制造或过程区域的现场装置与

控制室内的自动装置之间的数字式、串行、多点通信的数据总线。是一种工业数据总线，是自动化领域中底层数据通信网络，是连接现场智能设备和自动化系统的全数字、双向、多站的通信系统。现场总线主要解决工业现场的智能化仪器仪表、控制器、执行机构等现场设备间的数字通信以及这些现场控制设备和控制系统之间的信息传递问题，也被称为工业控制网络，与常规电信网和计算机网络相比，现场总线更加注重实时性和可靠性。

需要说明的是，目前自动化现场大量的传感器、执行器接口信号仍是模拟量，其发展趋势将是数字化，但通过带有数字化通信接口的智能仪表、DTU、RTU、智能网关等设备，可以将其纳入现场总线的系统中，这是当前的主流。

最新《IEC61158-1：2019》标准共明确了 20 种现场总线：

CPF	技术名	CPF	技术名
1	FOUNDATION fieldbus	12	EtherCAT
2	CIP	13	Ethernet POWERLINK
3	PROFIBUS &. PROFINET	14	EPA
4	P-NET	15	MODBUS-RTPS
5	World FIP	16	SERCOS
6	INTERBUS	17	RAPIEnet
7	该项被移除	18	SafetyNET p
8	CC-Link	19	MECHATROLINK
9	HART	20	ADS-net
10	Vnet/IP	21	FL-net
11	TCnet		

各种现场总线在不同的领域有不同的应用，其中 CPF15 的 Modbus-RTPS 总线类型包括 Modbus TCP 和 RTPS，Modbus-RTPS 协议是基于 TCP/IP 和 RTPS（Real-Time Publish/Subscribe，即实时数据的发布和订阅）的通信协议，目前实际项目中 Modbus-RTPS 协议的应用尚未见到，主流的仍然是 Modbus RTU 和 Modbus TCP，支持这两种协议的设备和软件占据了主流，在暖通空调监控领域中 Modbus 总线应用占比极大。

工业互联网（Industrial Internet）是新一代信息通信技术与工业经济深度融合的新型基础设施、应用模式和工业生态，通过对人、机、物、系统等的全面连接，构建起覆盖全产业链、全价值链的全新制造和服务体系，为工业乃至产业数字化、网络化、智能化发展提供了实现途径，是第四次工业革命的重要基石。

中国工业互联网产业联盟（以下简称"联盟"）发布 2019 年《工业互联网标准体系（版本 2.0）》白皮书，其中网络与联接部分中已发布的标准包括《基于 Modbus 协议的工业自动化网络规范》GB/T 19582—2008，该标准包括 3 部分：《基于 Modbus 协议的工业自动化网络规范 第 1 部分：Modbus 应用协议》GB/T 19582.1—2008、《基于 Modbus 协议的工业自动化网络规范 第 2 部分：Modbus 协议在串行链路上的实现指南》GB/T 19582.2—2008、《基于 Modbus 协议的工业自动化网络规范 第 3 部分：Modbus 协议在 TCP/IP 上的实现指南》GB/T 19582.3—2008。实际上明确了 Modbus RTU 和 Modbus

TCP 是我国工业互联网的标准协议。

9.3　串行链路上的 Modbus 实现

主流的 Modbus 协议包括 Modbus RTU 和 Modbus TCP，Modbus RTU 由 Modicon 公司（现施耐德电气收购）在 1978 年发布，它是一种基于串行链路（如 RS232/422/485）的协议，采用主站-从站结构。Modbus TCP 是在 1998 年发布的，采用基于 TCP/IP 以太网的通信方式。

9.3.1　Modbus 协议在串行链路上的物理层

串行链路上的 Modbus 在物理层使用的接口包括 RS485 和 RS232 接口，最常使用的接口是 TIA/EIA-485（RS485）二线制接口，也可以使用附加的四线制接口，当数据传输距离较近（一般小于 20m）时可采用 TIA/EIA-232-E（RS232）串行接口，物理接口一般使用 RJ45 或 9 针 D 型连接器，如图 9-2 方框所示为 D 型连接器，GB/T 19582.2 对脚位分配有明确规定，也有些使用转接电路板通过端子进行通信线缆连接。

图 9-2　TIA/EIA-232-E（RS232）串行接口（9 针）

依照 EIA/TIA-485 标准，典型的串行链路上的 Modbus 二线制网络拓扑架构如图 9-3 所示。

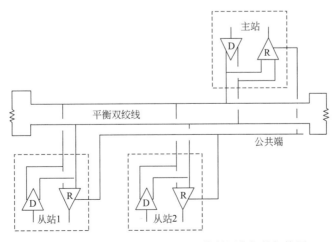

图 9-3　串行链路上的 Modbus 二线制网络拓扑架构图

串行链路上的 Modbus 网络应用要点如下：

（1）Modbus 串行链路总线由干线电缆和一些分支电缆组成，在一条由 3 根导线组成的干线电缆上连接所有设备，其中两条导线形成一对平衡双绞线进行双向数据传送，干线电缆又称总线，平衡双绞线两端必须接终端电阻（150Ω，0.5W），典型的通信速率为 9600bit/s，使用第三条导线作为公共端将所有设备相连接，并直接连接至保护地，最好是在主站或分支器上单点接地。

（2）每台设备可以直接连接到干线电缆，形成菊花链，也可以经过分支电缆连接到无源分支器或经专用电缆连接到有源分配器。干线间的接口称为 Itr（干线接口），设备与无源分支器接口称为 IDv（分支接口），设备与有源分支器接口称为 AUI（附属单元接口），其中有源分支器集成了收发器可以连接无收发器的设备。

（3）Modbus 串行链路要求实现 9600bit/s 和 19.2kbit/s 的传输速率，默认值为 19.2kbit/s，其他支持的传输速率还有 1200bit/s、2400bit/s、4800bit/s、38.4kbit/s、56kbit/s 和 112kbit/s。发送情况下波特率精度必须高于 1%，接收情况下必须在 2% 以内。

（4）在无配置中继器的 RS485-Modbus 系统中一般允许有 32 个设备，这和采用的收发器类型有关，最多可以支持 247 个从站（Modbus 协议规定的从机地址范围是 1～247），另外连接的设备数量过多时，将导致主站轮询从站数据周期变长，实时性难以保障。在两个重负载的 RS485-Modbus 之间可以适应中继器。

（5）干线电缆端对端的最大长度与通信波特率、电缆（规格、电容或阻抗特性）、负载数量及网络配置（2 线制或 4 线制）有关，对于 9600bit/s 波特率采用 AWG26（线缆外径 0.404mm）及以上规格的情况，其最大通信距离为 1000m，分支长度则需要尽可能短，一般不能超过 20m。

（6）Modbus 串行链路可选 4 线制，也可采用 RS232 接口构建 RS232-Modbus 总线，RS232-Modbus 通信距离一般不超过 20m。

（7）串行链路上的 Modbus 电缆必须是屏蔽线缆，其屏蔽层连接至保护地，线径应至少是 AWG24 以上，波特率较高时线缆特性阻抗应大于 100Ω。

9.3.2 串行链路上的 Modbus 协议

Modbus 协议是一个主/从架构的协议，基于串行链路的通信节点中只有一个主机节点（Master），也称为主站，其他使用 Modbus 协议参与通信的节点都是从机节点（Slave），也称为从站，每个从站都有一个唯一的地址，网络中只有主机节点可以启动一个命令并处理响应。

主站用两种模式向从站发出 Modbus 请求：单播模式和广播模式。单播模式下主站寻址单个从站，从站接收并处理完请求之后向主站返回报文，称之为"应答"，每个从站必须分配唯一地址（1～247）以满足被主站独立寻址；广播模式下主站向所有从站发送命令且无需从站返回应答。

Modbus 协议定义了一个与硬件网络层无关的协议数据单元（PDU），通过在 PDU 上增加一些附加字段完成 Modbus 协议到特定的串行链路或 TCP 网络上的映射，由客户机构造 Modbus PDU 协议，形成通用的 Modbus 通信帧，如图 9-4 所示。

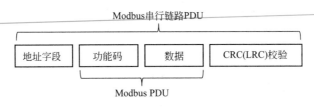

图 9-4　串行链路上的 Modbus 通信帧

　　Modbus 串行链路上地址字段就是 1 个字节表示的从站地址；功能码是 1 个字节表示的命令、请求类型，后面的是若干字节的数据，是和请求或响应相关的参数类数据；最后的差错校验字段是根据传输报文进行"冗余校验"计算的结果，传输模式为 RTU 时采用 CRC 校验，为 ASCII 模式时采用 LRC 校验。串行链路上的 Modbus 包括两种串行传输模式：RTU（远程终端单元）模式和 ASCII 模式，确定了信息传输的打包和解码方式，需要明确所有设备必须实现 RTU 模式，这种模式有较高的数据吞吐量，报文中每个字节共 11 位，包括 1 个起始位、8 个由两个 4 位 16 进制字符组成的数据位，1 个奇偶校验位和 1 个停止位，其中奇偶校验为循环冗余校验，可选择奇校验、偶校验或无校验模式。

　　Modbus 命令包含请求指令和响应指令，不同功能码的指令格式是有区别的，以下是 Modbus RTU 通信一些常用功能码的请求指令和响应指令的格式。

　　（1）01 功能码：用于读取线圈的输出状态

　　01 功能码的请求指令：

设备地址	功能码 01	起始地址 高字节	起始地址 低字节	线圈个数 高字节	线圈个数 低字节

　　01 功能码的响应指令：

设备地址	功能码 01	字节数量 N	数据 字节 1	数据 字节…	数据 字节 N

　　（2）02 功能码：用于读取离散寄存器的输入状态

　　02 功能码的请求指令：

设备地址	功能码 02	起始地址 高字节	起始地址 低字节	离散寄存器高字节	离散寄存器低字节

　　01 功能码的响应指令：

设备地址	功能码 02	字节数量 N	数据 字节 1	数据 字节…	数据 字节 N

　　（3）03、04 功能码：03 功能码用于读取保持寄存器，04 功能码用于读取输入寄存器。

　　03、04 功能码的请求指令：

设备地址	功能码 03/04	起始地址 高字节	起始地址 低字节	寄存器个数高字节	寄存器个数低字节

03、04 功能码的响应指令：

（4）05 功能码：用于设置线圈的输出状态，以 16 进制 0xFF00 表示 ON，以 0x0000 表示 OFF。

05 功能码的请求指令：

05 功能码的响应指令：

（5）06 功能码：用于设置单个保持寄存器的值。

05 功能码的请求指令：

06 功能码的响应指令：

若 Modbus 使用 ASCII 模式实现通信时，用 2 个 ASCII 字符发送报文中的一个 8 位字节，报文每个字节共包括 10 位：1 个起始位、7 个数据位、1 个奇偶校验位和 1 个停止位。一般当设备物理通信链路或设备能力不能满足 RTU 模式时才使用 ASCII 模式通信。

9.4　TCP/IP 上的 Modbus 实现

Modbus 报文传输还提供了连接到 TCP/IP 以太网上的客户机/服务器通信模式，类似于串行链路上的从机/主机模式，以太网上的客户机/服务器共包括 4 种报文类型：Modbus 请求、Modbus 证实、Modbus 指示和 Modbus 响应。可以实现在两个设备应用程序之间、设备应用和其他设备之间、HMI/SCADA 应用程序和设备之间以及 PC 和一个提供在线服务的设备程序之间的实时信息交换。典型的 Modbus TCP/IP 通信结构如图 9-5 所示。

Modbus TCP/IP 上使用专用报文头 MBAP 识别应用数据单元，与串行链路上 Modbus RTU 模式相比：

（1）报文头 MBAP 用单字节"单元标识符"取代从站地址，用于经由网桥、路由器和网关等设备的通信，这些设备使用单个 IP 地址支持多个独立 Modbus 终端单元。

（2）用接收方可以验证报文结束的方式设计 Modbus 请求和响应。

（3）通过 TCP 方式传输 Modbus 协议时，即使已将报文分成多个信息包传输，也需在报文头传输附加长度信息，以便接收者识别报文边界。显式和隐式长度规则及 CRC-32

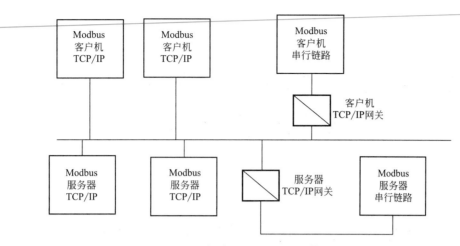

图 9-5　TCP/IP 链路上的 Modbus 通信网络拓扑图

差错码在以太网的实验使未检出的请求或响应报文的差错率降至极低。

报文头 MBAP 长度为 7 个字节：2 字节的事务处理标识符用来区分请求/响应事务处理识别、2 字节的协议标识符，取值为 0 时代表 Modbus 协议、2 字节的数据长度表示接续字段的字节数和 1 字节的单元标识符，用以识别串行链路上或其他总线上连接的远程从站。

TCP/IP 上的 Modbus 其数据帧 PDU 和串行链路上的数据帧是一样的，这里不再重复说明。

9.5　本章小结

本章主要讨论的是计算机监控系统的网络通信技术，随着当前网络技术的发展，计算机工业互联网与物联网正在与建筑自动化网络渗透，并且相互之间有机融合，这就需要掌握一定的网络通信技术和通信协议。本章对物联网技术进行了简单介绍，重点是对目前应用极为普遍的 Modbus 通信进行了较为详细的说明，这对于构建完整的计算机控制系统网络具有非常重要的意义，也是进一步学习其他各种主流通信协议的基础。

第 10 章 低能耗露点冷却控制系统研究应用

10.1 低能耗露点冷却系统简介

国家重点研发计划《数据中心低能耗露点冷却技术研究》是由中国建筑科学研究院有限公司组织清华大学、上海交通大学、太原理工大学、广东工业大学等多所高校与企业合作，针对当前数据机房常规电制冷系统能耗较高的问题进行的低能耗露点冷却相关技术的研究项目，其中太原理工大学负责基于互联网的智能监测和控制系统的开发。

图 10-1 为露点空气冷却系统流程图，主要包括四大功能模块：露点空气冷却器、太阳能热风-排风余热复合的除湿与再生（吸附/解析）循环系统、隔板式微通道热管余热回收装置、相变储能及换热装置。

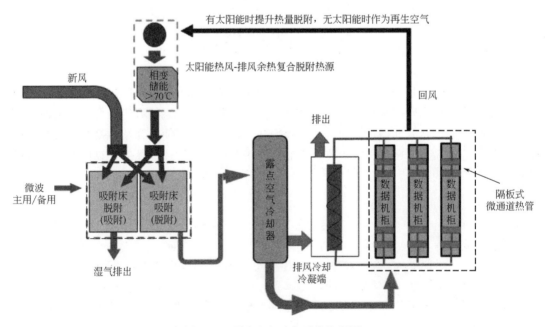

图 10-1 露点空气冷却系统流程图

10.2　基于自组态构建低能耗露点冷却控制系统

10.2.1　露点冷却系统自组态模型

不同于常规电制冷空调系统，露点空气冷却系统作为服务于数据机房环境温湿度的保障系统，其特点如下：①单位面积冷指标、总制冷量较大且相对稳定，主要取决于数据机房服务器的功率和数量；②为保障计算机等电子信息设备安全运行，因为露点温度直接体现空气含湿量，机房设计温度采用露点温度更具有可操作性，而一般 18～27℃ 是电子设备进风温度要求，所以数据机房的送风温度、露点温度是控制的根本目标；③研究的露点空气冷却系统具有多工况、多流程的空气状态处理过程，需要根据实时负荷、状态参数智能调度各功能模块，调节各空气状态处理过程，以满足送风工况点需求。

基于前述自组态技术，为实现露点空气冷却系统的控制，自组态的复合系统模型如图 10-2 所示。

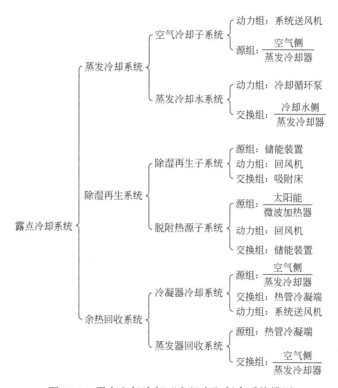

图 10-2　露点空气冷却"自组态"复合系统模型

针对上述系统模型，一共包括 3 个复合系统：蒸发冷却系统、除湿再生系统和余热回收系统，每个复合系统都包括 2 个具有强耦合性的子系统，对每个子系统基于新风分区策略，利用自由度分析确定其控制回路及相关控制策略。

10.2.2 露点冷却系统分区控制策略

划分新风分区的依据是实时测量的新风的温湿度参数，根据其温度、相对湿度等参数划分为 5 个区，如图 10-3 所示。

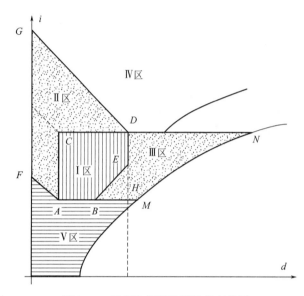

图 10-3 露点冷却系统新风状态分区

根据《数据中心设计规范》GB 50174—2017 各级数据中心技术要求中关于环境要求的相关规定：

冷通道或机柜进风区域的温度：18～27℃；

冷通道或机柜进风区域的相对湿度和露点温度：露点温度 5.5～15℃，同时相对湿度不大于 60%；

主机房环境温度和相对湿度（停机时）：5～45℃，8%～80%，同时露点温度不大于 27℃。

下面根据上述规定说明新风分区的原则和方法，以及针对不同分区的控制策略。

上图中直线 ABH 为 18℃等温线，且状态点 A 的露点温度为 5.5℃，状态点 H 的露点温度为 15℃；直线 CDN 为 27℃等温线，且状态点 C 的露点温度为 5.5℃，状态点 D 的露点温度为 15℃；弧线 BE 为相对湿度为 60%的等值线；而直线 AF、GD 则为等焓线。

新风Ⅰ区：

按规范要求，冷通道或机柜进风区域实际上接近蒸发冷却系统的送风区域，即新风处理的目标区。该区域要求的温度为 18～27℃，露点温度 5.5～15℃，同时相对湿度不大于 60%，对应图 10-3 中的空气状态区为 ABEDC，把该区定义为Ⅰ区，其控制策略为新风直接送入 IDC 不做任何处理。

新风Ⅱ区：

根据 A 点的焓值 32.5kJ/kg 干空气绘制其等焓线 AF，根据 D 点的焓值 54.7kJ/kg 干空气绘制其等焓线 DG，则 AFGDCA 的封闭区域定义为Ⅱ区，该区的控制策略是蒸发冷却，即设置新风焓值传感器，若新风焓值大于 32.5kJ/kg 干空气且小于 54.7kJ/kg 干空气，再根据新风温度和含湿量传感器判断新风状态是否处于Ⅰ区，若不满足Ⅰ区条件则新风状态点属于Ⅱ区，其控制策略是开启露点蒸发冷却器，C 点的焓值 41.7kJ/kg 干空气，若新风焓值大于 C 点焓值，则利用露点蒸发器后设置温度传感器控制其蒸发冷却过程的程度（控制喷淋泵转速、冷却风机转速），确保处理至Ⅰ区；若新风焓值小于 C 点焓值，则利用露点蒸发器后设置的温湿度传感器计算其相应的含湿量，根据计算的含湿量控制其蒸发冷却过程的程度，确保处理至Ⅰ区。

新风Ⅲ区：

图中 BHMNDEB 所围成的区域定义为Ⅲ区，可以看出若新风状态处于Ⅲ区，其温度满足送风区域的要求，但湿度偏大，所以该区仅开启吸附装置进行除湿，其控制策略：根据新风温湿度传感器判断其是否属于Ⅲ区，若满足Ⅲ区的参数调节，则利用吸附器后设置的温湿度传感器计算其相应的含湿量，据计算的含湿量控制其除湿的程度（调节回风量或太阳能、微波加热装置的热量），确保处理至Ⅰ区。

新风Ⅳ区：

图中所示折线 GDN 以上的区域定义为Ⅳ区，可以看出新风状态为高温高湿，此区的控制策略是先通过吸附装置除湿，然后通过露点蒸发冷却装置等焓减温。根据新风焓值和温度传感器判断新风状态是否处于Ⅳ区，若满足Ⅳ区参数条件，则利用吸附器后设置的焓值传感器控制其除湿的程度（调节回风量或太阳能、微波加热装置的热量），当焓值小于 54.7kJ/kg 干空气，表示新风处至Ⅱ区，然后按照Ⅱ区的控制策略继续将新风处理至Ⅰ区。

新风Ⅴ区：

图中所示折线 FABHM 以下的区域定义为Ⅴ区，新风温度较低，此区的控制策略是先通过新排风余热回收装置或其他类型的加热器对新风进行预热，将新风状态处理至Ⅰ区、Ⅱ区或Ⅲ区，然后根据所处理到的分区控制策略进行控制。根据新风焓值和温度传感器判断新风状态是否处于Ⅴ区，若满足Ⅴ区参数条件，则利用新风预热装置出口设置的焓值传感器、温度传感器控制其加热的程度（调加热装置的热量），根据其出口状态参数判断新风处理至Ⅰ区、Ⅱ区或Ⅲ区的哪个分区，然后按照相应分区的控制策略继续将新风处理至Ⅰ区。

利用自组态技术可以快速构建露点冷却控制系统，根据实时测量参数以及制定的控制策略实现对露点冷却系统的节能控制。

参考文献

［1］ 国务院发展研究中心资源与环境政策研究所 . 中国能源革命十年展望（2021-2030）［R］. 北京，2021.

［2］ 生态环境部 . 碳排放权交易管理办法（试行）. 北京，2020.

［3］ 住房和城乡建设部 . 建筑节能与可再生能源利用通用规范，GB 55015—2021. 北京：中国建筑工业出版社，2021.

［4］ 罗继杰 . 能源与能效——绿色设计中暖通空调专业如何用能、用好能［J］. 暖通空调，2014，44（1）：1-5.

［5］ 潘云钢 . 我国暖通空调自动控制系统的现状与发展［J］. 暖通空调，2012，42（11）：1-8.

［6］ 中国建筑标准设计研究院 . 建筑设备管理系统设计与安装，19X201. 北京：中国计划出版社，2018.

［7］ 住房和城乡建设部 . 民用建筑供暖通风与空气调节设计规范，GB50736—2012［S］. 北京：中国建筑工业出版社，2012.

［8］ 钱学森 . 论系统工程（新世纪版）［M］. 上海：上海交通大学出版社，2007.

［9］ Ludwig Von Bertalanffy. 一般系统论：基础、发展和应用［M］. 林康义，魏宏森等 译 . 北京：清华大学出版社，1987.

［10］ Katsuhiko Ogata. 现代控制工程［M］. 北京：电子工业出版社，2000.

［11］ 王锦标 . 计算机控制系统［M］. 北京：清华大学出版社，2004.

［12］ 刘泽华，彭梦珑，周湘江 . 空调冷热源工程［M］. 北京：机械工业出版社，2005.

［13］ 杨光，李义文，郑乐晓 . 集成运用多种能源技术的空调冷热源系统［J］. 暖通空调，2010，40（2）：64-67.

［14］ 邵惠鹤 . 工业过程高级控制［M］. 上海：上海交通大学出版社，2003.

［15］ 孙朋，张健沛，薛立波 . 基于 BP 神经网络的改进增量式 PID 暖通控制器设计［J］. 黑龙江大学工程学报，2011，2（2）：105-108.

［16］ 王彦，刘宏立，杨珂 . LMBP 神经网络 PID 控制器在暖通空调系统中的应用研究［J］. 湖南大学学报（自然科学版），2010，37（3）：49-53.

［17］ 魏晋宏，袁贺强 . 预测控制在二次网供暖控制系统中的应用［J］. 暖通空调，2012，42（5）：100-105.

［18］ 吕红丽，郭秀英 . 暖通空调系统的新型模糊自调节 PID 控制［J］. 石家庄铁道大学学报，2010，23（4）：61-66.

［19］ 白建波，郑宇，苗国厂 . 暖通空调系统基于 SMITH 预估自校正控制算法［J］. 化工学报，2012，63（S2）：100-105.

［20］ Soyguder Servet. Intelligent system based on wavelet decomposition and neural network for predicting of fan speed for energy saving in HVAC system［J］. Energy and Buildings，2011，43（4）：814-822.

［21］ 吕红丽，贾磊，王雷 . HVAC 系统的模糊预测函数控制器设计［J］. 中国工程科学，2006，8（9）：105-108.

［22］ Caldas L G，Norford L K. Genetic algorithms for optimization of building envelopes and the design and control of HVAC systems［J］. Journal of Solar Energy Engineering，2003，125（3）：343-351.

［23］ Alcala R，Benitez JM，Casillas J，et al. Fuzzy control of HVAC systems optimized by genetic algorithms [J]. Applied Intelligence, 2003, 18 (2): 155-177.

[24] 李洪兴，汪群，段钦治，等．工程模糊数学方法及应用 [M]．天津：天津科学技术出版社，1993.

[25] 李玉街，蔡小兵，郭林．中央空调系统模糊控制节能技术及应用 [M]．北京：中国建筑工业出版社，2009.

[26] 曹辉，马栋萍，王暄，等．组态软件技术及应用 [M]．北京：电子工业出版社，2012.

[27] 刘金琨．先进 PID 控制 MATLAB 仿真 [M]．北京：电子工业出版社，2011.

[28] 石兆玉．供热系统运行调节与控制 [M]．北京：清华大学出版社，1994.

[29] 住房和城乡建设部．公共建筑节能设计标准，GB 50189—2015 [S]．北京：中国建筑工业出版社，2015.

[30] 江亿，姜子炎．建筑设备自动化 [M]．北京：中国建筑工业出版社，2007.

[31] 赵文成．中央空调节能及自控系统设计 [M]．北京：中国建筑工业出版社，2018.

[32] 国家质量监督检验检疫总局．冷水机组能效限定值及能源效率等级，GB 19577—2015 [S]．北京：中国标准出版社，2015.

[33] Rishel J, Hartman T. VSD control in CHW systems [J]. HPAC Heating Piping Air Conditioning Engineering, 2003, 72 (1): 114-121.

[34] 国家质量监督检验检疫总局．过程控制系统用模拟信号（第 1 部分）：直流电流信号，GB/T 3369.1—2008 [S]．北京：中国标准出版社，2008.

[35] 国家质量监督检验检疫总局．过程控制系统用模拟信号（第 2 部分）：直流电压信号，GB/T 3369.2—2008 [S]．北京：中国标准出版社，2008.

[36] 意法半导体集团公司．STM32F405XX_STM32F407XX 数据手册 [Z]．ID022152.2016.

[37] 意法半导体集团公司．STM32F40xxx、STM32F41xxx、STM32F42xxx、STM32F43xxx 基于 ARM 内核的 32 位高级 MCU [Z]．ID018909.2016.

[38] 意法半导体集团公司．NAND128-A，NAND256-A，NAND512-A，NAND01G-A 技术手册 [Z]．2005.

[39] 德州仪器公司．DACx760 适用于 4-20mA 电流回路的单通道、12 位和 16 位可编程电流和电压输出数模方案 [Z]．2018.

[40] 德州仪器公司．ADS868x 16-Bit，500-kSPS，4- and 8-Channel，Single-Supply，SAR ADCs with Bipolar Input Ranges [Z]．2015.

[41] 德州仪器公司．DRV88044 通道串行接口低侧驱动器 IC [Z]．2015.

[42] 德州仪器公司．SNx4LV165A Parallel-Load 8-Bit Shift Registers [Z]．2016.

[43] NXP 半导体公司．PCF8574/PCF8574A 数据手册 [Z]．2003.

[44] 东芝半导体公司．TLP3123 数据手册 [Z]．2007.

[45] 微芯科技公司．LAN8720A/LAN8720AI 数据手册 [Z]．2020.

[46] 国家质量监督检验检疫总局．物联网 术语，GB/T 33745—2017 [S]．北京：中国标准出版社，2017.

[47] 高泽华，孙文生．物联网—体系结构、协议标准与无线通信（RFID、NFC、LoRa、NB-IoT、WiFi、ZigBee 与 Bluetooth [M]．北京：清华大学出版社，2020.

[48] 佩里·莱亚．物联网架构设计实战——从云端到传感器 [M]．陈凯 译．北京：清华大学出版社，2021.

[49] 国家质量监督检验检疫总局．基于 Modbus 协议的工业自动化网络规范 第 1 部分：Modbus 应用协议，GB/T 19582.1—2008 [S]．北京：中国标准出版社，2008.

[50] 国家质量监督检验检疫总局．基于 Modbus 协议的工业自动化网络规范 第 2 部分：Modbus 协议在

串行链路上的实现指南，GB/T 19582.2—2008［S］. 北京：中国标准出版社，2008.

［51］国家质量监督检验检疫总局. 基于 Modbus 协议的工业自动化网络规范 第 3 部分：Modbus 协议在 TCP/IP 上的实现指南，GB/T 19582.3—2008［S］. 北京：中国标准出版社，2008.

［52］国家质量监督检验检疫总局. 可编程序控制器 第 1 部分：通用信息，GB/T 15969.1—2007［S］. 北京：中国标准出版社，2007.

［53］国家质量监督检验检疫总局. 可编程序控制器 第 2 部分：设备要求和测试，GB/T 15969.2—2008［S］. 北京：中国标准出版社，2008.

［54］国家质量监督检验检疫总局. 可编程序控制器 第 3 部分：编程语言，GB/T 15969.3—2017［S］. 北京：中国标准出版社，2017.

［55］国家质量监督检验检疫总局. 可编程序控制器 第 4 部分：用户导则，GB/T 15969.4—2007［S］. 北京：中国标准出版社，2007.

［56］国家质量监督检验检疫总局. 可编程序控制器 第 5 部分：通信，GB/T 15969.5—2002［S］. 北京：中国标准出版社，2002.

［57］国家质量监督检验检疫总局. 可编程序控制器 第 6 部分：功能安全，GB/T 15969.6—2015［S］. 北京：中国标准出版社，2015.

［58］国家质量监督检验检疫总局. 可编程序控制器 第 7 部分：模糊控制编程，GB/T 15969.7—2007［S］. 北京：中国标准出版社，2007.

［59］住房和城乡建设部. 数据中心设计规范，GB 50174—2017［S］. 北京：中国计划出版社，2017.